Deutsche
Forschungsgemeinschaft

**Perspektiven
der Forschung und
ihrer Förderung**

2007-2011

T0184945

WILEY-VCH

Deutsche Forschungsgemeinschaft
Geschäftsstelle: Kennedyallee 40, D-53175 Bonn
Postanschrift: D-53170 Bonn
Telefon: +49/228/885-1
Fax: +49/228/885-2777
postmaster@dfg.de
www.dfg.de

Das Titelbild zeigt einen Ausschnitt des Hologramms „Augenfeuer" von Michael Bleyenberg im Innenhof der Bonner Geschäftsstelle der DFG, im Vordergrund der Schattenriss eines der Pferde der Skulpturengruppe „Phaeton" von Hans Scheib.

Das vorliegende Werk wurde sorgfältig erarbeitet. Dennoch übernehmen Autoren, Herausgeber und Verlag für die Richtigkeit von Angaben, Hinweisen und Empfehlungen sowie für eventuelle Druckfehler keine Haftung.

Bibliografische Information der Deutschen Nationalbibliothek
Die Deutsche Nationalbibliothek verzeichnet diese Publikation in der Deutschen Nationalbibliografie; detaillierte bibliografische Daten sind im Internet über
http://dnb.d-nb.de> abrufbar.
ISBN 978-3-527-32064-6

© 2008 WILEY-VCH Verlag GmbH & Co. KGaA, Weinheim

Umschlaggestaltung und Layout: Angelika Böll, Bonn
Titelbild: Eric Lichtenscheidt, Bonn
Produktion: Lemmens Medien GmbH, Bonn

ISBN 978-3-527-32064-6

Deutsche
Forschungsgemeinschaft

Perspektiven
der Forschung und
ihrer Förderung

2007-2011

Inhalt

Vorwort

Im Jahr 2008 werden die Gesamtausgaben der Deutschen Forschungsgemeinschaft laut ihrem Wirtschaftsplan erstmalig die Grenze von zwei Milliarden Euro übersteigen. Zwei Milliarden Euro, die im Sinne der DFG-Satzung zur Förderung der Wissenschaft in all ihren Zweigen zur Verfügung stehen. Aber nicht nur der steigende Etat, sondern mehr noch strategische Aspekte des Förderhandelns im nationalen wie internationalen Kontext sind zunehmend von herausragender Bedeutung. Insgesamt ist das deutsche und europäische Wissenschaftssystem in einer großen Aufbruchstimmung: Es gilt, diese Dynamik für die Förderung von Wissenschaft und Forschung zu nutzen.

Aus diesen Gründen hat die DFG das Konzept des seit 1961 erscheinenden Bandes „Perspektiven der Forschung" erneut überdacht. Seine nunmehr zwölfte Ausgabe ist nicht nur schlanker und farbiger geworden. Inhaltlich rücken die an den satzungsgemäßen Zielen der DFG orientierten Perspektiven der Forschungsförderung und die strategische Ausrichtung in den Mittelpunkt. Vervollständigt wird das neue Konzept durch individuelle Blicke ausgewählter Wissenschaftlerinnen und Wissenschaftler auf verschiedene Forschungsgebiete und auf Querschnittsaufgaben der DFG. Zielgruppe der Schrift sind in erster Linie die Forschenden und die Zuwendungsgeber der DFG, aber auch die Medien und die interessierte Öffentlichkeit.

Die DFG wird auch in Zukunft der Wissenschaft dienen, indem sie im Wettbewerb die Besten und das Beste identifiziert und fördert. Für die Realisierung dieses Grundsatzes gibt es zum Peer-Review-Verfahren keine Alternative. Gleichzeitig ist der DFG daran gelegen, Entscheidungen und Entscheidungswege für Antragsteller so transparent wie möglich zu machen. Auch das Programmportfolio muss immer wieder den Anforderungen der Zeit angepasst werden. Die bereits begonnene Flexibilisierung und Modularisierung der Programme soll die Förderung von Personen und Projekten weiter verbessern und damit eine höhere Effizienz der Forschung ermöglichen. Dazu dient auch eine größere Flexibilität und Pauschalierung in der Mittelbewilligung und Mittelverwendung – natürlich unter Beachtung der rechtlichen Rahmenbedingungen. Gleichzeitig gilt es, den Dialog der Fächer noch stärker zu unterstützen und Grenzen der disziplinären Beharrungskräfte zu überwinden.

Innovation in der Forschung und ihrer Förderung benötigt immer wieder Impulse von außen. Daher hat die DFG einen kontinuierlichen Strategieprozess sowohl zur Verbesserung der Förderverfahren als auch zu strukturbildenden und thematischen Inhalten angestoßen. Als Gemeinschaft der Forschenden bedient sie sich hierzu des Sachverstandes ihrer Gremien. Der Prozess wird vom Senatsausschuss

Perspektiven der Forschung moderiert; vor allem die DFG-Fachkollegien spielen die Rolle eines „Schrittmachers". Sie sollen in Zukunft noch stärker mit einbezogen werden, wenn es darum geht, Fächergrenzen, nationale Orientierung oder bestehende Alters- und Geschlechterstrukturen zu überwinden. Hierzu soll die vorliegende Strategieschrift als Leitlinie dienen.

Die Komplexität wissenschaftlicher Fragestellungen nimmt beständig zu und macht Kooperationen über Landesgrenzen hinweg immer notwendiger. Daher, und um die deutsche Forschung im internationalen Wettbewerb konkurrenzfähig zu halten, kooperiert die DFG in vielen Programmen verstärkt mit anderen nationalen Förderagenturen. Mit Blick auf die Entstehung eines europäischen Forschungsraumes hat die DFG in den vergangenen Jahren den Dialog mit der Europäischen Kommission gesucht und sich dafür eingesetzt, dass zur Förderung von Grundlagenforschung auf europäischer Ebene der Europäische Forschungsrat (ERC) etabliert wird. In den kommenden Jahren wird sich entscheiden, wie sich der nationale und internationale wissenschaftliche Wettbewerb und das Verhältnis zwischen europäischer, multi- und bilateraler sowie nationaler Forschungsförderung gestalten und wie sich die DFG in diesem Gefüge positioniert.

Die Exzellenzinitiative, in der die DFG mit dem Wissenschaftsrat zusammenarbeitet, weist der wissenschaftlichen Selbstverwaltung eine stärkere strategische Rolle zu. Die schon jetzt spürbaren Erfolge der Exzellenzinitiative für das deutsche Wissenschaftssystem müssen durch eine Fortsetzung und Weiterentwicklung nachhaltig gesichert werden. Darüber hinaus sorgt die DFG zusammen mit den Partnern aus der Politik für zukunftsweisende, strukturelle Entwicklungen, beispielsweise durch die Unterhaltung von Forschungsschiffen, die Beteiligung an Forschungsflugzeugen, durch Großgeräteinitiativen, die Digitalisierung von Bibliotheken und den Zugang zu wissenschaftlicher Literatur über Open Access. Natürlich bleiben auch hier die Leitlinien unseres Handelns immer wissenschaftliche Exzellenz und Wettbewerb.

Ich möchte mich bei allen sehr herzlich bedanken, die in einer großen gemeinsamen Anstrengung für die Entstehung dieser Strategieschrift gesorgt haben. Mein Dank gilt insbesondere dem Senatsausschuss Perspektiven der Forschung, den beteiligten Mitgliedern von Fachkollegien und Senatsausschüssen, dem Senat und Hauptausschuss sowie dem Präsidium der DFG. Ebenso danke ich den Communicator-Preisträgern und jenen anderen Wissenschaftlerinnen und Wissenschaftlern, die die Strategieschrift mit Beiträgen bereichert haben. Nicht zuletzt gebührt den Mitarbeiterinnen und Mitarbeitern der DFG-Geschäftsstelle außerordentlich Dank und Anerkennung, deren großer Sachverstand und tiefe Kenntnis des deutschen und internationalen Wissenschaftssystems in diese Strategieschrift mit eingeflossen sind.

Prof. Dr.-Ing. Matthias Kleiner
Präsident der
Deutschen Forschungsgemeinschaft

Standpunkte und
Herausforderungen

Status und Perspektiven: Die DFG im Jahr 2007

Im Jahr 2007, nach fast neun Jahrzehnten wechselvoller, zumeist sehr erfolgreicher Geschichte, ist die DFG auf die kommenden Herausforderungen gut vorbereitet. Ihre Leistungsfähigkeit gründet in der Verbindung bewährter Prinzipien mit einer offenen und flexiblen Struktur, die es ermöglicht, den raschen Wandel in Wissenschaft, Politik und Gesellschaft im Sinne der Forschung wettbewerbsorientiert zu nutzen und zu gestalten. Ausgewählte Handlungsfelder verdeutlichen das Selbstverständnis der DFG, heute und in den nächsten Jahren.

Gemeinschaft der Forschenden

Mit der Neugründung im Jahr 1949 wurde auch das ursprüngliche innere Prinzip der DFG wieder in Kraft gesetzt: Als Gemeinschaft der Forschenden regelt die DFG die Verwendung der überlassenen Fördermittel und ihre weiteren Angelegenheiten selbst. Sie ist wesentlicher Teil der akademischen Selbstverwaltung, deren Bestand Art. 5 Abs. 3 des Grundgesetzes individuell (aber auch institutionell) garantiert und deren Unterstützung die Verfassung dem Staat auferlegt. Hergestellt wird die Gemeinschaft der Forschenden in der DFG vor allem in der Idee einer politikfernen Gegenseitigkeit, die zentrale Zusammenhänge prägt.

Anschaulich ist diese Gegenseitigkeit zunächst im Gedanken der kontinuierlichen personellen Erneuerung. Die Mitgliedschaft in den Beratungs- und Entscheidungsgremien der DFG bleibt auf wenige Jahre begrenzt; andere Repräsentanten der wissenschaftlichen Community rücken turnusmäßig nach und wirken ihrerseits gestaltend mit. Das Instrument, das diesen steten Wandel realisiert, entspricht der akademischen Selbstverwaltung und demonstriert zugleich die Einheit der Forschenden mit der Institution DFG: Durch Wahl – direkt im Falle der Fachkollegien, vermittelt bei Präsidium und Senat – bestimmt die wissenschaftliche Community ihre Vertretung in eigener Regie. Von staatlicher Bestätigung ist dieser Prozess unabhängig, eine Qualität, die sich in der Stimmenmehrheit (dem Vetorecht) der Wissenschaft in allen Gremien der DFG spiegelt.

Unmittelbar gegenwärtig ist das Konzept der unabhängigen Reziprozität im Gutachterwesen der DFG. Jeder Forschende, der sein fachkundiges Urteil über ein Projekt abgibt, darf seinerseits darauf vertrauen, dass sein Antrag auf Förderung nur durch geeignete wissenschaftliche Expertise geprüft wird; im kontinuierlichen Rollenwechsel erbringt die forschende Community die für das System so wesentliche Begutachtungsleistung aus eigener Kraft. Dabei hat die DFG immer darauf bestanden, dass diese Leistung integraler Teil der wissenschaftlichen Selbstverwaltung ist und daher unentgeltlich erfolgt, stets in Zusammenschau mit der Konstitution der Gremien, in der Ehrenamt und Fortbestand des Antragsrechts vereint sind. Vor diesem Hintergrund wird deutlich, dass Gutachter und Antragsteller den Kern der DFG und zugleich ihre zentralen Ressourcen darstellen.

Die Gemeinschaft der Forschenden zu stärken, wird auch künftig die wichtigste Aufgabe der DFG sein. Leitlinie ist dabei der Begriff der Transparenz und deren Ausbau auf allen Handlungsebenen. Wirksam werden kann dieser Ansatz schon beim administrativen Zugriff auf den Förderantrag, etwa wenn Berechenbarkeit und Schnelligkeit der Verfahren weiter zunehmen (elektronische Antragsbearbeitung ▶ S. 229 f., 254 f.). Darüber hinaus dürfen vor allem die Kommunikation zwischen den Gremien, die Standardisierung der Entscheidungsmaßstäbe und nicht zuletzt die Balance zwischen Offenlegung und Vertraulichkeit der Gutachten als diejenigen Aspekte gelten, deren Entwicklung sich die DFG im Sinne der selbstverwalteten Forschung widmen muss.

Qualität im Mittelpunkt

Die DFG „dient der Wissenschaft", so hält die Satzung in § 1 als Ziel der Gemeinschaft fest. Implizit liegt in dieser Formulierung auch der zentrale Maßstab des Handelns beschlossen: Nur eine Orientierung an qualitativ hochstehender (exzellenter) Forschung ist Dienst am Fortschritt der Wissenschaft. Um besondere Güte in Projektanträgen zuverlässig zu erkennen, bedient sich die DFG einer Reihe von Mechanismen, aus der der Gedanke des Peer Review und die Organisation der Förderung als Wettbewerb hervorragen.

Wenn neue Einsichten in der Forschung stets aus dem Dialog Sachverständiger entstehen, dann muss jedes Vorhaben, dass sich um Förderung bemüht, dem Votum fachkundiger (nationaler oder internationaler) Kollegen standhalten. Zugleich ist damit festgelegt, dass sich die Wissenschaft hier aus sich selbst heraus entwickelt; politische, ökonomische, soziale Einflüsse können niemals unvermittelt wirksam werden. Das Votum der Peers wird schließlich zur Beurteilung, weil es im System der DFG stets das Element des Vergleichs enthält: Im Wettbewerb der Projekte ist eine Auswahl zu treffen,

Die DFG „dient der Wissenschaft", so hält die Satzung in § 1 als Ziel der Gemeinschaft fest. Implizit liegt in dieser Formulierung auch der zentrale Maßstab des Handelns beschlossen: Nur eine Orientierung an qualitativ hochstehender (exzellenter) Forschung ist Dienst am Fortschritt der Wissenschaft.

Die DFG war Teil des NS-Staates. Die vom DFG-Präsidenten eingerichtete Forschergruppe zur Geschichte der DFG hat 2006 erste Ergebnisse vorgelegt; ein Mahnmal auf dem Gelände der DFG in Bonn erinnert an die Verstrickung in den Nationalsozialismus.

in deren Vorbereitung die verschiedenen Stufen von Qualität noch deutlicher hervortreten.

Die künftigen Aufgaben der DFG in diesem Kontext sind zahlreich. Die strikte Ausrichtung an wissenschaftlicher Qualität ist nach innen und außen gegen andere Erwägungen zu sichern. Dies kann nur gelingen, wenn das System des wettbewerbsbasierten Peer Review stetig überprüft und fortentwickelt wird, nicht zuletzt, um Neues, Überraschendes zuzulassen. Dazu muss die DFG mehr darüber wissen, wie sich Exzellenz erkennen und messen lässt; zur entsprechenden Standardbildung sollen vor allem die Fachkollegien und das Institut für Forschungsinformation und Qualitätssicherung (IFQ ▶ S. 232 f.) beitragen. Auf einer weiter verbesserten Basis gilt es dann vor allem, langfristige strategische Ziele etwa im Bereich der Internationalität oder auf defizitären Fachgebieten mit der Forderung nach Qualität zu balancieren und hoch innovative Forschung abseits der Hauptströmungen gezielt zu unterstützen.

Die Mitglieder als Schrittmacher

Auch wenn die DFG mit den anderen Organisationen des arbeitsteiligen deutschen Wissenschaftssystems im gemeinsamen Interesse enge Partnerschaft pflegt, so ist sie doch Wettbewerbsagentur mit Wirkung für nahezu alle Teile der Forschungslandschaft. Dabei begreift sie mit Blick auf die Generierung von wissenschaftlichem Nachwuchs, die Einheit von Forschung und Lehre und die unmittelbar gegebene Option der Interdisziplinarität die Universitäten als Zentren der Forschung; fast 90 Prozent ihrer Fördermittel fließen an die Hochschulen, während die außeruniversitäre Forschung vor allem in den Bereichen der jüngeren Forschenden und der Vernetzung mit den Universitäten unterstützt wird.

Aus der Vielzahl der leistungsfähigen Institutionen ist eine Gruppe besonders hervorzuheben: die (zurzeit 96) Mitglieder der Deutschen Forschungsgemeinschaft, darunter mehr als zwei Drittel Universitäten und Hochschulen. Zwar sind im DFG-Kontext auch diese Mitglieder Antragsteller und Gegenstand der Bewertung im Drittmittelranking, doch in erster Linie kommen ihnen Steuerungs- und Gestaltungsfunktionen zu. Sie treffen im Rahmen der Mitgliederversammlung nicht nur zentrale Personal- und Haushaltsentscheidungen, sondern bestimmen gemäß Satzung auch die Richtlinien für die Arbeit der DFG. Anders formuliert: Im genannten Sinne *sind* die DFG-Mitglieder die DFG, sie bilden deren institutionelle Basis.

Die Schrittmacherfunktion der DFG-Mitglieder ist von zentraler Bedeutung, weil sie den konstanten Wandel in der Wissenschaft mit seinen Folgen für die Institutionen in die DFG spiegelt; gerade die Veränderungsprozesse an den Hochschulen – Diversifizierung/Schwerpunktbildung, Internationalisierung, Stärkung der Autonomie, Orientierung am Wettbewerb – erzeugen neue Herausforderungen und Chancen. Für die DFG wird es deshalb in Zukunft wichtig sein, insbesondere den Dialog der Mitgliederversammlung mit den anderen Gremien zu unterstützen. Eine Verstetigung der Kommunikation, die Verständigung über Anforderungsprofile bei der Gremienbesetzung und die weitere Erprobung personeller Verschränkung zwischen den Gremien sind hier zu nennen.

Partnerschaft mit Bund und Ländern

Das Verhältnis zwischen Zuwendungsgebern und DFG wird seit Jahrzehnten von wechselseitigem Vertrauen geprägt. Tatsächlich ist für die Deutsche For-

Die Rheinische Friedrich-Wilhelms-Universität Bonn war bereits Mitglied bei der „Notgemeinschaft der deutschen Wissenschaft", die 1920 gegründet wurde. Heute gehört sie zu den 69 wissenschaftlichen Hochschulen, die Mitglieder der DFG sind.

*Im Hauptausschuss treffen Wissenschaft und Staat gemeinsam wichtige Entscheidungen für die Deutsche
Forschungsgemeinschaft. Hier ein Blick in den Sitzungssaal.*

schungsgemeinschaft das Ansehen bei Bund und Ländern essenziell, denn
sie kann ihren Auftrag nur mithilfe der ihr überlassenen, zunehmend um-
fangreicheren Steuermittel erfüllen. Zwei Aspekte haben in diesem Kontext
besonderes Gewicht: Die relative Freiheit der Mittelverwendung ermöglicht
eine strikte Orientierung an wissenschaftlicher Exzellenz, die Stabilität der
Zuwendungshöhe, zuletzt gesichert im „Pakt für Forschung und Innovation",
trägt dem Gedanken der Langfristigkeit von Förderlinien und Forschungsvorhaben Rechnung. Die Geldgeber ihrerseits trauen der DFG die Förderung
von internationaler Spitzenforschung einschließlich der administrativen Abwicklung der Projekte zu; zuletzt haben sie im Rahmen der Exzellenzinitiative die Universitäten gezielt gestärkt und dabei auf die Leistungsfähigkeit der
DFG gesetzt. Auch fragen Bund und Länder intensiv die von der DFG ange-
botene Politikberatung nach. Gleichsam dokumentiert ist die Wechselseitig-
keit des Vertrauens in den Regelungen und der Auslegung der Satzung, die
das Verhältnis zwischen Staat und Deutscher Forschungsgemeinschaft definiert. So hat sich mit der Satzungsänderung 2002 die seit 1949 etablierte wis-
senschaftsgeleitete Balance institutionell noch intensiviert: Der Hauptausschuss der DFG bildet nun das föderale System vollständig ab, zugleich ver-
antwortet er in zentralen finanzrelevanten Fragen (Eckpunkte Wirtschaftsplan) jetzt selbst die Entscheidung.

Ihr Vertrauen in die DFG haben Bund und Länder auch im Zuge der Föderalismusreform zum Ausdruck gebracht. Die Entscheidung, an der Forschungsförderung als Gemeinschaftsaufgabe nach Art. 91 b Grundgesetz
festzuhalten, begreift die DFG als „föderales Scharnier", das durch qualitätsorientierten Wettbewerb um Forschungsmittel regional Exzellenz fördert und
im Sinne der Standardbildung national wirksam wird. Nach Auffassung der
DFG ist dies ein gut balanciertes Modell, zu dessen Erfolg alle Teile des fö-

deralen Systems beitragen müssen. Die (noch gestärkte) Zuständigkeit für die Hochschulen macht eine substanzielle finanzielle Beteiligung der Länder an der DFG einschließlich des Wettbewerbs um den Länderanteil unabdingbar; dies auch dann, wenn der Anteil der Bundesmittel an der DFG faktisch steigt und die Neuordnung der staatlichen Kompetenzen die Gestaltungsmöglichkeiten des Bundes im Bereich der Forschung ansonsten weiter beschränkt hat.

Der DFG liegt viel daran, die Partnerschaft mit Bund und Ländern auszubauen. Sie wird daher die Unterstützung internationaler Spitzenforschung in Deutschland mit unveränderter Intensität fortsetzen und ihr Förderhandeln, orientiert auch an der Erklärung zum „Pakt für Forschung und Innovation", kontinuierlich weiterentwickeln. Darüber hinaus bietet die DFG an, mit einer Fortführung der Exzellenzinitiative als langfristiges Förderprogramm und der schrittweisen Einführung von Programmpauschalen den Prozess der Profilbildung und Diversifizierung im Hochschulsystem auch zukünftig besonders

Die Entscheidung, an der Forschungsförderung als Gemeinschaftsaufgabe nach Art. 91 b Grundgesetz festzuhalten, begreift die DFG als „föderales Scharnier", das durch qualitätsorientierten Wettbewerb um Forschungsmittel regional Exzellenz fördert und im Sinne der Standardbildung national wirksam wird.

sichtbar zu unterstützen. Schließlich wird sie im Rahmen der forschungsbasierten Politikberatung (▶ S. 177 ff.) in den kommenden Jahren erneut Beiträge zu wichtigen Zukunftsthemen leisten; Energie/Klimawandel und der Aufbau eines Nationalen Bildungspanels sind exemplarisch zu erwähnen.

Aufgabe Forschungsförderung

Die Satzung der DFG hat im Jahr 1951 die Bezeichnung „Deutsche Forschungsgemeinschaft" bestimmt und damit die ursprüngliche „[Noth-]Gemeinschaft der Wissenschaft" auch namentlich endgültig auf Forschung festgelegt. Die Tätigkeitsbeschreibung in § 1 der Satzung formuliert eine weitere Fokussierung und gibt der Gemeinschaft die Finanzierung von „Forschungsaufgaben" auf. Die DFG nimmt diesen Zusammenhang sehr ernst. Sie begreift das konkrete (exzellente) Forschungsprojekt als unabdingbare Grundlage jeder Förderung und versteht sich damit im Kern als eine primär fachlich ausgerichtete Organisation. Diese Auffassung impliziert eine entsprechende Einordnung anderer für das Wissenschaftssystem wichtiger Fragestellungen, die gerade in jüngerer Zeit gelegentlich an die DFG herangetragen werden.

Die Förderung der Lehre ist nicht Aufgabe der DFG. Gleichwohl bekennt sich die DFG zur produktiven Einheit von Forschung und Lehre, in der hervorragende Forschung auf die Qualität der Lehre ausstrahlt. Sie widmet daher den entsprechenden Schnittstellen ihre Aufmerksamkeit und wird ihre Unterstützung für die Integration des akademischen Nachwuchses (▶ S. 163 ff.) in den Kontext von Forschung weiter ausbauen; schon jetzt ist sie in der gro-

Das Forschungsschiff „METEOR", eine DFG-Hilfseinrichtung der Forschung, dient der weltweiten grundlagen-
bezogenen Hochseeforschung. Die Erneuerung der deutschen Forschungsflotte gehört in den kommenden
Jahren zu den wichtigsten Aufgaben im Bereich der Infrastrukturförderung.

ßen Bandbreite zwischen Schule und Graduiertenkolleg aktiv. Voraussetzung
für den Mittelfluss bleibt jedoch ein vorzüglich begutachtetes Forschungsvorhaben, sodass positive Effekte für die Lehre nie den Status eines (gewollten)
Akzidens überschreiten.

Auswirkungen der DFG-Förderung auf die Strukturen der Universitäten
sind spätestens seit der Einrichtung der Sonderforschungsbereiche Ende der
60er-Jahre offensichtlich. Die DFG fördert diese Entwicklung als Beitrag zur
Diversifizierung und damit zur Leistungssteigerung des deutschen Wissenschaftssystems, hat aber stets darauf geachtet, dass Ausgangspunkt und Motor der Veränderung, sofern sie von der DFG vermittelt wird, das exzellente
Forschungsprojekt ist. Das gilt gerade auch dann, wenn Strukturreformen
der Forschung dienen; institutionelle Struktur- und Entwicklungsplanung ist
Aufgabe von Staat und Hochschulleitung, nicht die einer unter Art. 5 Abs. 3
Grundgesetz agierenden Forschungsförderungsorganisation. Insofern wird
die DFG sich an den kommenden Aufgaben mit massiven strukturellen Implikationen (etwa Fortführung Exzellenzinitiative, Ausbau Forschungsgroßge-
räte und Informationsinfrastruktur, Erneuerung Forschungsflotte) im Zusammenwirken mit den Universitäten engagiert beteiligen, dabei aber immer einen Zugang wählen, der konkrete Forschungsvorhaben als Träger und entscheidende Faktoren ausweist.

„Es kommt immer auf die Personen an"

Mit dieser Formulierung stellt Heinz Maier-Leibnitz die Wissenschaftlerinnen
und Wissenschaftler in den Mittelpunkt der Forschungsgemeinschaft. Der
2000 verstorbene ehemalige DFG-Präsident nimmt hier die Forschenden un-

mittelbar in die Verantwortung und macht zugleich deutlich, dass Institutionen, Verfahren und Daten alleine Erfolg nicht gewährleisten. Für die DFG ist diese Auffassung unverändert richtig und in zentralen Fragen handlungsleitend.

Im internationalen Wettbewerb muss die Forschung in Deutschland alle intellektuellen Ressourcen einbinden. Zusätzlich sollte sie den Mehrwert, der verschiedenen Zugängen und Sichtweisen entspringt, im Sinne einer produktiven Vielfalt (Diversity ▶ S. 172) nutzen. Entsprechend ist das System der DFG offen konzipiert und zugleich auf bestimmte Zielgruppen in spezieller Weise zugeschnitten. So steht das Antragsrecht grundsätzlich dem Privatgelehrten ebenso zu wie dem Angehörigen einer öffentlichen Institution, dem jungen Postdoc ebenso wie dem Emeritus, der Wissenschaftlerin ebenso wie dem Wissenschaftler, dem Ausländer ebenso wie dem Deutschen. Um dieses Recht in möglichst großem Umfang nutzbar zu machen, bietet die DFG vor allem im Bereich des wissenschaftlichen Nachwuchses spezielle Förderung an; besondere Aufmerksamkeit gilt auch der wissenschaftlichen Gleichstellung von Männern und Frauen. (▶ S. 169 ff.) In Vorbereitung ist darüber hinaus die gezielte Ansprache exzellenter Forschender, die dem System aus Altersgründen absehbar verloren gehen.

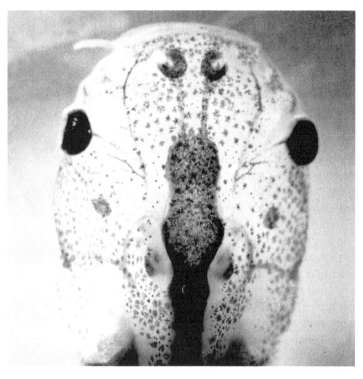

Im DFG-Forschungszentrum „Molekularphysiologie des Gehirns" in Göttingen wird das menschliche Gehirn erforscht. Auch das Hirn von afrikanischen Froschlarven kann dabei wichtige Hinweise geben. In den DFG-Forschungszentren kommen die Stärken der individuellen Forschung wie der Forschung in großen Verbünden gleichermaßen zum Tragen.

Auch die Orientierung am Gedanken des Peer Review bringt aus Sicht der DFG das Vertrauen in die handelnden Personen zum Ausdruck. Besonders anschaulich wird dies auf dem Gebiet strategischer Prozesse. Die DFG setzt sich, nicht zuletzt mithilfe des IFQ (▶ S. 232 f.), dafür ein, die Bewertung von Forschung auf ein wissenschaftliches Fundament zu stellen; gleichwohl hält sie auch in Zukunft daran fest, dass datengestützte Planungs- beziehungsweise Analyseinstrumente lediglich Hilfsmittel sind, die das Qualitätsurteil einer richtig zusammengefügten und gut vorbereiteten Gutachtergruppe nicht ersetzen können.

Flexibilität und Aktualität: das Programmportfolio

Am Wandel der Förderinstrumente über Zeit lässt sich die Veränderung der DFG und des Wissenschaftssystems wohl am deutlichsten ablesen. Die Zahl der Programme hat kontinuierlich zugenommen, ebenso die mit ihnen insgesamt bewegte Mittelsumme. Zugleich deckt die Unterstützung heute unterschiedliche fachliche Bedürfnisse ab: eine Größenskala vom Forschungsstipendium bis zum Cluster, die inhaltliche Bandbreite zwischen persönlichem Gehalt und zentraler Infrastruktur und die Interessen von Individuen, Hochschulen und strategischen Impulsgebern. Insgesamt ist der ehemals fragmentarische Charakter des Programmportfolios (▶ S. 144, 219 ff.) verschwunden; an die Stelle der Förderung der Forschenden ist die der Forschung schlechthin getreten. Parallel zu dieser Entwicklung hat auch das überkommene Modell der Arbeitsteilung zwischen den Universitäten und der DFG seine Gültigkeit verloren: In vielen Bereichen ist die Hochschulforschung heute mangels substanzieller Grundausstattung angewiesen auf DFG-Mittel, die nur noch in hartem Wettbewerb zu erhalten sind. Vom einstigen Veredelungsbetrieb, dessen Inanspruchnahme optional war, hat sich die DFG zu einer zentralen Plattform entwickelt, die Forschung erst ermöglicht – ohne Endverbraucher oder Agent wissenschaftsfremder Interessen zu sein.

Status und Perspektiven

Die kontinuierliche Pflege des Programmportfolios ist für die DFG von zentraler Bedeutung und muss sich wesentlich an den Bedürfnissen der Forschung und den spezifischen Erfordernissen der Disziplinen orientieren. In den kommenden Jahren wird der Gedanke der Modularisierung, verstanden als frei wählbare Kombination von Förderelementen, noch stärker im Vordergrund stehen. Auch gilt es, orientiert am Leibniz-Programm, bei erfahrenen Forschenden auf der Grundlage des bisher Geleisteten stärker die Freiheit der Mittelverwendung zu betonen. Daneben soll die Förderung für besonders riskante Vorhaben ausgebaut werden. Schließlich muss es darum gehen, das oftmals als konfliktträchtig wahrgenommene Spannungsfeld von Einzelförderung und koordinierten Verfahren positiv zu entwickeln und den optionalen Mehrwert zu verdeutlichen, der sich aus Stabilität, Dialog und Infrastruktur für den Individualforscher ergibt, wenn er sein Projekt im Rahmen eines Verbundes platziert.

Daten und Einschätzungen, die zur Entwicklung des Portfolios benötigt werden, erwartet die DFG nicht zuletzt vom IFQ (▶ S. 232 f.), das mit der Evaluation der Förderprogramme und der Bearbeitung von Querschnittsfragen begonnen hat. Daneben soll künftig ein besonderes strategisches Verfahren, das vor allem das in den Fachkollegien vorhandene Wissen über Themen und Strukturen systematisiert und dem Senat zur Auswertung vorlegt, die bedarfsgerechte Gestaltung des Förderhandelns unterstützen. (▶ S. 22, 24)

Fächergrenzen überwinden

Neue wissenschaftliche Erkenntnis entsteht im Dialog der Fächer und Disziplinen. (▶ S. 150 f., 205 ff.) Bereits in der Satzung wird deutlich, dass die DFG ausgezeichnete Voraussetzungen bietet, um diesen Dialog zu unterstützen. § 1 macht ihr die Förderung der Forschung „in allen ihren Zweigen" zur Aufgabe und schreibt damit ein international fast einmaliges Modell fest: In der Betreuung aller Fächer bildet die DFG das Spektrum der klassischen Volluniversität mit der institutionellen Nähe aller Fakultäten und der Option vergleichsweise gut vermittelbarer Kooperation ab.

In diesem Vermittlungsprozess war die DFG im Laufe ihrer Geschichte durchaus erfolgreich, doch die disziplinären Beharrungskräfte in Deutschland sind auf vielen Gebieten nicht unerheblich. Vor diesem Hintergrund hat die vergangene Systemevaluation durch Bund und Länder der DFG aufgegeben, hier ein besonders wirksames Instrument zu entwickeln. Mit der Einführung der Fachkollegien, die die begutachteten Förderanträge aus einer breiteren, die Grenzen des Faches überschreitenden Perspektive bewerten und dem Hauptausschuss zur Entscheidung vorlegen, ist dies im Sommer 2002 dem Grunde nach gelungen.

In den kommenden Jahren wird die DFG in Übereinstimmung mit ihrer Erklärung zum „Pakt für Forschung und Innovation" das System der Fachkollegien zur verstärkten Förderung interdisziplinärer Zusammenarbeit und zur Bildung von Qualitätsstandards innerhalb der Fächer und Disziplinen nutzen. Parallel wird an der Vereinheitlichung der Maßstäbe zwischen den Kollegien gearbeitet; bereits jetzt sind zu diesem Zweck die Fachkollegien vielfach institutionell oder personell vernetzt. Mittelfristig ist ein stärker interdisziplinärer Zuschnitt der Kollegien selbst zu thematisieren. Orientiert am Gedanken der Modellbildung für moderne Fakultäten, ist für die Fachkollegien-Wahl 2011 eine Senkung der Kollegienzahl zu diskutieren. Profitieren werden diese Arbeitsprozesse von den Erfahrungen, die die DFG bereits mit querschnittsorientierten Projektgruppen auf Geschäftsstellenebene und besonderen Ausformungen der Fachkollegien selbst (interdisziplinäre Sektionen, Ad-hoc-Fachkollegien) gemacht hat.

Die DFG im Innovationsprozess

Ausgaben für Forschung und Entwicklung sind Grundlage jeder Innovation; sie sind, volkswirtschaftlich gesehen, Investitionen, nicht Subventionen. Als Einrichtung, die auf der Basis von Wettbewerb mit hohen Summen internationale Spitzenforschung fördert, ist die DFG zentraler Bestandteil des deutschen Innovationssystems. (▶ S. 31 ff., 173 ff.) Sie hat sich darauf eingestellt, dass Innovation, beschrieben als komplexer nicht-linearer Prozess, ein Handeln auf verschiedenen Ebenen notwendig macht.

Im Rahmen der Arbeitsteilung im Wissenschaftssystem widmet sich die DFG in erster Linie der Unterstützung von Grundlagenforschung. Dabei konzentriert sie sich auf neugiergetriebene Fragestellungen, mithin auf die Basis des Innovationsprozesses. Zugleich fördert die DFG die Grundlagenforschung mit Anwendungsperspektiven – satzungsgemäß mit Blick auf die Wirtschaft (und Gesellschaft) – und bringt so brillante wissenschaftliche Ideen der Nutzung näher; zudem weiß sie um den Erkenntnisgewinn, der der unmittelbar zweckfreien Forschung aus der Wechselwirkung mit Umsetzungsfragen erwächst.

Zur Unterstützung des Erkenntnistransfers hat die DFG in der Vergangenheit ein differenziertes und sehr erfolgreiches Instrumentarium geschaf-

Das Science to Business Center Nanotronics der Firma Degussa in Marl dient dem Transfer wissenschaftlicher Erkenntnisse in die technische Anwendung. An der projektbezogenen Förderung sind das BMBF, die EU und die DFG beteiligt.

fen, das jüngst noch einmal erweitert worden ist. Die formale Basis bildet der Beschluss des Jahres 2002, alle Verfahren für den Transfer zu öffnen. Dieses Angebot wird ergänzt durch spezielle Programme, die die Verwertungsmöglichkeit von Forschungsergebnissen verbessern oder kommerziell tragfähige wissenschaftliche Ideen bis zur Unternehmensgründung begleiten. Die DFG wird bei der Implementierung der neuen und der Optimierung der bestehenden Instrumente besonders auf den wissenschaftlichen Nachwuchs und das Innovationspotenzial der Kleinen und Mittleren Unternehmen (KMUs) setzen und dabei mit privaten und öffentlichen Kapitalgebern zusammenarbeiten. Begleitet werden muss dies von der Fortentwicklung maßstabsetzender transdisziplinärer Modelle (etwa DFG-Forschungszentrum „Matheon", Degussa-Projekthaus) und der Definition von Standards zur Qualität nutzeninspirierter Forschung in den Fachkollegien; hier haben vor allem die Bereiche Ingenieurwissenschaften, Medizin, Global-Change-Forschung und Psychologie bereits Vorarbeiten geleistet.

Internationalität und nationaler Auftrag

Die DFG ist der Leistungsfähigkeit der Forschung in Deutschland verpflichtet. In diesem Sinne der Wissenschaft dienen kann sie jedoch nur vor dem Hintergrund, dass substanzielle Fortschritte der Forschung fast ausschließlich im internationalen Diskurs geschehen, der sich dazu immer stärker grenzüberschreitend organisiert. Will die DFG also ihren nationalen Auftrag realisieren, dann muss sie ihre Tätigkeit konsequent international ausrichten. (▶ S. 35 ff., 152 ff., 194 ff.) Dieser Aufgabe hat sie sich schon seit längerem erfolgreich angenommen. Allerdings wird zunehmend deutlich, dass sie im Prozess der Internationalisierung nicht nur die Forschung in Deutschland ansprechen, sondern auch ihr Selbstverständnis als Förderorganisation justieren muss.

Vermittlerfunktion im Reich der Mitte: Das Chinesisch-Deutsche Zentrum für Wissenschaftsförderung in Beijing soll die gegenseitigen Wissenschaftsbeziehungen vertiefen und ausbauen.

Scharf konturiert ist die Aufgabe, dort zu ermutigen, wo Teile der Wissenschaft den internationalen Dialog bisher kaum zur Kenntnis nehmen oder sich nur eingeschränkt an ihm beteiligen. Die DFG wird daher ihre Förderinstrumente für grenzüberschreitende Partnerschaften weiter öffnen; Maßnahmen wie die verstärkte Einbeziehung internationaler Gutachterinnen und Gutachter und die Forderung nach einer entsprechenden Publikations- und Antragssprache flankieren dies.

Ebenso deutlich, aber in ihren Folgen weniger absehbar, ist die Notwendigkeit, auch die Mechanismen der Förderung zu internationalisieren. Die DFG engagiert sich hier intensiv und legt als Maßstab die Eckpunkte des eigenen Modells an: wissenschaftsgeleiteter Wettbewerb, Qualität, kein Zwang zum „fair return", aber stets sorgfältige Prüfung des Mehrwertes für die deutsche Forschung. Versucht wird, dieses Ideal durch Absprache mit ausländischen Partnern zu realisieren; meist in einem Vorgehen, das schrittweise von der gemeinsamen Begutachtung über die gemeinsame Entscheidung bis zur Bildung eines „common pot" führen soll. Die DFG betreibt die Konvergenz der Fördersysteme dabei international auf verschiedenen Ebenen: bi- und multilateral, im unmittelbaren Verbund mit Schwesterorganisationen und auf Plattformen wissenschaftlicher Selbstverwaltung oder quasi-staatlicher Prägung. Einige Entwicklungen in diesem sehr dynamischen und komplexen Zusammenhang werden die Deutsche Forschungsgemeinschaft absehbar verändern.

So wird bereits jetzt mit schnell wachsender Tendenz der nationale Auftrag der DFG im europäischen Kontext erfüllt. Die Vitalisierung der European Research Area, die Europa innovativ und gegenüber den USA und Asien durchsetzungsfähig machen soll, wird vor allem dem starken Wissenschafts- und Wirtschaftsstandort Deutschland zugutekommen; von einer konkurrenzfähigen europäischen Forschung kann die Forschung in Deutschland besonders profitieren.

Schließlich muss die DFG sich künftig als Institution noch stärker im Wettbewerb behaupten. Zwar war sie national nie Monopolist, sondern stand in Teilbereichen immer in Konkurrenz zu Programmen von Stiftungen, Bund und Ländern; gleichwohl haben die Alleinstellungsmerkmale der DFG – vor allem Wissenschaftsorientierung, Qualitätssicherung, administrative Integration aufwändiger Prozesse von Antragseingang bis zur Abrechnung – einen echten Wettbewerb von Förderern in vielen Bereichen verhindert. Mit dem European Research Council (ERC) ist nun ein ähnlich konzipierter Anlaufpunkt auch für die deutsche Wissenschaft entstanden, und wenn die Pläne der EU zur Schaffung eines selbstständigen privaten Trägermodells reifen, dann könnten Alternativen zur DFG künftig auch auf europäischer Ebene liegen. In der kommenden Auseinandersetzung mit dieser Herausforderung im Spannungsfeld von Kooperation und Wettbewerb wird die DFG nutzen, dass sie im Umgang mit Wettbewerbsstrukturen routiniert ist. Wenn sie sich durch stete Reform einzigartige Fähigkeiten erhält und zugleich die richtige Balance zwischen internationaler Kooperation, Kompetition und Arbeitsteilung findet, dann wird sie langfristig für die Forschung in Deutschland und Europa noch bedeutsamer sein als heute.

Dienstleister und Taktgeber

Der Erfolg des Modells DFG beruht wesentlich darauf, dass die Forschenden in Deutschland stets davon ausgehen konnten, dass ihre Fragestellungen und Themen die Gemeinschaft prägen. Die DFG war und ist in diesem Sinne „Eigentum" der Wissenschaft und begreift sich als Dienstleister, der den Prozess der forschungsinternen Schwerpunktbildung wettbewerblich moderiert. Wenn die Gremien der DFG sich eine ergänzende Prioritätensetzung vorbehalten, dann geschieht dies auf Basis der Einsicht, dass auch im Wissenschaftssystem immer wieder Blockaden und Brüche entstehen, die Innovation behindern. Regelmäßige passgenaue strategische Impulse können zur Weiterentwicklung beitragen; die Systemevaluation durch Bund und Länder hat entsprechende Erfahrungen der DFG zu einer diesbezüglichen Empfehlung gebündelt.

Die strategische Architektur der DFG ist weit gediehen und soll in der kommenden Zeit fortentwickelt werden. (▶ S. 24) Dabei muss ihre Struktur einigen grundlegenden Bedingungen genügen: So darf strategisches Han-

Die DFG muss sich künftig als Institution noch stärker im Wettbewerb behaupten. Wenn sie sich durch stete Reform einzigartige Fähigkeiten erhält und zugleich die richtige Balance zwischen internationaler Kooperation, Kompetition und Arbeitsteilung findet, dann wird sie mittelfristig für die Forschung in Deutschland noch bedeutsamer sein als heute.

deln bei aller Akzentuierung die Funktion einer substanziellen Ergänzung nicht überschreiten; das Forum kreativer Ideen, gespeist aus den unmittelbaren Initiativen der Wissenschaft selbst, bleibt Motor und Bezugspunkt der DFG. Darüber hinaus muss jede planend gesteuerte Prioritätensetzung dem Wesen der Deutschen Forschungsgemeinschaft entsprechen und im Dialog mit den besten Köpfen auf ihren Wert als dringende Forschungsfrage überprüft werden.

Die Leistung, die ein strategisches System erbringen soll, ist auf das Handeln der DFG nach außen bezogen: Vermittlung der Schwerpunktsetzung gegenüber Wissenschaft und Staat, Sicherung der Autonomie der Verfahren, Optimierung und Entwicklung des Programmangebots, Erarbeitung fachlicher Empfehlungen im Rahmen der Politikberatung. Herzstück eines solchen Systems, moderiert vom Senatsausschuss „Perspektiven der Forschung", wird ein Prozess sein, der die Fachkollegien als wichtige Akteure bei der Formulierung struktureller und thematischer Impulse sieht; Legitimation durch eine Wahl mit über 90 000 Wahlberechtigten (gleichsam als „Parlament der Wissenschaft"), breiter wissenschaftlicher Sachverstand, Kenntnis der DFG, Einsicht in die Förderanträge über alle Verfahren und Nähe zur Community legen eine zentrale Rolle der Fachkollegien nahe. Das System soll Schnittstellen zu anderen Ideengebern innerhalb und außerhalb der DFG aufweisen und regelmäßig Vorschläge für den Senat zur Stärkung der Förderinstrumente und zur Unterstützung innovativer Themen generieren; in letzterem Falle wird der Senat neben den genuin strategischen Programmen (DFG-Forschungszentren, Schwerpunktprogramme) stets die Flexibilität und Reaktionsfähigkeit der Einzelförderung im Blick halten.

Die DFG ist auf vielen strategischen Feldern aktiv: Den Bereich der Empirischen Bildungsforschung fördert sie gezielt an den Universitäten Bamberg, Duisburg-Essen, Halle-Wittenberg, Kassel und Tübingen.

Entscheider, Berater, Impulsgeber: Die Gremien der DFG

Förderung der Wissenschaft durch die DFG bedeutet nicht nur finanzielle Unterstützung von Forschungsvorhaben, sondern geht auch damit einher, Forschungspotenziale rechtzeitig zu erkennen und entsprechende Impulse zu setzen. Um ihrem Auftrag und den sich wandelnden Anforderungen an die Wissenschaft gerecht zu werden, hat die DFG neben den vereinsrechtlich vorgegebenen Organen – Vorstand und Mitgliederversammlung – weitere Gremien etabliert, die das Handeln der DFG in tatsächlicher Hinsicht entscheidend prägen.

Vertretung der Wissenschaft

Zu den per Satzung eingerichteten und für die Beschlüsse der DFG zentralen Gremien gehören das Präsidium, der Senat, die Fachkollegien und der Hauptausschuss. Darüber hinaus haben Senat und Hauptausschuss zahlreiche Ausschüsse gebildet, die nach innen und außen beratend tätig werden (zum Beispiel die Senatskommissionen) oder als Entscheidungsträger fungieren (beispielsweise der Bewilligungsausschuss für die Sonderforschungsbereiche). Die Wissenschaftlerinnen und Wissenschaftler in diesen Gremien müssen hohen Anforderungen genügen. Voraussetzung für eine Berufung ist nicht nur eine breite fachliche Anerkennung, sondern auch die Fähigkeit, über die Grenzen des eigenen Forschungsgebiets hinauszublicken und sich als Vertreter der ganzen Wissenschaft, nicht nur eines bestimmten Faches, zu begreifen. Dabei sind alle Gremienvertreter mit einem Mandat auf Zeit versehen. Die Amtsperiode beträgt in der Regel drei Jahre mit der Möglichkeit einer einmaligen Wiederwahl. Zur Qualität in der kontinuierlichen personellen Erneuerung trägt das Vorschlags- und Wahlverfahren bei, das grundsätzlich mitgliederbasiert ist und in den vergangenen Jahren in einem konstruktiven Kommunikationsprozess mit den Mitgliedern der DFG weiter verbessert werden konnte. Die Entscheidungsmodalitäten schließlich weisen die Gremien der DFG als Spiegel der Selbstverwaltung der Wissenschaft aus: So ist in den Gremien, in denen die Forschenden und die Vertreter der Zuwen-

Grundzüge eines Strategiesystems der DFG (Entwurf)

Stufe 1: Fachkollegien

- regulärer TOP einer Fachkollegiums-/Fachforumssitzung
- Leitfragen
  - Wo sehen Sie die Stärken und Schwächen im derzeitigen Programm-Portfolio der DFG?
  - Auf welche fachlichen Entwicklungen sollte in besonderer Weise reagiert werden?
  - Welchen Entwicklungen im Wissenschaftssystem sollte die DFG künftig besondere Aufmerksamkeit schenken?
- Abstimmung
  - Senatskommissionen
  - Projektgruppen etc.
  - fachlich zuständige Senatoren + Vizepräsidenten

Integration und ggf. externe Qualitätssicherung

ca. 35 Berichte

Stufe 2: Perspektivausschuss + Gäste

Impulse Fachkollegien (strukturell/thematisch)	**andere Impulse** (strukturell/thematisch)
	• President's Workshops
	• Ergebnisse Programmevaluation
	• Scientific Community etc.

Integration und ggf. Qualitätssicherung im Wettbewerb

Empfehlungen
der Fachkollegien

Empfehlungen
anderer

Stufe 3: Senat (Hauptausschuss)

- Verfahrensentwicklung/-optimierung
- thematische Initiativen durch Ausschreibung
  - ggf. Festlegung des Instruments
  - Finanzierung
- Fachliche Einschätzungen und Potenzialanalysen insbesondere für Bund und Länder

(Auswahl-)Entscheidung und ggf. Qualitätssicherung im Wettbewerb

dungsgeber gemeinsam agieren (wie im Hauptausschuss und seinen Bewilligungsausschüssen), stets eine Stimmenmehrheit oder ein Vetorecht der Wissenschaft gewährleistet.

Qualitätssicherung und Strategie

Die Anforderungen an die Gremien der DFG haben sich in den letzten Jahren entscheidend gewandelt. Mehr noch als früher ist es heute zur Herausforderung geworden, eine Balance zwischen der Befassung mit konkreten Forschungsvorhaben und der Beschäftigung mit übergeordneten strategischen Aspekten zu finden. Die wettbewerbsbasierte Auswahl von mehr als 20 000 Einzelprojekten jährlich bindet hohe Kapazitäten, doch die Behandlung zentraler wissenschaftspolitischer Fragen und der Ausbau der Kontrollfunktion der Gremien im Hinblick auf eine Bewertung der Forschungsergebnisse verlangen zunehmend Aufmerksamkeit. Vor diesem Hintergrund wird die DFG in den nächsten Jahren mit verschiedenen Maßnahmen die strategische Funktion ihrer Gremien stärken.

Das Votum der Entscheidungsgremien repräsentiert im Fördersystem der DFG die letzte Stufe der Qualitätssicherung. Eine intelligente Verschlankung der Verfahren soll unter Wahrung der Standards dazu führen, dass neue Freiräume entstehen. Instrumente dazu könnten der behutsame Ausbau der bereits erfolgreich praktizierten Übertragung der Entscheidungsermächtigung vom Hauptausschuss auf den Präsidenten oder eine Fortentwicklung des Regel-Ausnahme-Verhältnisses von schriftlichem Verfahren und mündlicher Verhandlung sein. Im Gegenzug wird die DFG ihr Augenmerk darauf richten, die Kontroll- und Eingriffsmöglichkeiten der Entscheidungsgremien entsprechend auszubauen.

Die Entscheidungsgremien der DFG urteilen abschließend über eine Förderung. Sie bilden die letzte institutionelle Stufe des Qualitätssicherungsprozesses.

Zur Stärkung der strategischen Kapazität der Gremien (▶ S. 22) ist vorgesehen, den Handlungsradius des Senatsausschusses für die Perspektiven der Forschung auszudehnen. In der Rolle des zentralen Moderators wird sich der Ausschuss vor allem der Vermittlung zwischen Fachkollegien und Senat, aber auch der Beratung von großen infrastrukturrelevanten Fördermaßnahmen und der Verbindung zu europäischen Planungsprozessen annehmen.

Als Schnittstelle von Wissenschaftsgemeinde und DFG-Gremien soll den Fachkollegien verstärkt die Funktion eines Impulsgebers zukommen. Das in den Kollegien vorhandene Wissen aus dem Begutachtungsverfahren soll hier in Interaktion

*Intelligente Verfahren und moderne Kommunikationswege sollen die hohen Qualitätsstandards der DFG
erhalten und dabei die Freiräume der DFG-Gremien für strategische Weichenstellungen vergrößern.*

mit den anderen Gremien für entsprechende Beratungen und Entscheidungen
vor allem von Präsidium und Senat der DFG nutzbar gemacht werden. Diesem Zweck dient künftig ein System regelmäßiger Strategiegespräche zwischen den Fachkollegien und dem Senat unter Moderation des Perspektiv-
ausschusses.

Schließlich gilt es, die strategische Reichweite des Senats weiter zu vergrößern. Als wissenschaftspolitisches Entscheidungsgremium der DFG setzt
der Senat schon jetzt Akzente in der Entwicklung der Forschung unter anderem durch die Einrichtung von Schwerpunktprogrammen und Forschergruppen sowie die Themenauswahl bei der Etablierung von DFG-Forschungszentren. Insbesondere im Rahmen der Schwerpunktprogramme identifiziert
der Senat auf der Basis von Voten der (Ad-hoc-)Fachkollegien im Wege einer vergleichenden Prüfung diejenigen Initiativen, die besonders zukunfts-
trächtige Forschungsfelder („emerging fields") erschließen und die internationale Wettbewerbsfähigkeit der deutschen Forschung unterstützen. Dieser
Auswahlmechanismus soll gestärkt werden und dazu beitragen, Standards zu
bilden, um die Themenentwicklung auch in den anderen koordinierten Verfahren perspektivisch zu beobachten. Nicht zuletzt zielt die zu errichtende
formalisierte Verbindung zu den Fachkollegien darauf, die Basis des Senats
für strategische Entscheidungen systematisch zu verbreitern.

Die gestiegenen Anforderungen an die Gremien selbst bleiben nicht ohne
Auswirkungen auf jedes einzelne Gremienmitglied: Die Mitwirkung in den
Gremien, die je nach Mitgliedschaft zwischen 25 und 40 Arbeitstage pro Jahr
umfasst, erfolgt ehrenamtlich und ist durch einen erheblichen Beurteilungs-
und Beratungsaufwand geprägt. Die DFG wird sich deshalb in Verhand-
lungen mit den Hochschulen und zuständigen Länderministerien verstärkt
für eine Kompensation dieses Aufwands einsetzen.

Politische Rahmenbedingungen

Politische Rahmenbedingungen sichern das wissenschaftliche Handeln und damit den eingerahmten Bereich vor Zugriff von außen (Schutzfunktion). Zugleich markieren sie die Grenzen des wissenschaftlichen Handelns und damit auch des Handelns der DFG als Förderer der Wissenschaft (Begrenzungsfunktion). Dabei dürfen beide Funktionen nicht im Sinne starrer Barrieren umgesetzt werden, sondern müssen Bestehendes bewahren und zugleich Bewegung zulassen, damit sich Neues entwickeln kann.

Wettbewerb sichern

Wissenschaft lebt von der Suche nach dem Neuen, der Falsifikation bestehender Erkenntnisse und Vorstellungen. Politik und Recht dagegen sind dem Gemeinwohl verpflichtet, sichern Grundwerte, gleichen Interessen aus und schützen und bewahren Rechte von Einzelnen und Gruppen gegenüber anderen Individuen und der Gemeinschaft bis hin zum Staat. Politik lebt von Legitimation und Akzeptanz, Recht von der Vorhersehbarkeit und Nachvollziehbarkeit von Interessenabwägungen und Entscheidungen. Damit geraten Politik und Recht an den Grenzen neuer Entwicklungen immer wieder in Konflikt mit dem Drang der Wissenschaft nach Veränderung, die der Wahrheit, nicht aber dem Ausgleich und der Popularität, nicht der Konfliktvermeidung oder -regulierung verpflichtet ist. Da innovative Systeme immer eindeutiger als Wissenssysteme entstehen und gedeihen, sind innovationsfreundliche Rahmenbedingungen – und damit nicht zuletzt wissenschaftspolitische und rechtliche Rahmenbedingungen – Parameter, die den Wettbewerb entscheidend gestalten.

Der Rahmen, den die Verfassung Wissenschaftspolitik und Wissenschaft in Deutschland setzt, ist so wissenschaftsfreundlich wie in kaum einem anderen Staat: Nicht nur garantiert Art. 5 Abs. 3 Grundgesetz Freiraum für Wissenschaft und Wissenschaftler, die Wissenschaftsfreiheit sichert auch wichtigen Einrichtungen – nach allgemeiner Meinung auch der DFG als Selbstverwaltungseinrichtung der Wissenschaft – Bestand und Alimentation.

Nicht nur in der Exzellenzinitiative – hier die Pressekonferenz zu den Entscheidungen 2007 – wirken Politik und Wissenschaft im Sinne der Förderung hervorragender Forschung zusammen.

Die Föderalismusdiskussion hat zu einer klareren Abgrenzung der Aufgaben von Bund und Ländern geführt. Die Rolle der DFG als Scharnier zwischen Bund und Ländern wurde nicht nur erhalten und gestärkt (Art. 91 b Grundgesetz); vielmehr haben Bund und Länder der wissenschaftlichen Selbstverwaltung mit der Exzellenzinitiative eine strukturentwickelnde Rolle zugewiesen. Wichtiger Prüfstein für die Innovationsfähigkeit und -bereitschaft des föderalen Wissenschaftssystems wird sein, hier zu einer Verstetigung des Wettbewerbs und seiner Finanzierung zu kommen, um für eine Nachhaltigkeit der eingeleiteten Entwicklung zu sorgen.

Grenzen setzen, Grenzen ändern

Die DFG kann ihre Aufgabe als Förderer des Fortschritts in der Wissenschaft und wesentlicher Akteur im Innovationsprozess nur erfüllen, wenn der Forschung ausreichende Spielräume zur Verfügung stehen. Wie haben sich diese entwickelt?

Auf europäischer wie nationaler Ebene spricht sich die Politik deutlich für eine Förderung der Wissenschaft aus: Die EU soll bis 2010 die innovativste Region im globalen Wettbewerb werden, 3 Prozent des Bruttoinlandsprodukts für Forschung und Entwicklung (F&E) sind das Ziel. Davon sind die Mitglieder der EU 2007 allerdings noch weit entfernt. Weder wird die „Lokomotive Deutschland" bis 2010 diese Marge erreichen, noch gar der Rest des Zuges. Zwar ist mit dem 7. Forschungsrahmenprogramm und der Gründung des European Research Council (ERC ▶ S. 21, 35 ff., 155 f.) ein wichtiger Schritt zu mehr europäischer Grundlagenforschung im Wettbewerb gemacht worden, doch fehlt auf europäischer Ebene bisher die Kraft, weg von hohen Agrarsubventionen hin zu massiver Investition in Forschung und Entwicklung umzuschichten.

Auch national wird das Bekenntnis zum Zusammenhang von Forschung und Innovation in einigen Fällen nicht nachgehalten. Wenn zum Beispiel in Helmholtz-Zentren keine „heiße Chemie" mehr betrieben wird und keine Arbeiten an sichereren Reaktorlinien mehr möglich sind, so sollte sich niemand

Die wissenschaftspolitischen und rechtlichen Rahmenbedingungen sind in Deutschland von der Verfassungsgrundlage her im internationalen Vergleich besonders gut angelegt und könnten ihre Schutzfunktion modellgebend für Europa gut erfüllen.

in Deutschland darüber wundern, dass der weltweite Ausbau der Kernenergie ohne die sicheren Kraftwerkslinien aus deutscher Produktion stattfindet. Indien und China etwa werden ihre Energieerzeugung aus Kernkraftwerken in den nächsten Jahren deutlich auf- und ausbauen. Deutschland kann keine Reaktoren mehr liefern, nur noch konventionelle Komponenten wie Generatoren; das Feld der Nukleartechnik wurde ganz den Partnern und Konkurrenten überlassen. Alle sind sich einig: Auf den Energiemix kommt es an, nicht zuletzt auf die in Deutschland besonders geförderten alternativen Energien und auf Fusionsreaktoren. Auf Marktpositionen im Wettbewerb zu verzichten, bringt Verluste. Ohne Erhalt beziehungsweise Schaffung neuer Arbeitsplätze in wichtigen Produktionsbereichen wird die ohnehin gefährlich hohe Abhängigkeit von der deutschen Automobilbranche – jeder siebte Arbeitsplatz ist hier angesprochen – noch problematischer.

Deutschland hat einen Schutz der Tiere als Mitgeschöpfe entwickelt, der deutlich über dem europäischen Standard liegt. Tierversuche in der Forschung unterliegen Genehmigungsvorbehalten und scharfen Kontrollen. Weiter gehende Forderungen – etwa nach einem generellen Verbot von Untersuchungen an Primaten – kollidieren sowohl mit der Notwendigkeit, Fragen beispielsweise der Sinnesphysiologie im lebenden Organismus zu klären, als auch mit dem Grundrecht auf Freiheit der Wissenschaft. Derartige Einschränkungen würden verhindern, dass durch neue Entwicklungen das Lei-

In Deutschland ist der Tierschutz politisch auf hohem Niveau gesichert. Durch Studien wie diese trägt die DFG mit dazu bei.

*Politik und Wissenschaft auf Augenhöhe: Bundeskanzlerin Angela Merkel und DFG-Präsident Matthias
Kleiner bei der von DFG und BMBF Anfang 2007 in Berlin ausgerichteten Auftaktveranstaltung des
European Research Council (ERC).*

den von Mensch und Tier gelindert wird. Hier ist eine verstärkte Grenzziehung notwendig – gegenüber populistischen Versuchungen eines verstärkten Tierschutzes – zugunsten der Forschung.

Wie sich die bisherigen Restriktionen durch das Stammzellimportgesetz
beim Import von embryonalen Stammzellen auswirken, wird die Zukunft
noch klarer weisen. Dass Großbritannien zu einem Zentrum der Stammzellforschung wurde, verdankt es weitsichtiger Gesetzgebung bereits in den
80er-Jahren. Anders als in den USA, wo zwar mit öffentlichen Mitteln keine
Forschungen mit humanen embryonalen Stammzellen jenseits des Stichtages
gefördert werden, mit privaten Mitteln jedoch sehr wohl, gelten die Restriktionen in Deutschland absolut. Die Bedingungen für die „Grüne Gentechnologie" wurden durch enge Auslegung europäischer Vorgaben ebenfalls so restriktiv angelegt, dass sie nun von der Bundesregierung jedenfalls teilweise
nachgesteuert werden müssen, etwa bei den Haftungsgrundlagen.

Zusammengefasst: Die wissenschaftspolitischen und rechtlichen Rahmenbedingungen sind in Deutschland von der Verfassungsgrundlage her im internationalen Vergleich besonders gut angelegt und könnten ihre Schutzfunktion modellgebend für Europa gut erfüllen. Leider gerät der europäisch
und national erklärte forschungspolitische Wille in Deutschland in Konflikt
mit einer normativen Grenzziehung, die über das europarechtlich geforderte
Maß hinausgeht und Innovationen in Deutschland nicht mit voller Kraft unterstützt; nach wie vor wird intensiver über Verteilung von Werten als über
Wertschöpfung diskutiert. Allerdings sind Anzeichen für ein Umdenken inzwischen deutlich erkennbar. Die sich bietenden Chancen sollten rasch genutzt werden, und die DFG ist bereit, ihren Beitrag zu leisten.

Grundlagenforschung, Erkenntnistransfer, Industrieforschung

Mehr als 20 000 Einzelprojekte der Grundlagenforschung mit einer Fördersumme von knapp 1,6 Milliarden Euro hat die Deutsche Forschungsgemeinschaft 2006 in allen Programmen und wissenschaftlichen Disziplinen bewilligt. In diesen Forschungsarbeiten entstehen ebenso vielfältige Erkenntnisse, die in Tausenden von Veröffentlichungen und Vorträgen national und international publiziert und diskutiert werden. Dabei stellt sich die Frage, ob die für einen Transfer geeigneten Erkenntnisse allein mit der Publikation ihren Weg auch in die wirtschaftliche und gesellschaftliche Anwendung finden. Deshalb ist es bereits seit einigen Jahren in allen Förderverfahren der DFG möglich, gleichberechtigte Kooperationen von Wissenschaftlern aus Universitäten mit Wirtschaftsunternehmen aktiv zu unterstützen.

Der Mittelstand, ein Partner für Innovationen

Es wurden bereits große Fortschritte im Bereich des Erkenntnistransfers erreicht. (▶ S. 18 f., 173 ff.) Das geschätzte Potenzial liegt jedoch bedeutend höher und soll von der DFG künftig möglichst weitgehend ausgeschöpft werden. Hierzu bedarf es der Fortentwicklung der bestehenden, vor allem aber der Erprobung neuer Konzepte. Im Zentrum steht dabei, neben den größeren Unternehmen auch den Mittelstand als Partner zu gewinnen.

Der Mittelstand ist eine wichtige Stütze der deutschen Wirtschaft. Er beschäftigt mit Abstand die meisten Menschen und ist überproportional an neuen Entwicklungen beteiligt. Der Mittelstand kann damit als Motor der Innovation in Deutschland gelten. Gleichwohl werden auf diesem Feld bei weitem nicht alle Ressourcen und Gestaltungsmöglichkeiten genutzt; die Innovationsbeteiligung der „Kleinen und Mittleren Unternehmen" (KMU) sinkt sogar seit einigen Jahren.

Wesentliche Ursache ist ein Befund, den die DFG aus der Kooperation mit internationalen Partnern aus unterschiedlichen Disziplinen längst gut kennt und in Teilen auch zu beherrschen gelernt hat: Die zentrale Herausforderung liegt in der Überwindung „kultureller Schranken" durch vertrauensbildende Maßnahmen; Menschen, die sich gut verstehen, reagieren konstruktiv aufeinander.

Wissenschaftler arbeiten selbstbestimmt. Der nächste wissenschaftliche Schritt ist selten genau planbar, weil er von den Ergebnissen der unmittelbaren Vergangenheit abhängt. Wissenschaftler sind es gewohnt, ihren Wissensgewinn zu vergrößern, indem sie mit allen relevanten Experten auch international zusammenarbeiten. Das industrielle Umfeld dagegen wird durch externe Anforderungen angetrieben. Um im Wettbewerb zu bestehen, braucht es klare Zielvorstellungen und Meilensteine für die nächste erreichbare Etappe, Verschwiegenheit sichert den Vorsprung gegenüber der Konkurrenz, im Falle der KMUs beeinflussen oftmals eine dünne Personal- und Finanzdecke die Entscheidungen.

Die zentrale Herausforderung liegt in der Überwindung „kultureller Schranken" durch vertrauensbildende Maßnahmen; Menschen, die sich gut verstehen, reagieren konstruktiv aufeinander.

Missverständnisse sind bei diesen unterschiedlichen Arbeitsweisen geradezu zwangsläufig. Der Innovationsforscher und langjährige Herausgeber der Financial Times, Richard Lambert, hat im Auftrag des britischen Finanzministeriums 2003 einen viel beachteten Bericht über die Kooperation von Wirtschaft und Wissenschaft in Großbritannien vorgelegt. Darin werden Problem und Lösung so zusammengefasst: *"The best form of knowledge transfer comes when a talented researcher moves out of the university and into business, or vice versa. The most exciting collaborations arise as a result of like-minded people getting together [...] to address a problem."*

Diese in wesentlichen Teilen mit den Erfahrungen der DFG übereinstimmende, durch Untersuchungen vor allem von Wissenschaftsrat und Stifterverband bestätigte Analyse führt zu einer langfristig angelegten Strategie, mit der das benannte Problem vor allem im Bereich der Kooperation mit dem Mittelstand attackiert werden soll.

Das neue Konzept

Junge Forschende (▶ S. 163 ff.), die noch nicht fest im Wissenschaftssystem verankert sind, können seit 2006 ihre persönlichen Ergebnisse aus der DFG-geförderten Grundlagenforschung in einem bestehenden oder zu dem Zweck neu zu gründenden Unternehmen bis zum „Prototyp" weiterentwickeln. Die Förderinstrumente dafür sind konsequenterweise die Eigene Stelle und das Emmy Noether-Programm.

In der praktischen Umsetzung kommen diese Instrumente dort zum Einsatz, wo ein gegenseitiges und gleichberechtigtes Interesse an der Fortentwicklung von wissenschaftlichen Erkenntnissen zu einem Prototyp besteht. Die neue Strategie soll ermöglichen, dass talentierte Projektmitarbeiter im wirtschaftlichen und gesellschaftlichen Umfeld einerseits eigenverantwortlich ihre Projekte durchführen und andererseits die Resultate mit den Bedürfnissen des Unternehmens oder der Institution in Einklang bringen.

Die Vorteile sind für alle Beteiligten vielfältig: Das Unternehmen kann risikoreiche Entwicklungen mit den am besten dafür geeigneten und durch

Gutachter evaluierten Wissenschaftlerinnen und Wissenschaftlern zu kalkulierbaren Kosten im eigenen Betrieb erproben; gerade für KMUs ist dies eine interessante Option. So soll durch gute Forschung vor Ort in den Unternehmen und Institutionen eine Nachfrage nach weiteren Ergebnissen stimuliert werden. Erkenntnistransfer bleibt damit keine Einbahnstraße, sondern wird als neue Frage in die Wissenschaft zurückgekoppelt.

Der Wissenschaftler genießt eine relative Unabhängigkeit, da er seine persönlichen Ideen mit „eigenem" Geld umsetzen kann; er sammelt darüber hinaus Erfahrungen und baut Kontakte im Wirtschaftssystem auf. Die Hochschule profitiert von den so eingeworbenen Drittmitteln. Die DFG schließlich erfährt systematisch, wie sich die geförderten Projekte über die Grenzen der Universität hinaus entwickeln, lernt die Karrierewege der jungen Forschenden besser verstehen und registriert die Fragen der Wirtschaft und Gesellschaft an die Universitäten auf einem sehr konkreten Niveau.

Grundlagenforschung, Erkenntnistransfer, Industrieforschung

Diese Form der Nachwuchsförderung ist nicht nur für bestehende Unternehmen interessant. Insbesondere Wissenschaftler, die die Gründung eines eigenen Unternehmens planen, können sich in den ersten Jahren von der teuren Weiterentwicklung eigener Technologien teilweise entlasten. Investoren wie beispielsweise der mit öffentlichen und privaten Mitteln ausgestattete Hightech-Gründerfonds begrüßen diese neue Form der Förderung und arbeiten deshalb eng mit der DFG zusammen.

Die DFG wird dieses Konzept in den nächsten Jahren im Dialog mit Wissenschaft und Wirtschaft erproben und den Bedürfnissen insbesondere der jungen Forschenden kontinuierlich anpassen. Darüber hinaus wird sie ausloten, wie sie aktiv auf den Mittelstand zugehen kann, um diesen in beider-

Was heute in der Grundlagenforschung untersucht wird, kann morgen schon der Entwicklung neuer Produkte dienen. Die DFG unterstützt diesen Erkenntnistransfer seit 2006 verstärkt.

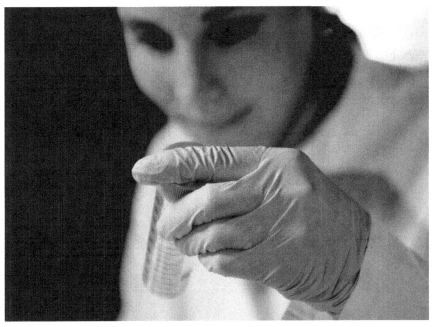

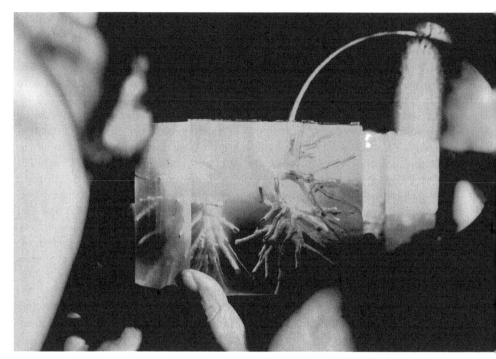

Am Lungenmodell im Silikonblock versuchen Aachener Forscherinnen und Forscher, die menschliche Atmung besser zu verstehen. Die Erkenntnisse sollen dazu dienen, protektive Beatmungssysteme zu verbessern.

seitigem Nutzen für eine Intensivierung der Kooperation zu gewinnen; die Zusammenarbeit mit Plattformen für die Förderung von Forschung und Entwicklung insbesondere in KMUs, wie etwa der Arbeitsgemeinschaft industrieller Forschungsvereinigungen oder den BMBF-Projektträgern, kann in diesem Zusammenhang besonders sinnvoll sein.

Insgesamt bedeutet diese Entwicklung keinesfalls, dass die DFG ihren konsequenten „Bottom-up-Ansatz" der breiten Förderung exzellenter Grundlagenforschung in allen Disziplinen verlässt. Sie wird sich auch weiterhin nicht in ihren Entscheidungen von einer kurzfristigen Nützlichkeit von Forschungsergebnissen leiten lassen. Das langfristige Ziel ist aber eine vertrauensvolle und damit auch konstruktive Wechselwirkung von Wissenschaft, Wirtschaft und Gesellschaft mit dem Ziel eines effizienten Erkenntnistransfers.

Die DFG in Europa

Der Europäische Gipfel vom 8. und 9. März 2007 in Brüssel im Rahmen der deutschen Ratspräsidentschaft wurde mit einer Veranstaltung eröffnet, die Forschungs- und Entwicklungsprogramme der EU in den Mittelpunkt gestellt hat. Dies hätte ungewöhnlicher nicht sein können. Erstmals haben die Staats- und Regierungschefs der Europäischen Union Wissenschaft und Forschung als zentrale Themen und Aufgaben für sich entdeckt. Aus Sicht der Wissenschaft und auch der Forschungsförderung gab und gibt es allerdings schon immer gute Gründe, sich mit dem Thema Internationalisierung intensiv auseinanderzusetzen. Dabei verdient Europa in der Tat besondere Aufmerksamkeit. (▶ S. 19 ff., 155 f., 161 f.)

Neue Akteure, neue Ideen

Trotz beachtlicher wissenschaftlicher Ressourcen und großen finanziellen Einsatzes erreicht das wissenschaftliche Ansehen Europas derzeit noch nicht den Stand, den es verdient. Dabei gab und gibt es nicht wenige Versuche, die nationalstaatliche Fragmentierung und die damit zusammenhängenden Probleme zu überwinden, wie beispielsweise die European Science Foundation (ESF), die EUROHORCs, die Rahmenprogramme der EU und, seit kurzem, der European Research Council (ERC).

Die vor über dreißig Jahren gegründete European Science Foundation (ESF) versteht sich als Katalysator der Zusammenarbeit von Forschungsorganisationen und Forschenden in Europa. Ihre Zukunft liegt absehbar in einer Stärkung ihrer Funktion als Exekutivorgan der Forschungsorganisationen und, in diesem Zusammenhang, als Vermittler gemeinsamer Aktivitäten dieser Organisationen. Ein gutes Beispiel hierfür sind die European Young Investigator Awards (EURYI). Hierzu ist von den Vorsitzenden der nationalen Förderorganisationen (EUROHORCs) erstmals ein gemeinsamer Topf von zirka 5 Millionen Euro/Jahr geschaffen worden. Die Auswahl der Kandidaten erfolgt in zwei Stufen, einer ersten nationalen und einer zweiten, dann internationalen Auslese, die durch die ESF nach international akzeptierten Re-

*Startschuss für eine ganz neue Art europäischer Wissenschaftsförderung: Ernst-Ludwig Winnacker, ehema-
liger DFG-Präsident und seit 2007 ERC-Generalsekretär, stellt auf der Auftaktveranstaltung zum ERC seine
Vision von Forschungsförderung vor.*

geln des Peer Review organisiert wird. Nach allgemeiner Einschätzung hat
sich die ESF in dieser Aufgabe insgesamt sehr bewährt. Für weiter reichende
gemeinsame Aktivitäten müssen sich allerdings die EUROHORCs, die in der
Laufzeit des 7. Forschungsrahmenprogramms der EU voraussichtlich über
etwa 140 Milliarden Euro verfügen werden, auf die Bildung gemeinsamer
Geldtöpfe und anderer, ähnlich ausgerichteter Instrumente verständigen, gegebenenfalls in variabler Geometrie, oder aber auf eine deutliche finanzielle Stärkung der ESF. Sie würden dadurch demonstrieren, dass sie nicht nur
zur Durchführung ihrer nationalen Aufgaben in der Lage sind, sondern auch
dazu, die mit der Fragmentierung des Kontinents einhergehenden Probleme
zu überwinden und das Potenzial der europäischen Vielfalt für den Innovationsprozess zu erschließen.

Dies ist deshalb wichtig, weil es in Zukunft das Verhältnis zwischen den
nationalen und dem neuen paneuropäischen Förderinstrument, dem European Research Council, zu definieren gilt. Der ERC wurde mit Beginn des
Jahres 2007 als ein Teil der 7. Rahmenprogramme der Europäischen Kommission gegründet. Diesem Programmteil „Ideas" stehen bis 2013 insgesamt
knapp 7,5 Milliarden Euro für die Förderung der Grundlagenforschung zur
Verfügung. Die Gründung des ERC war schon seit November 2005 von der
Kommission durch die Einrichtung eines Scientific Council vorbereitet worden. Diesem Rat gehören 22 hochrangige Wissenschaftlerinnen und Wissenschaftler als Garanten für die wissenschaftliche Exzellenz an, die als einziger Maßstab für die Arbeit des ERC Geltung hat. Schon die Zahl 22 ist Pro-

gramm, indem sie verdeutlicht, dass eben nicht jeder Mitgliedstaat in diesem Gremium eine Stimme hat, es also auf regionale Präferenzen in der Förderung nicht ankommt.

Die Aufbauphase des ERC ist mehrgliedrig: Die Strategien des Scientific Council werden zunächst von einer Direktion des Direktorats für Forschung der EU-Kommission umgesetzt. Diese Geschäftsstelle soll in eine sogenannte Executive Agency überführt werden, in der sie größere Autonomie und Distanz von der Kommission erhalten soll. Diese Autonomie ist wichtig, um tatsächlich den Standard führender nationaler Förderorganisationen – der National Science Foundation (NSF) in den USA etwa oder der DFG – zu erreichen. 2009 soll überprüft werden, ob die Erwartungen, die in den ERC gesetzt werden, durch die Auswahl seiner administrativen Strukturen auch erfüllt werden können.

Wettbewerb und Kooperation

Mit der Gründung des ERC entsteht in Europa eine einmalige Situation für die Forschungsförderung, denn nirgendwo sonst auf der Welt gibt es die Koexistenz von starken nationalen und einem paneuropäischen Förderinstrument. In diesem Verhältnis darf es im Interesse der Wissenschaft in Europa in der Balance von Wettbewerb und Kooperation nur ein Miteinander geben, auf keinen Fall aber ein Gegen- oder auch nur ein Nebeneinander.

Der ERC wird daher Förderinstrumente entwickeln, die einen klaren europäischen Mehrwert schaffen, weil sie den Wettbewerb grenzüberschreitend organisieren und als solche zuvor in vielen Einzelstaaten in vergleichbarer Form gar nicht verfügbar waren. Aus diesem Grund hat sich der ERC zunächst zwei Förderlinien vorgenommen, sogenannte Starting Grants für jüngere Wissenschaftlerinnen und Wissenschaftler, um damit deren frühe Selbstständigkeit zu fördern, und die Advanced Grants für spätere Phasen einer Wissenschaftlerkarriere. Kern des Entscheidungsverfahrens für diese Instrumente sind jeweils zirka 20 Gutachtergruppen, die fächerübergreifend ausge-

---

European Research Council (ERC)

Der ERC orientiert sich in wesentlichen Punkten am Modell der DFG: Konzentration auf die Grundlagenforschung, Entscheidung allein nach wissenschaftlicher Qualität, überregionale Standard- und Kriterienbildung durch Wettbewerb. Die DFG unterstützt den ERC nachhaltig, weil sie eine starke grundlagenorientierte Forschungsförderung durch die EU als zentralen Bestandteil einer wirkungsvollen europäischen Innovationspolitik und als Standortvorteil für Forschung und Entwicklung in Deutschland ansieht. Von der Kooperation und dem Wettbewerb mit dem ERC erwartet die DFG wechselseitige Impulse vor allem für die Optimierung der Rahmenbedingungen von Forschung, der Förderverfahren und der Programmevaluierung in Deutschland und Europa.

Die Autonomie des ERC von der EU-Kommission ist wichtig, um den Standard führender nationaler Förderorganisationen – der National Science Foundation in den USA etwa oder der DFG – zu erreichen.

richtet sind und damit gerade interdisziplinär angelegten, also an den Fächergrenzen befindlichen Anträgen den Vorrang in der Förderung ermöglichen.

Beide Förderinstrumente sind in dieser Form europaweit bislang nicht verwirklicht. Zwar gibt es Vergleichbares zu den Starting Grants in Deutschland, in Österreich, der Schweiz, in Großbritannien, aber eben nicht flächendeckend über den ganzen Kontinent hinweg. Ähnliches gilt für die einige wichtige Elemente des DFG-Leibniz-Preises aufgreifenden Advanced Grants. Hier tritt hinzu, dass ein solch flexibel ausgestattetes Instrument schon national nicht überall in Europa zur Verfügung steht.

Welche weiteren Förderinstrumente der ERC in Zukunft aufnehmen wird, ist zunächst offen. Dies hängt von seinen finanziellen Möglichkeiten ab, aber auch davon, was die nationalen Förderorganisationen gemeinsam zu leisten in der Lage sind. Wenn es beispielsweise gelänge, europäische Schwerpunktprogramme (EUROCORES) im Rahmen der ESF-Förderung mit gemeinsamer Finanzierung schnell und qualitativ hochwertig zu fördern, dann müsste der ERC in einem solchen Programm nicht aktiv werden.

Der ERC bietet gerade für junge Forscher ganz neue Perspektiven der Förderung. Auf europäischer Ebene baut er dabei unter anderem auf dem Erfolg des European Young Investigator (EURYI) Award auf – hier der Preisträger Arno Rauschenbeutel, der mithilfe des Preises eine Nachwuchsgruppe an der Universität Mainz etabliert hat.

Für die Zusammenarbeit zwischen dem ERC und den nationalen Förderorganisationen gibt es bis auf den Gaststatus des ERC im Verein der EUROHORCs bislang keine Strukturen. Eines ist jedenfalls klar: Der weltweite Wettbewerbsdruck um wissenschaftliche Exzellenz steigt. Der ERC in *statu nascendi* muss sich anstrengen, genauso wie die nationalen Organisationen, überall in Europa Best-practice-Mechanismen für die Begutachtung und Bewertung der Forschung zu entwickeln beziehungsweise einzuführen. Europa hat nun eine einmalige Chance, in Wissenschaft und Forschung zur Weltspitze aufzurücken, wenn alle Beteiligten mitziehen, also die Regierungen der Mitgliedstaaten, die Europäische Kommission und die Wissenschaftlerinnen und Wissenschaftler selbst.

Wissenschaft und Öffentlichkeit: Zur Entwicklung einer tragfähigen Beziehung

In Publikationen zum Thema Wissenschaft und Öffentlichkeit war bis vor wenigen Jahren immer wieder von dem schwierigen Verhältnis der beiden Bereiche zu lesen. Auf der einen Seite wurden die Kommunikationsmechanismen der Wissenschaft genannt – Fachsprache, Komplexität, eingespielte Verhaltensweisen in der Scientific Community –, auf der anderen Seite die Öffentlichkeit(en) mit ihrer Forderung nach klaren, verständlichen Botschaften, Reduktion von Komplexität, Veranschaulichung. Wie sollten solch unterschiedliche Voraussetzungen zur Deckung gebracht werden können?

Die Wissenschaft ist in der Öffentlichkeit und den Medien angekommen

Dieses aus der Natur der Sache heraus zweifellos schwierige Verhältnis zwischen Wissenschaft und Öffentlichkeit hat sich in den letzten Jahren verändert. Inzwischen ist es auf gutem Wege, sich in eine stabile Beziehung zu verwandeln, weil beide Partner erkannt haben, dass sie unabdingbar aufeinander angewiesen sind.

Wissenschaftskommunikation lässt sich durchaus als konstitutiv für einen demokratischen Standard bezeichnen. Danach muss die Öffentlichkeit teilhaben können an den Prozessen, Erfahrungen und Ergebnissen der Wissenschaft – nur so können diese mitgetragen werden. Ist es diese Einsicht, die zunehmend von der Wissenschaft geteilt wird, ist es die Überzeugung, dass der Steuerzahler ein gutes Recht hat zu erfahren, wofür seine Steuergelder ausgegeben werden, haben die Anreizsysteme, wie zum Beispiel der Communicator-Preis, Frucht getragen (die Autoren des fachlichen Teils dieser Schrift sind die bisherigen Communicator-Preisträger) – oder ist es einfach so, dass viele Wissenschaftlerinnen und Wissenschaftler entdeckt haben, dass der Austausch mit Nicht-Wissenschaftlern Spaß macht und häufig genug sogar unerwartete Erkenntnisse für das eigene Fach bringt? Wahrscheinlich von allem etwas. Was zählt, ist das Ergebnis: Wissenschaftskommunikation ist auf dem Weg, ein selbstverständlicherer Teil wissenschaftlichen Tuns zu werden.

Und der Effekt ist reziprok: Je mehr gute, anschauliche, überzeugende Vermittlung von Wissenschaft in die Öffentlichkeit geleistet wird, desto größer wird das Interesse und das Verständnis der Öffentlichkeit an den und für die Wissenschaften. Längst haben die Bürger verstanden, wie zentral die Wissenschaften für unsere Gesellschaft sind. Nicht nur sind immer mehr Menschen zur Bewältigung ihrer Lebenspraxis in Beruf, Familie und Freizeit auf Informationen aus der Wissenschaft angewiesen, auch der Zusammenhang von Innovationen, Wissen und Arbeitsplätzen ist in den Köpfen angekommen.

Auch die Medien reagieren in erfreulicher Weise auf Wissenschaft als Thema und die verstärkten Kommunikationsbemühungen aus der Wissenschaft. In vielen Tageszeitungen sind neue Wissenschaftsseiten entstanden, die „Zeit" und die „Süddeutsche Zeitung" haben neue Wissenschaftsmagazine auf den Markt gebracht, Themen aus der Wissenschaft finden sich häufig auch auf den ersten Seiten oder im politischen Teil der großen Blätter.

Wohin will die DFG?

Die DFG wird in den kommenden Jahren im Bereich Presse- und Öffentlichkeitsarbeit zum einen die klassischen und bewährten Instrumente fortsetzen und zum Teil ergänzen. Dazu gehören die Zeitschriften „forschung" und „german research", die Vortragsveranstaltungen, die auf weitere Städte Deutschlands ausgedehnt werden, der neu gestaltete Jahresbericht, Pressemitteilungen, zu denen Ergebnispressemitteilungen hinzukommen werden, Pressekonferenzen, Pressereisen, Pressehintergrundgespräche, der Internetauftritt, der regelmäßig gepflegt und erweitert wird, und andere Multimedia-Aktivitäten wie die Image-DVD, die Fortführung der Ausstellungsaktivitäten und die Kooperationen mit Fernsehsendern. Darüber hinaus wird sich der Bereich Presse- und Öffentlichkeitsarbeit vor allem auf die folgenden Handlungsfelder konzentrieren.

Berichterstattung über Inhalte DFG-geförderter Forschung: Es ist vorgesehen, stärker als bisher in der Berichterstattung über DFG-geförderte For-

Die fußballspielenden Roboter bei den RoboCup-Meisterschaften begeistern immer wieder Jung und Alt. Dahinter steht handfeste Forschung, die in vielen Bereichen des Alltags Anwendung findet.

schung eigenständig Themen zu setzen, anstatt nur auf Anforderungen von außen zu reagieren. So sollen Themenfelder wie zum Beispiel Klimawandel oder Infektionskrankheiten mit verschiedenen Kommunikationsinstrumenten präsentiert werden – in einer Ergebnispressemitteilung, einem Vortrag, einer kompakten Internet-Präsentation, einem Bericht in der Zeitschrift „forschung" oder auch im Rahmen einer Presseinformationsreise. So können Synergien hergestellt und für Medien und Öffentlichkeit kompakte Informationen angeboten werden.

Längst haben die Bürger verstanden, wie zentral Wissenschaft für unsere Gesellschaft ist. Je mehr überzeugende Vermittlung von Wissenschaft in die Öffentlichkeit geleistet wird, desto größer wird das Verständnis der Öffentlichkeit für die Wissenschaften.

Neue Programme: Um das Netzwerk zwischen Wissenschaft und Öffentlichkeit beziehungsweise Medien enger zu flechten und durch Kenntnis der jeweils anderen Kultur Vertrauen zu schaffen, sind folgende erweiterte und neue Aktivitäten vorgesehen:

Das schon seit vielen Jahren vom Bereich Presse- und Öffentlichkeitsarbeit der DFG durchgeführte Medientraining für Graduiertenkollegs, das bislang in einem Testlauf auch für die Gruppe junger Forschender im Status der Emmy Noether-Stipendiaten erprobt worden ist, soll systematisch mit Blick auf die letztgenannte Zielgruppe ausgeweitet werden. Zusätzlich sollen Medientrainingsseminare für Wissenschaftler in Verantwortungspositionen – Sprecher von Sonderforschungsbereichen, Sprecher der Exzellenzcluster und Graduiertenschulen sowie der DFG-Forschungszentren – angeboten werden.

Ein neues Programm unter dem Arbeitstitel „Wissenschaftler in Redaktionen" soll ebenfalls vorzugsweise junge Wissenschaftlerinnen und Wissenschaftler mit den Arbeits- und Denkweisen sowie den Zwängen journalistischen Tuns vertraut machen. Es ist daran gedacht, jungen Forschenden die Möglichkeit zu geben, sich um ein Kurzpraktikum in den Wissenschaftsredaktionen von Tageszeitungen, Wochenzeitungen, Magazinen, im Hörfunk und Fernsehen zu bewerben.

Neue Medien, Internet-Fernsehen: Die durch die neuen Medien, insbesondere das Internet, entstandenen Möglichkeiten der Informationsbeschaffung haben entscheidenden Einfluss auf die Nutzergewohnheiten vor allem junger Menschen. In dem Zusammenhang gehören Internetplattformen mit Bewegt-Bild-Inhalten zu den am schnellsten wachsenden Angeboten im Netz. Vor diesem Hintergrund hat sich die DFG vorgenommen, ein Projekt „DFG-Science-TV" zu erproben, in dem aus ausgewählten DFG-geförderten Forschungsvorhaben regelmäßig Kurzfilme im Rahmen eines noch zu schaffenden Portals über das Internet angeboten werden. Mit einem solchen – aufwändigen – Vorhaben hätte die DFG die Chance, Vorreiter für die Schaffung eines großen Internet-Wissenschafts-Fernsehportals zu werden und damit völlig neue Zielgruppen der allgemeinen Öffentlichkeit für Wissenschaft zu erschließen.

Perspektiven
der Forschung

Vermittlung von Mathematik durch Experimente

Albrecht Beutelspacher, Mathematik

Die Vermittlung von Mathematik hat durch den Einsatz interaktiver Experimente eine neue Qualität erreicht. Durch das aktive Handeln beim Experimentieren ergibt sich nicht nur eine äußerliche Aktivität, sondern auch eine innere Bereitschaft, sich die strukturelle Problematik und ihre Lösung zu eigen zu machen. Hier wird über die Idee und die Erfahrungen aus dem Mathematikum in Gießen, dem ersten mathematischen Science Center der Welt, berichtet, und Konsequenzen für Ausbildung und Forschung werden skizziert.

Geschichte mathematischer Ausstellungen

Warum die Vermittlung von Mathematik an ein breites Publikum allgemein für aussichtslos gehalten wird, ist nicht klar. Mathematik ist nicht schwieriger als moderne Chemie, nicht geheimnisvoller als Astronomie und nicht anwendungsferner als Biologie. Ein Grund mag sein, dass Mathematik in dem Sinne eine reine Geistwissenschaft ist, insofern als ihre Gegenstände (Punkte, Geraden, Zahlen, Funktionen usw.) rein geistige Objekte sind. Unabhängig davon, ob man dem Platonismus zuneigt, für den diese geistigen Objekte das eigentlich Bedeutsame sind und das, was wir als Wirklichkeit empfinden, nur ein kümmerliches Bild davon ist, oder ob man den Hilbert'schen Standpunkt einnimmt, dass Mathematik ein Spiel sei, bei dem, ähnlich wie beim Schachspiel, die Beziehungen der Objekte, über deren Natur man keine Aussagen macht, durch Axiome geregelt sind, ist eines unbestreitbar: Mathematik besteht aus Definitionen, Sätzen und rein logischen Beweisen. Warum die Mathematik dann so genau die Wirklichkeit beschreibt, ist in jedem Fall eine Frage, für die die Philosophie seit über 2000 Jahren unterschiedlichste Antworten gegeben hat.

Aber genauso lange gab es auch Versuche, mathematische Objekte oder Phänomene in der Realität zu erkennen. Dabei geht es einerseits darum, Mathematik anzuwenden, andererseits aber auch darum, komplexe mathematische Phänomene zu veranschaulichen, sei es zu Forschungszwecken, sei es zu Zwecken der Verbreitung der Wissenschaft.

Das Mathematikum in Gießen bietet „Mathematik zum Anfassen". Es ist das erste mathematische Science Center der Welt.

Sammlungen von Modellen haben eine lange Tradition. Schon auf dem Grabstein des Archimedes soll eine in einen Zylinder einbeschriebene Kugel abgebildet gewesen sein. Im 19. Jahrhundert wurden zahlreiche Flächen als Gipsmodelle hergestellt. Diese sind handwerklich so kunstvoll und sorgfältig gefertigt, dass sie uns wie Kunstwerke vorkommen. Heute sind diese ersetzt durch Computergrafik und Animationen.

Eine neue Dimension der Vergegenwärtigung naturwissenschaftlicher Phänomene bilden die Science Center, die sich seit dem Ende der 1960er-Jahre mit großem Erfolg weltweit durchgesetzt haben. Als Beginn wird üblicherweise die Gründung des Exploratoriums in San Francisco 1967 durch Frank Oppenheimer gesehen. Vorhergehend und parallel dazu sind die Arbeiten des Mathematikdidaktikers Martin Wagenschein („Rettet die Phänomene!") und Hugo Kükelhaus' zu berücksichtigen, der „Erfahrungsfelder zur Entfaltung der Sinne" gestaltete. Historisch noch weiter zurück liegen die Gründungen des Deutschen Museums München 1903 und der Urania in Berlin 1888.

Das Exploratorium in San Francisco hat allerdings – im Gegensatz zu seinen Vorgängern – sehr viele Nachfolger hervorgebracht, ja die Gattung der „Science Center" begründet. Der Grund dafür ist einfach: Man durfte die Experimente nicht nur nachbauen, das Exploratorium gab sogar drei dicke „Cookbooks" heraus mit konkreten Bauplänen, aufgrund derer zahlreiche Science Center ausgestattet wurden.

Bald wurden auch in Europa die ersten Zentren eröffnet, zum Beispiel die Cité des Sciences et de l'Industrie in Paris 1986, Heureka in Finnland 1989, Experimentarium in Kopenhagen 1991, Città della Scienza in Neapel 1996. In Deutschland waren die ersten Science Center die Phänomenta in Flensburg und das Spectrum im Deutschen Technikmuseum Berlin. In den letzten Jahren kamen mit spektakulärer Architektur hinzu das Universum in Bremen und Phaeno in Wolfsburg.

Für alle gilt: Die Mathematik kam und kommt nur indirekt vor. Zwar haben einige Exponate auch einen mathematischen Inhalt, dieser wird aber nicht benannt oder hinter Gattungsbezeichnungen wie „Patterns" oder „Symmetrie" versteckt. Zwei Ausstellungen sind zu erwähnen, die das Mathematikum beeinflusst haben. Die Ausstellung „Oltre il compasso", die von Franco Conti und Enrico Giusti entwickelt wurde, hat einen dauerhaften Platz in Florenz gefunden und zeigt in zum Teil innovativen interaktiven Exponaten die Mathematik der Kurven und Flächen. In der Ausstellung „Macchine matematiche", die von Mariolina Bartolini-Bussi an der Universität Modena konzipiert wurde, geht es darum, mathematische Apparate, die bislang nur in – zumeist historischen – Veröffentlichungen vorlagen, als funktionierendes Modell zu realisieren.

Geschichte des Mathematikums

Das Mathematikum in Gießen ist das erste mathematische Science Center der Welt. Die Geschichte begann vollkommen harmlos 1993 mit einem Proseminar im Fachbereich Mathematik der Universität Gießen. Die Studierenden – im Wesentlichen Lehramtsstudierende – hatten die Aufgabe, ein Modell eines mathematischen Objekts real herzustellen und „die darin steckende Mathematik" zu erklären. Nach anfänglichen Schwierigkeiten („Ich sehe da keine Mathematik drin.") wurden sowohl die Modelle als auch die Erklärungen so überzeugend, dass wir beschlossen, die Ergebnisse in einer Ausstellung zu zeigen. Diese fand im Frühjahr 1994 statt. Die Resonanz war außerordentlich ermutigend, und so wurde das Proseminar mit anderen Themen noch mehrere Male wiederholt.

Die zweite Phase begann, als Anfragen nach einer Ausleihe der Ausstellung kamen. Diese ersten Versuche waren jedoch nicht für eine weitere Verwendung konzipiert worden, sodass die ersten Ausstellungen 1995 im Schulmuseum Nürnberg und an der Universität Duisburg eine Neuorientierung und Professionalisierung anstießen. Die Ausstellung war von Anfang an keine Präsentation fertiger Objekte, sie wandelte sich jetzt aber bewusst zu einer Sammlung interaktiver Exponate. Darunter versteht man Stationen, an denen die Besucher arbeiten, sogenannte Hands-on-Exponate. Dabei verändert sich das Objekt und – hoffentlich – auch der Besucher.

Eine große Chance und Herausforderung war der International Congress of Mathematicians 1998 in Berlin. Unsere Ausstellung wurde im Foyer der Urania gezeigt und in den acht Tagen des Kongresses von den 5000 Mathematikern und ebenso vielen Berliner Schulkindern gestürmt. Da die Exponate bei beiden Gruppen auf einhellige Begeisterung stießen, war klar, dass sich das Unternehmen auf dem richtigen Weg befand.

Schon seit 1996 wurde ernsthaft die Möglichkeit erörtert, die Wanderausstellung in eine permanente Institution („Mathematikmuseum") zu überführen. Dies war ein Prozess, der viel Überzeugungsarbeit erforderte. Ende 2000 fiel dann die Entscheidung: Die Stadt Gießen stellte ein Gebäude, das ehemalige Hauptzollamt, zur Verfügung und das Wissenschaftsministerium des Landes Hessen eine erste Förderung in Aussicht. Im Februar 2002 erfolgte der Spatenstich, und schon am 19. November konnte die erste Ausbaustufe des Mathematikums, wie es jetzt hieß, eröffnet werden. Prominentester Gast war der damalige Bundespräsident Johannes Rau, der gegen Ende seines Besuchs sagte: „Mathematik kann Spaß machen, das habe ich hier erfahren." Inzwischen zeigt das Mathematikum auf etwa 1000 Quadratmetern Ausstellungsfläche über 120 Exponate.

Vom ersten Tag an war das Mathematikum in Gießen eine Erfolgsgeschichte. Das sieht man schon an den Besucherzahlen: Statt den prognostizierten 60 000 kommen jährlich etwa 150 000 Gäste. Dies macht auch einen ausgeglichenen Haushalt möglich, sodass das Mathematikum für den laufenden Betrieb keine Zuwendungen von außen braucht. Neue Projekte werden mit Unterstützung von Partnern aus Industrie und Wirtschaft realisiert. Die Besucher kommen nicht nur aus dem regionalen Raum, sondern weit darüber hinaus. In der Ferienzeit ist das Publikum international; Zählungen im Sommer 2006 und 2007 ergaben jeweils Besucher aus über 50 Nationen.

Die Erfolge zeigen sich auch in den Auszeichnungen des Mathematikums: 2004 erhielt es den „Zukunftspreis Jugendkultur" der PwC-Stiftung, im Jahr 2006 war es ein „Ort im Land der Ideen" und 2007 ist es die „ausgezeichnete Location" des Radiosenders hr3.

Was wird gezeigt?

Die Architektur des Mathematikums zeichnet sich dadurch aus, dass sie sich in den Dienst der Besucher und der Exponate stellt. Die Räume sind großzügig angelegt, breite Durchbrüche ermöglichen interessante Perspektiven. Das

Im Mathematikum können Besucher auch die Regeln des griechischen Denkers Pythagoras ganz anschaulich erleben.

Besonders für Kinder verknüpft das Mathematikum Spaß mit Erkenntnis. Beim „Turm von Hanoi" etwa müssen sie Scheiben stapeln und lernen auf diese Weise etwas über Schrittfolgen.

Haus wurde bewusst sehr hell mit viel Tageslicht geplant. Es dominiert eine klare, auf allen drei Ebenen wiederkehrende Struktur, durch die sich eine selbstverständliche Orientierung für die Besucher ergibt.

Die einzelnen Räume stehen jeweils unter einem Thema, das aber nicht schriftlich postuliert wird, sondern sich durch den Inhalt ergibt. Einige Beispiele sind: Pi, Perspektive, Seifenhäute, Kurven und Flächen, Proportionen, Pythagoras. Es wurde bewusst darauf verzichtet, einen mehr oder weniger obligatorischen Rundgang („roter Faden") vorzugeben, im Gegenteil: Die Besucher können an jeder Stelle beginnen und von dort aus fortschreiten. Jeder Raum wird zusätzlich zu den Exponaten durch eine Wandgrafik gestaltet, die das Thema des Raums aufnimmt. So wird bei den Experimenten zur Perspektive ein berühmter Kupferstich von Albrecht Dürer gezeigt, bei dem das Prinzip der Perspektive deutlich wird.

Der Anspruch des Mathematikums ist, grundsätzlich alle mathematischen Gebiete anzusprechen, das heißt Geometrie, Algebra, Analysis, Stochastik sowie die Geschichte der Mathematik. Gleich im Eingangsbereich werden die Besucher durch eine Reihe von Knobelspielen angezogen. Dies ermöglicht einen niederschwelligen, spielerischen Zugang, der aber auch mathematische Fähigkeiten aktiviert oder entwickelt, vor allem Raumvorstellung und kombinatorische Zusammenhänge.

Die Experimente wurden vor allem nach zwei Kriterien ausgewählt: Zum einen muss das Zielobjekt einfach sein, denn man muss es sich ja vorstellen, bevor man es zusammensetzen kann. Beispiele dafür sind ein Würfel oder ein Tetraeder. Zum anderen soll das Objekt aus möglichst wenigen Teile zusammengesetzt werden. Der Extremfall ist eine Pyramide (Tetraeder), die aus zwei gleichen Teilen zusammengesetzt wird. Auch dieses Experiment ist keineswegs trivial. Wenn man es schafft, stellt sich wie bei den anderen Knobelspielen ein Aha-Effekt ein. Man merkt in einem einzigen Moment: Genauso passt es zusammen!

Ein bekanntes Spiel aus der Unterhaltungsmathematik ist der „Turm von Hanoi", der 1883 von dem französischen Mathematiker Edoard Lucas erfunden wurde. Das Mathematikum zeigt eine den Anforderungen einer offenen Präsentation genügende Variante dieses Spiels. In einen runden Tisch sind drei kegelförmige Löcher eingelassen. Zu Beginn befinden sich in einem der Kegel fünf Scheiben, von denen sich die kleinste ganz unten befindet, darauf ist die zweitkleinste usw., ganz oben liegt die größte. Man darf nun jeweils nur eine Scheibe bewegen und nie darf eine kleine über einer größeren liegen. Beide „Spielregeln" werden durch die Gestaltung des Experiments von den Besuchern fast automatisch befolgt. Die Fragen, die sich stellen, sind: Kann man so alle Scheiben in einen anderen Trichter bringen? Und wenn ja, wie viele Züge braucht man dazu?

An diesem Experiment zeigen sich zwei Aspekte. Die mathematische Seite ist das algorithmische Vorgehen. Man muss, um überhaupt zum Erfolg zu kommen, eine gewisse Strategie, eine Regelhaftigkeit entdecken und diese befolgen. Wenn man einen solchen Algorithmus entdeckt hat, kann man die Anzahl der Züge berechnen und dann auch fiktive Fragen beantworten

Eines der ersten Exponate des Mathematikums – der „Tetraeder im Würfel" – hat Einzug in viele Schulklassen gehalten. Die Tetraeder sollen in einen gläsernen Würfel eingepasst werden: eine Herausforderung für die räumliche Vorstellung.

wie etwa: Wie viele Züge würde ich für sechs (sieben, acht, ... n, ...) Scheiben brauchen?

Der andere Aspekt ist der der Kommunikation. Fast alle Exponate des Mathematikums ziehen viel Publikum gleichzeitig an und sind deswegen auch so angelegt, dass viele Besucher gleichzeitig daran arbeiten und darüber sprechen können.

Das Penrose-Puzzle ist ein Ausschnitt des 1974 von Roger Penrose erfundenen aperiodischen Parketts. Es ist ein wunderbares Beispiel, mit dem man moderne Mathematik, ja sogar moderne mathematische Forschung zeigen kann. Die Besucher arbeiten mit zwei verschiedenen „Puzzleteilen", den gelben „Pfeilen" und den roten „Drachen"; diese müssen flächendeckend aneinandergelegt werden. Penrose hat dazu gewisse „Legeregeln" aufgestellt, deren Funktion es ist, einen „offensichtlichen", regelmäßigen Aufbau eines Parketts zu verhindern. Das Experiment hat einen idealen Schwierigkeitsgrad, nicht zu einfach, nicht zu schwierig, und die Besucher erleben eine große Befriedigung, wenn sie es geschafft haben. Sie können dann auch einige Besonderheiten dieses Parketts entdecken, zum Beispiel die zahlreichen fünf-zähligen lokalen Strukturen, die ein Indiz dafür sind, dass diese Art der Überdeckung der Ebene sich von der klassischen, die durch Verschiebung der einzelnen Teile entsteht, fundamental unterscheidet.

Das Exponat „Tetraeder im Würfel" gehört zu den allerersten Exponaten, die das Mathematikum entwickelt hat, und es gehört zu denjenigen, die sich in besonders guter Weise eignen, im Schulunterricht eingesetzt zu werden. Die Aufgabe scheint zunächst nicht schwierig: Man muss einen regelmäßigen Tetraeder in einen durchsichtigen Würfel einpassen. Nun ist das nicht ganz einfach: Es geht weder mit der Spitze noch mit der Fläche nach unten, sondern nur, indem man den Tetraeder auf eine seiner Kanten stellt, diese auf die Diagonale des oberen, offenen Quadrats des Würfels setzt – und dann rutscht der Tetraeder fast wie von selbst in den Würfel. Ein Experiment, das schon als solches für Verblüffung und Erkenntnis sorgt.

Man kann das Verständnis vertiefen und Aktivitäten anleiten, die im Schulunterricht oder in Workshops stattfinden, indem man folgende Fragen stellt:

– Wie viele Möglichkeiten gibt es, den Tetraeder in den Würfel einzupassen? Eine Frage, die eine Reihe verschiedener – richtiger – Antworten zulässt, je nach dem, welche Stellungen des Tetraeders und des Würfels man als gleich ansieht.
– Gegeben ein Würfel, welche Kantenlänge hat der Tetraeder, der genau in den Würfel passt? Dies ist eine einfache Frage. Viel schwieriger zu beantworten ist die folgende:
– Gegeben ein Tetraeder, welche Kantenlänge hat ein Würfel, in den dieser Tetraeder genau passt?
– Welchen Anteil hat das Volumen des Tetraeders am Volumen des Würfels?

Die Kettenlinie ist ein Experiment, das Geduld und Sorgfalt erfordert. Man legt einzelne Teile in Form einer Kettenlinie und kann diese dann aufstellen, indem man eine Platte hochklappt. Manche Experimente sind Kunstwerke. Der amerikanische Künstler Larry Kagan ordnet Metallteile so an, dass es aussieht, als seien sie zufällig zusammengefügt. Wenn dieses Gebilde aber von einem bestimmten Punkt aus beleuchtet wird, dann wirft jedes Metallteil einen Schatten, und zwar so, dass sich die Schatten insgesamt zu einem erkennbaren Gebilde zusammenfügen. Im Mathematikum ist es die Zahl 1, die sich aus den vielen kleinen Schatten ergibt. Im Grunde handelt es sich um angewandte Perspektive.

Darüber hinaus nimmt das Mathematikum zunehmend historische Experimente auf. Zum Beispiel kann man die älteste bekannte Zahlendarstellung Europas sehen. Es handelt sich um einen etwa 30 000 Jahre alten Wolfsknochen, der 1938 in einer Mammutjägeransiedlung bei Dolní Vestovice (Tschechien) gefunden wurde. Dieser weist 55 regelmäßige Einkerbungen auf, die die Historiker eindeutig mit einem Zahlenverständnis erklären. Auch die Präsentation eines römischen Dodekaeders, der aus dem Gebiet der Saalburg stammt, gehört zu den Attraktionen des Mathematikums.

Wirkungen auf die Besucher

Neben den Schulklassen, die über alle Klassenstufen hinweg das Mathematikum besuchen, kommen Familien, Einzelpersonen, Gruppen. Insbesondere Familien erleben das Mathematikum als attraktiven Ort für die Freizeitgestaltung und realisieren so generationenübergreifendes Lernen. Die Begeisterung und Motivation, die unsere Gäste erleben, ist offensichtlich. Das

Geduld und Sorgfalt erfordert die „Kettenlinie". Bausteine werden aneinandergefügt. Beim Aufstellen der Fläche zeigt sich, ob die mathematischen Regeln befolgt wurden.

Nichts dem Zufall überlassen: Bei der Würfelschlange lernen die Besucher den Zusammenhang der Zahlen eins bis sechs.

drückt sich aber nicht nur in der Verweildauer und wiederholten Besuchen aus, sondern auch in einer starken Nachhaltigkeit. Die Experimente, an denen ein Besucher besonders intensiv gearbeitet hat, bleiben ihm monatelang detailliert im Gedächtnis – ein wunderbares Potenzial für eine Weiterbearbeitung im Unterricht.

Das Mathematikum ist alles andere als ein stiller Tempel, in dem jedes Räuspern unangenehm auffällt. Nun kann man sich durch die Lautstärke gestört fühlen oder sie beklagen – aber es handelt sich nicht um Lärm, sondern um Kommunikation. Wenn man darauf hört, was die Besucher sprechen, dann merkt man: Sie sprechen über die Exponate.

Das Medium Ausstellung hat, wie jedes Medium, seine Chancen und seine Grenzen. Kein Mensch wird in einer Ausstellung eine formale Theorie entwickeln. Dennoch bleibt natürlich die Herausforderung, den Besuchern, wenn sie es wünschen, ein tieferes Verständnis zu ermöglichen. Das Mathematikum macht dazu eine ganze Reihe von Angeboten:

– Die Tafeln (labels) an den Exponaten geben zwar keine expliziten Hintergrundinformationen, führen aber durch Fragen oder Beobachtungshinweise zum Zentrum des Problems.
– Stets sind Betreuer in der Ausstellung präsent, die Auskunft geben können und auch von sich aus Besucher ansprechen.
– In einem Begleitbuch („Katalog") sind viele Experimente auch mit ihrem mathematischen Hintergrund beschrieben.
– In Zusatzveranstaltungen (Exponatpremieren, Experimentvorführungen, Kindervorlesungen, Vorträge) werden weiterführende Erklärungen gegeben.
– Schließlich werden Lehrer in regelmäßig angebotenen Fortbildungen auf einen Besuch im Mathematikum und die Weiterarbeit im Unterricht vorbereitet.

Aus vielen Beobachtungen und zahlreichen Gesprächen mit Lehrerinnen und Lehrern, Eltern und nicht zuletzt Schülerinnen und Schülern wird klar, dass der handlungsorientierte Ansatz ein Schlüssel für einen nachhaltigen Lernerfolg darstellt. Der Bottom-up-Ansatz scheint für viele Menschen der richtige zu sein: Ausgehend von eigenen, konkreten Erfahrungen sucht man zunächst eine qualitative, umgangssprachlich formulierte Erklärung, um dann darauf aufbauend, bei Bedarf, eine formale Durchdringung zu erarbeiten.

Selbstverständlich können das Mathematikum und ähnliche Ausstellungen in keinem Fall ein Ersatz für die Schule oder gar eine bessere Schule sein: Es wäre lächerlich, würde man fordern, der Mathematikunterricht solle allein durch Experimente erfolgen. Allerdings bin ich der Überzeugung, dass bei Schülern, denen auch nur gelegentlich etwas Besonderes geboten würde – etwas gebastelt, Mathematik in der Natur oder Umwelt gesucht, oder auch ein Experiment durchgeführt würde –, sich das Bild der Mathematik in ihren Köpfen dramatisch verändern würde.

Auch für die Lehrerausbildung können Ausstellungen, wie sie im Mathematikum zu sehen sind, große Bedeutung haben. Es sind außerschulische Lernorte, an denen das Lernen freiwillig passiert. Obwohl diese Ausstellungen die Schule nicht ersetzen können und wollen, sind doch gewisse Aspekte wichtig, sei es, um sie in der Schule anzuwenden, sei es, um sich in der Schule dagegen abzugrenzen:

Auch in einem Knäuel kann sich Mathematik verbergen. Bei diesem Exponat in Gießen bilden die Schatten der Drähte zusammen eine 1.

– Die Besucher lieben andere Zugänge: Die Anregung des Geistes und die Ausbildung struktureller Vorstellungen, die durch interaktive Experimente stimuliert werden, sind kaum zu überschätzen.

– Die Besucher lassen sich auf andere Inhalte ein: Auch Phänomene, die wegen ihrer formalen Komplexität in der Schule entweder überhaupt nicht oder in der entsprechenden Klassenstufe noch nicht behandelt werden können, werden von den Besuchern bereitwillig angenommen und qualitativ verstanden.

– Die Besucher üben andere Formen des Lernens: Reale Erfahrungen stehen im Vordergrund, zu memorierendes Wissen spielt dagegen praktisch keine Rolle. Die Erfahrungen stellen sich zwar nicht immer sofort, aber wenn, dann blitzartig ein. In einem einzigen Moment wird die Situation, die Struktur klar, und diese plötzliche Erkenntnis prägt sich tief ein: Man hat es erfahren und muss es deshalb nicht „lernen".

Forschungsansätze

Wenn man Besucher in einem Science Center unter dem Aspekt beobachtet, „Was und wie lernen die Besucher?", so fällt einem zweierlei auf:

– Es ist unverkennbar, dass sich in den Köpfen der Besucher „etwas tut", aber man weiß nicht, was sie „gelernt" haben. In der Tat haben viele Lehrerinnen und Lehrer das „Problem", dass sie ihre Schülerinnen und Schüler nicht einmal fragen können, was diese gelernt haben. Das liegt zu einem guten Teil daran, dass dieses „Lernen" nonverbal erfolgt. Es entsteht ein Bild im Kopf. Dieses enthält – vermutlich – einen großen Teil der Erkenntnis. Es ist sozusagen Mathematik ohne Worte. Aber dieses Bild zu kommunizieren, es in Worte zu fassen, es überhaupt zu erfragen, das bedarf eines erheblichen Aufwands.
– Interessanterweise entstehen diese Bilder blitzartig. Alle traditionellen und bewährten Stufen des Lernens werden in einem Moment übersprungen.

Science Center sind nicht nur für die Mathematik, sondern auch für andere Fächer eine immer wichtiger werdende Form des lebenslangen Lernens. Wie dieses geschieht, wie es systematisch gefördert und unterstützt werden kann, das alles wissen wir heute – wenn überhaupt – nur im Sinne von Erfahrungswerten. Eine gründliche wissenschaftliche Durchdringung steht noch aus.

Albrecht Beutelspacher

1950 geboren ▪ 1969 bis 1973 Studium der Mathematik, Physik und Philosophie an der Universität Tübingen ▪ 1973 bis 1982 wissenschaftlicher Mitarbeiter an der Universität Mainz ▪ 1976 Promotion ▪ 1980 Habilitation ▪ 1982 bis 1985 Professor auf Zeit ▪ 1986 bis 1988 Mitarbeiter im Forschungsbereich bei Siemens, München ▪ seit 1988 Professor für Geometrie und Diskrete Mathematik am Mathematischen Institut der Universität Gießen ▪ 2000 Archimedes-Preis des Deutschen Vereins zur Förderung des mathematischen und  naturwissenschaftlichen Unterrichts (MNU), Communicator-Preis des Stifterverbandes für die Deutsche Wissenschaft und der Deutschen Forschungsgemeinschaft ▪ seit 2002 Direktor des Mathematikums in Gießen ▪ 2003 Ehrennadel der Deutschen Mathematiker-Vereinigung ▪ 2004 Benedictus-Gotthelf-Teubner-Förderpreis; Deutscher IQ-Preis

Erkundung des tiefen Ozeans

Gerold Wefer, Geowissenschaften

Der tiefe Ozean ist auch heute noch weitgehend unerforscht. Diese Aussage kann auch für die Ozeanränder und sogar für die Schelfregionen gemacht werden. Im Vergleich zur Erkundung der Landoberfläche durch Satelliten müssen die Beobachtungen und Messungen am Meeresboden mit Fahrzeugen durchgeführt werden, die direkt am Meeresboden operieren.

Technologien, Herausforderungen, Aufgaben

Diese Arbeiten erfordern spezielle Technologien, zum Beispiel bemannte Unterseeboote, Unterwasserroboter, autonome Unterwasserfahrzeuge und videokontrollierte Gerätesysteme. Der Einsatz von seismischen and akustischen Verfahren ist zur Erkennung und Kartierung der Bodentopographie und der geologischen Strukturen unterhalb des Meeresbodens von großer Bedeutung.

Während die Schelf- und Küstenregionen wegen der sozialen und ökonomischen Bedeutung und der starken Konkurrenz von Nutzern (Verkehrswege, Energiegewinnung und Ressourcennutzung, Tourismus usw.) lange Zeit im Vordergrund der Untersuchungen standen, finden jetzt auch die tieferen Bereiche des Meeresbodens (bis zu 3000 Meter Tiefe) wegen der Exploration von Rohstoffen (Öl, Gas und Metalle) ein zunehmendes Interesse. Unter Nutzung modernster Technologien werden ständig neue Phänomene am Meeresboden entdeckt: Austritte von Gashydraten, kalte und heiße Quellen, Asphalt- und Schlammvulkane, Rutschungen und Kaltwasserkorallenriffe. Es ist eine große Herausforderung für die Meeresforschung, mehr über die geologischen Prozesse in diesen unbekannten Regionen zu erfahren sowie Wechselwirkungen zwischen Geosphäre und Biosphäre zu ermitteln.

Klimaarchive

Um die Klimavorhersage zu verbessern und die Auswirkung des gerade stattfindenden globalen Wandels besser zu verstehen, müssen die Mechanismen und die Geschichte der natürlichen Klimavariabilität verstanden werden. Die Klimainformationen sind in Ablagerungen der Seen, des Eises und des Ozeans enthalten. Insbesondere die marinen Ablagerungen gehen in der Erdgeschichte weit zurück und liefern – je nach Zeitabschnitt und Ablagerungsgebiet – lange Zeitreihen oder kürzere Abschnitte mit zeitlich hoher Auflösung. In den letzten Jahren konzentrierten sich die Arbeiten auf die Gewinnung von hoch auflösenden und sehr gut datierten Ablagerungen, die zum Teil sogar jährliche Rekonstruktionen erlaubten. Große Fortschritte wurden bei der Anwendung quantitativer Methoden und in der Zusammenführung von Proxy-Daten und Erdsystem-Modellen erzielt.

Erkundung des tiefen Ozeans

Verstärkt werden müssen integrative Ansätze, wie sie im DFG-Schwerpunktprogramm (SPP) „Integrierte Analyse zwischeneiszeitlicher Klimadynamik" verfolgt werden. In diesem SPP sollen alle verfügbaren Paläoklimaarchive (terrestrische und marine sowie Eisbohrkerne) miteinander verknüpft werden, um zu einer möglichst umfassenden quantitativen Analyse globaler Umweltvariationen zu gelangen. Darüber hinaus wird eine enge Verzahnung von Paläoklima-Rekonstruktionen mit Ergebnissen aus der Erdsystemmodellierung weitreichende Einblicke in die Dynamik von Klimavariationen liefern, die von großer Relevanz für eine Abschätzung zukünftiger Klimaveränderungen sind.

Gashydrate

Die Gashydrate an den Kontinentalrändern haben in den letzten Jahren eine besondere Aufmerksamkeit erfahren, wegen ihrer möglichen Bedeutung als

Strichcode der Vergangenheit: Schicht für Schicht liefern Bohrkerne Informationen etwa zur Erdentstehung oder zum Klima vergangener Zeiten.

zukünftige Energiequelle, für die Stabilität der Kontinentalränder und als potenzielle Quelle für die Freisetzung des sehr wirksamen Treibhausgases Methan. Neben Methan als Hauptkomponente der Gashydrate kommen aber auch andere Gase vor, wie höhere Kohlenwasserstoffe, Schwefelwasserstoff und Kohlendioxid. Gashydrate sind feste, eisähnliche Verbindungen aus Gasmolekülen und Wasser. In den ozeanischen Sedimenten kommen sie je nach Wassertemperatur, Verfügbarkeit des Gases und entsprechendem Druck ab 300 bis 700 Meter Wassertiefe vor. Sie treten in drei unterschiedlichen Kristallstrukturen auf.

Perspektiven der Forschung

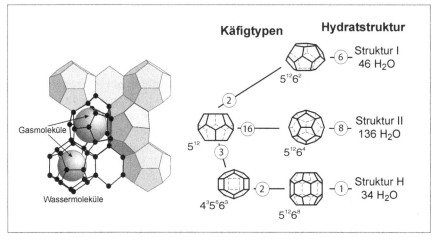

Schematische Darstellung der Gashydratstruktur I (links). Die Elementarzelle besteht aus acht Wasserkäfigen der beiden Käfigtypen 5^{12} und $5^{12}6^2$, in denen jeweils Platz für ein Gasmolekül ist. Die H_2O-Moleküle sind über H-Brücken miteinander verbunden. Rechts: die verschiedenen Käfigtypen der drei Gashydratstrukturen I, II und H, Anzahl der verschiedenen Wasserkäfige der jeweiligen Einheitszelle sowie Anzahl ihrer Wassermoleküle pro Elementarzelle.

Methan wird im Ozean überwiegend durch den fermentativen Abbau von organischer Substanz oder durch bakterielle Reduktion von CO_2 gebildet. In tieferen Sedimentschichten entsteht es auch durch thermokatalytische Prozesse. Die Methanproduktion ist am höchsten an den Ozeanrändern, wo durch eine hohe Planktonproduktivität und eine hohe Sedimentationsrate viel organische Substanz abgelagert wird, die die Voraussetzung für eine Methanproduktion in den Sedimenten darstellt. Methanhydrate kommen an allen passiven und aktiven Kontinentalrändern vor, aber auch in Randmeeren wie dem Mittelmeer, dem Schwarzen Meer und im Baikalsee.

Gashydrate entstehen im Porenraum der Sedimente, aber manchmal auch in massiver Form direkt am Meeresboden. Die in den Sedimenten festgelegten Gashydrate können durch tektonische Bewegung, Variationen von Ozeanströmungen oder andere Temperaturänderungen freigesetzt werden. Dadurch können große Hangrutschungen verursacht werden. Gashydrate werden in vielen nationalen Programmen untersucht, zum Beispiel in Japan, in den USA oder Kanada und China. Auch das Integrated Ocean Drilling Program (IODP) und das International Continental Drilling Program (ICDP) beinhalten Projekte über Gashydratforschung. In Deutschland wird Gashydratforschung in dem von DFG und BMBF gemeinsam finanzierten Sonderprogramm „Geotechnologien" gefördert. Bei der Gashydratforschung kommen modernste Technologien zum Einsatz wie Remotely Operated Vehicles (ROVs) oder Bohrschiffe mit Autoklav-Technologie, die es ermöglicht, Sedimente unter den Druckbedingungen der Tiefsee zu untersuchen.

„Heiße Quellen" am Mittelozeanischen Rücken

Der Austausch von Substanzen und Wärme zwischen Ozeanboden und Meerwasser beeinflusst entscheidend den Stoffhaushalt und die biologische Entwicklung der Erde. Reduzierte Komponenten, die im Bereich submariner Magmenaustritte und von Hydrothermalsystemen am Meeresboden austreten, ernähren auf Chemosynthese basierende Ökosysteme, die im Kohlenstoffhaushalt der Tiefsee eine wichtige Rolle spielen. Die Untersuchung der Wechselwirkung zwischen ozeanischer Lithosphäre und Biosphäre ist eine große Herausforderung, die nur durch modernste Tiefseetechniken, In-situ-Messungen und Experimente möglich ist. Neben biologischen und isotopengeochemischen Methoden und Modellierungen sind in den letzten Jahren vor allem molekulargeochemische Ansätze entwickelt worden.

Dieser Austausch findet an „Seamounts", Rückenachsen und Rückenflanken, mit unterschiedlichen Energieträgern für die Chemosynthese statt. Die Hydrothermalsysteme in der Tiefsee wurden erst vor etwa dreißig Jahren durch den Einsatz von Tauchbooten entdeckt. Inzwischen weiß man, dass diese geologischen Prozesse entlang der 60 000 Kilometer langen Mittelozeanischen Rücken eine wichtige Rolle im globalen Stoffhaushalt spielen. Im Gegensatz zu den aus dem Oberflächenwasser gesteuerten Systemen, wo unter Einfluss des Sonnenlichts das Leben direkt oder indirekt von der Photosynthese gesteuert wird, werden die Vent-Gemeinschaften über die chemische Energie aus der tiefen Erde versorgt. Große Mengen an reduzierten Verbin-

Schematische Darstellung der wesentlichen Austauschprozesse zwischen Ozeanboden und Meerwasser. Die Bedeutung des absinkenden organischen Materials nimmt mit zunehmender Wassertiefe ab. Die Fruchtbarkeit im tiefen Ozean wird durch Prozesse zwischen Verbindungen aus der Erde mit Sauerstoffverbindungen, die durch das zirkulierende Seewasser beigefügt werden, unterstützt. Das Bild zeigt ausgewählte Verbindungen mit ihrer Bedeutung für die unterschiedlichen Energiesysteme.

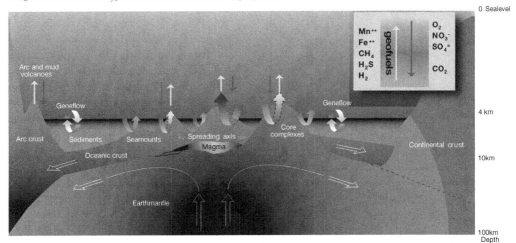

dungen ermöglichen die Bildung von enormer Biomasse unter der Nutzung von Oxidationsmitteln wie Sauerstoff, Nitrat und Sulfat, die durch das zirkulierende Meerwasser zur Verfügung stehen. Die Basis für diese Nahrungskette in dem tiefen Ozean sind chemosynthetische Mikroorganismen, die metabolische Energie durch die enzymatische Katalyse von Redox-Reaktionen erhalten.

Stabilität von Ozeanrändern

Durch die Gewinnung von Gas und Öl am tiefen Ozeanrand (Kontinentalrand) und der damit verbundenen Installation von großdimensionierten Anlagen stellt sich vermehrt die Frage nach der Stabilität dieser Ränder. Bathymetrische und seismische Kartierungen des Meeresbodens haben gezeigt, dass Hangrutschungen von unterschiedlicher Größe an allen Kontinentalrändern angetroffen werden. Hinweise auf Hangrutschungen, bei denen oft Hunderte von Kubikkilometern Sedimente hangabwärts transportiert wurden, lassen sich häufig antreffen. Ursachen können neben vielen anderen Faktoren Erdbeben oder die Freisetzung von Gashydraten sein. Solche Hangrutschungen unter Wasser können Tsunamis hervorrufen oder technische Infrastrukturen wie Kommunikations- und Produktionseinrichtungen zerstören. Hangrutschungen treten sowohl an passiven als auch an aktiven Kontinentalrändern sowie an ozeanischen Inseln und Rücken und auch an Flussdeltas auf. Über diese Wege gelangen auch gewaltige Mengen an Sediment vom Schelf in die Tiefsee.

Die Storegga-Rutschung am norwegischen Kontinentalhang ist eine der größten Rutschungen, die sich in drei Schüben ereignete. Das Rutschungsereignis vor 8000 Jahren erzeugte eine Flutwelle, die im Bereich angrenzender Küsten zu einer Wellenhöhe bis zu 20 Metern geführt hat. Die Kreise und Zahlenangaben markieren Stellen, an denen die Flutwellenhöhe dokumentiert ist.

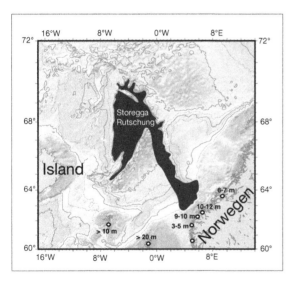

„Kalte Quellen" an Ozeanrändern

Eine aktive Zirkulation kohlenwasserstoffreicher Fluide unterschiedlichen Ursprungs ist ein wichtiges Merkmal von Sedimenten an Ozeanrändern. Das Austreten dieser Fluide am Meeresboden führt mitunter zur Ausbildung komplexer und dynamischer Ökosysteme, die auf der Oxidation von reduzierten Fluidkomponenten basieren und in denen biologische, geochemische und geologische Prozesse auf einzigartige Weise zusammenwirken.

Vorläufige Abschätzungen lassen vermuten, dass die Freisetzung von Gasen und Lösungen an Ozeanrändern vergleichbar ist mit den Austrittsraten der Hydrothermalquellen am Mittelozeanischen Rücken. Verbunden mit den Lösungsaustritten sind Lebensgemeinschaften, die ihre chemische Energie über reduzierte Komponenten wie H_2, H_2S, CH_4 und andere Kohlenwasserstoffe erhalten. Diese einzigartigen und hoch spezialisierten Ökosysteme können durch besondere morpholo-

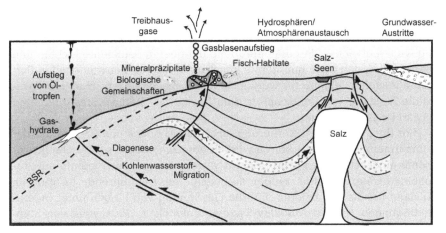

Schematische Darstellung möglicher Austritte von Gasen und Fluiden an Ozeanrändern unter unterschiedlichen geologischen Rahmenbedingungen.

gische Strukturen wie Pockmarks, Schlammhügel, Schornsteine oder Chemoherme gekennzeichnet sein. Sauerstoffmangel, hohe Sulfidkonzentration und Mineralausfällungen (authigene Karbonate, Barytpräzipitate und Gashydrate) sind ein weiteres Charakteristikum.

Tiefwasserkorallen

Völlig neue und bisher unbekannte Ökosysteme werden ständig im tiefen Ozean entdeckt. Ein eindrucksvolles Beispiel sind die Tiefwasserkorallenriffe, die vor allem von den Arten *Lophelia pertusa* und *Madrepora oculata* gebildet werden. Die Riffe kommen weltweit vor und besiedeln einen speziellen Tiefenbereich von etwa 300 bis 1200 Metern. Am besten bekannt sind die Tiefwasserkorallenriffe im Nordatlantik. Von der Nordspitze Norwegens bis zur Straße von Gibraltar zieht sich ein 4500 Kilometer langer Saum von Korallenriffen. Einige Riffkomplexe können bis zu zehn Meter hoch werden und ein Alter von einigen Tausend Jahren erreichen. Eine reiche Artengemeinschaft ist assoziiert mit den Tiefwasserkorallen. Über tausend andere Arten wurden bereits aus dem Bereich der Tiefwasserkorallen beschrieben. See- und Schlangensterne, Muscheln und Brachiopoden und viele andere Gruppen siedeln im weit verzweigten Netz der Korallen. Zudem nutzen auch viele Fische die Riffe als „Kinderstube". Die reichhaltige Fischfauna führt aber auch dazu, dass ein Teil der Riffe mit schwerem Fischereigeschirr zerstört wird. Deshalb wurden zumindest einige Riffkomplexe unter Schutz gestellt und jegliche Fischereiaktivitäten verboten. Eine weitere Gefährdung der Riffe könnte von einer zunehmenden „Versauerung" des Ozeans durch die zusätzliche Aufnahme von Kohlendioxid aus der Atmosphäre ausgehen.

Technologien

Die Erforschung des tiefen Ozeans ist mit der Entwicklung neuer Geräte verbunden. Für eine genaue Probennahme und die Durchführung von präzisen Messungen am Meeresboden werden Tauchboote und Remotely Operated Vehicles (ROVs) eingesetzt. Insbesondere die ROVs werden durch die verstärkte Exploration von Erdöl und Gas am tieferen Kontinentalhang ständig weiterentwickelt. Für die Beprobung der oberen Sedimentschichten und Gesteine wurden neue Bohrgeräte konstruiert, die von konventionellen Forschungsschiffen eingesetzt werden können. Sie ergänzen in idealer Weise die Nutzung von Bohrschiffen, zum Beispiel im Rahmen des Integrated Ocean Drilling Program.

Für die großräumige Kartierung des Meeresbodens und Erkundung der submarinen Sedimentstrukturen werden unterschiedliche seismische Instrumente eingesetzt. Der nächste Schritt wird sein, diese Instrumente auf Autonomen Unterwasserfahrzeugen zu installieren, was führende Institute im Ausland bereits praktizieren. Für die Gewinnung von Proben unter In-situ-Bedingungen wurden Autoklav-Systeme entwickelt, die sowohl von Stoßrohren als auch von Bohrgeräten aus eingesetzt werden können.

Die marinen Geowissenschaften an der Universität Bremen haben in den letzten Jahren große Anstrengungen unternommen, um für die Tiefseeforschung angemessene Geräte zu beschaffen und weiterzuentwickeln. Dies sind zwei kabelgebundene Unterwasserfahrzeuge, die „Remotely Operated Vehicles", ein Bohrgerät, das am Meeresboden abgesetzt wird (Meeresbodenbohrgerät – MeBo), ein am Meeresboden operierendes Fahrzeug (MOVE!) und ein Autonomes Unterwasserfahrzeug (Autonomous Underwater Vehicle – AUV). Mit diesen Geräten öffnen sich völlig neue Forschungsmöglichkeiten:

Remotely Operated Vehicles (ROVs)

Betrieben werden zwei kabelgeführte Unterwasserroboter: ein bis zu 1000 Meter Wassertiefe einsetzbares leichtes Fahrzeug Cherokee und ein bis 4000 Meter Tiefe operierendes größeres Gerät QUEST. Mit diesen beiden Gerä-

*„Black Smoker" am Mittel-
ozeanischen Rücken.*

Artenvielfalt am „Black Smoker".

*Organismengemeinschaft am Irischen
Kontinentalhang.*

ten wurden bereits etwa 150 Taucheinsätze durchgeführt, zum Teil mit über 18 Stunden Einsatzdauer. Beide Geräte sind mit sehr guten Kamerasystemen, Greifarmen und speziellen Messgeräten ausgerüstet. Sie dienen der Beobachtung von Objekten, der Installation von Messgeräten und der Probennahme. Mit speziellen Sensoren können diese ROVs auch selbst Mes-

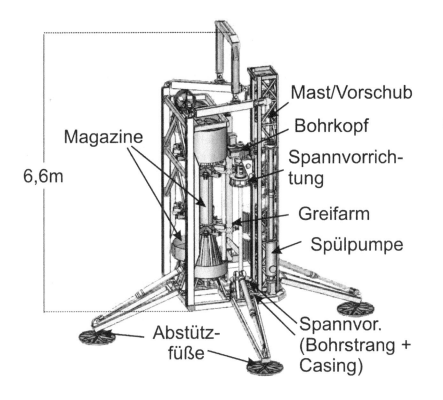

Mast/Vorschub

Bohrkopf

Spannvorrich-
tung

Magazine

6,6m

Greifarm

Spülpumpe

Abstütz-
füße

Spannvor.
(Bohrstrang +
Casing)

Die wesentlichen Komponenten des Meeresboden-Bohrgeräts (MeBo).

sungen durchführen. Die Geräte wurden in verschiedenen Projekten, insbesondere für Forschungsarbeiten der DFG-Schwerpunktprogramme „Spreizungsachsen" und „METEOR-Expeditionen" sowie des DFG-Forschungszentrums „Ozeanränder", eingesetzt. Erforscht wurden zum Beispiel „heiße
Quellen" und sogenannte „Black Smoker" an Mittelozeanischen Rücken,
„kalte Quellen", Gashydrate und Tiefwasserkorallen an Kontinentalrändern
sowie Asphaltaustritte. Ihre Einsatzgebiete sind weltweit: von der Framstra-
ße zwischen Grönland und Spitzbergen bis zum Weddellmeer in der Antarktis. Sehr viele Fahrten führten an den Mittelozeanischen Rücken im Atlantik.
Dort wurden Langzeitstationen ausgesetzt und wieder geborgen sowie spezielle Probennahmen durchgeführt.

Meeresboden-Bohrgerät (MeBo)

Im Jahr 2005 wurde ein Bohrgerät für den Einsatz in der Tiefsee (bis 2000 Meter) fertiggestellt, das mit unterschiedlichen Verfahren bis zu 50 Meter lange Bohrkerne aus Sedimenten oder Gesteinen gewinnen kann. Das Bohrgerät
wird auf dem Meeresboden abgesetzt, um ungestört von Schiffsbewegungen
durch Wind, Wellen und Strömungen den Meeresboden zu beproben.

MeBo wird vom Schiff aus über ein Spezialkabel (Umbilical) mit Energie
versorgt und ferngesteuert. Das Bohrwerkzeug wird auf zwei rotierenden Ma-

gazinen im Bohrgerät am Meeresboden vor Ort zur Verfügung gestellt. Um den Meeresboden bis 50 Meter Tiefe zu beproben, werden in diesem konventionellen Bohrverfahren 17 Kernrohre und 16 Verlängerungsstangen benötigt. In Lockersedimenten werden mit dem Pushcore-Verfahren Kerne mit 84 Millimeter Durchmesser gezogen, Kerne mit 74 Millimeter Durchmesser können aus Festgestein mit dem Rotationsbohrverfahren erbohrt werden. In Lockersedimenten kann das Bohrloch zudem durch eine äußere Verrohrung (Casing) stabilisiert werden.

Vier durch Elektromotoren angetriebene Hydraulikpumpen liefern die notwendige Energie. Die Überwachung erfolgt durch eine Vielzahl von Weg- und Drucksensoren sowie durch Kameras. Vier Abstützfüße befinden sich an beweglichen Beinen, die am Tragrahmen von MeBo angebracht sind. Sie sorgen für eine verbesserte Standfestigkeit auf dem Meeresboden und können durch die individuelle Justierung die vertikale Position des Bohrgeräts gewährleisten.

Das Bohrgerät hat ein Gewicht von zirka zehn Tonnen und kann von vier deutschen (POLARSTERN, SONNE, METEOR und MERIAN) und vielen anderen ausländischen Forschungsschiffen weltweit eingesetzt werden. Es wird in zwanzig Standard-Transportcontainern verschifft. Zu dem MeBo-System gehören neben dem eigentlichen Bohrgerät noch ein Kontroll- und ein Werkstattcontainer, ein Container für das Bohrgestänge und ein Windencontainer mit 2500 Meter Kabel, das für den Datentransfer zwischen Kontrollcontainer und dem Bohrgerät, für dessen Energieversorgung und für das Absetzen auf und das Bergen von dem Meeresboden genutzt wird.

Feuertaufe im Ozean: MeBo im Juli 2005 kurz vor der Jungfernfahrt zum Meeresgrund. Über ein Aussetzgestell wird das Meeresboden-Bohrgerät vom Forschungsschiff „METEOR" abgeseilt.

Mit MeBo steht den marinen Geowissenschaften ein neues Probennahmegerät zur Verfügung, das die Lücke zwischen dem Einsatz von Schwere-/Kolbenlot auf normalen Forschungsschiffen und einem Bohrschiff schließt. Es handelt sich um das weltweit einzig verfügbare Gerät dieser Art für die Wissenschaft.

Moving Vehicle MOVE!

Das Unterwasserfahrzeug MOVE! ist eine Testplattform und wird für unterschiedliche Forschungsvorhaben genutzt. Das Fahrzeug wurde zusammen mit dem Royal Netherlands Institute for Sea Research (NIOZ) auf Texel entwickelt. Es

Noch baumelt das Unterwasserfahrzeug MOVE! hilflos in der Luft. Gleich wird es zum Einsatz in einem norwegischen Fjord ins Wasser gelassen.

kann bis in 2000 Meter Wassertiefe eingesetzt werden und im Umkreis von fünf Kilometern operieren. Die Einsatzdauer beträgt bis zu neun Monate. Der offene Rahmen erlaubt den Einsatz von unterschiedlichen wissenschaftlichen Geräten und Gerätepaketen. Ständig verfügbar sind Videokameras, eine CTD-Sonde (CTD = Conductivity/Temperature/Depth), ein Sonar und ein Strömungsmesser. Die Kommunikation wird durch akustische Modems oder ein dünnes Glasfaserkabel hergestellt.

Nationale und internationale Kooperation

Die oben beschriebenen Forschungsarbeiten sind eng eingebunden in internationale Projekte. Die Paläoklima-Untersuchungen sind Teil des Programms Past Global Changes (PAGES) und IMAGES (International Marine Global Change Study). Beide Programme sind Teil des International Biosphere-Geosphere Program (IGBP), das in Deutschland vom Nationalen Komitee für Global-Change-Forschung (von BMBF und DFG eingesetzt) koordiniert wird. Viele Arbeiten sind eingebunden in das Integrated Ocean Drilling Program (IODP), das durch ein Schwerpunktprogramm der DFG gefördert wird.

Die Erforschung der Tiefwasserkorallen wird im Rahmen des DFG-Schwerpunktprogramms („METEOR"-Expedition und Auswertung) und durch mehrere EU-Projekte unterstützt. Die „Heißen Quellen" am Mittelozeanischen Rücken werden im Rahmen von InterRidge untersucht und durch das Schwerpunktprogramm „Spreizungsachsen" gefördert. Untersuchungen zu den „Kalten Quellen" finden im Forschungszentrum „Ozeanränder" und im Sonderforschungsbereich „Subduktionszonen" statt. Diese Beispiele dokumentieren die Kooperation durch unterschiedliche internationale Organisationen und die Finanzierung der Projekte durch verschiedene Förderprogramme der DFG, des BMBF und der EU.

Schlussbemerkung

Bahnbrechende neue Erkenntnisse sind häufig eng mit methodischen und technischen Entwicklungen verbunden. Dies trifft in der Meeresforschung insbesondere für Arbeiten in der Tiefsee zu. Mit Unterstützung des Landes Bremen und der DFG wurde in Bremen in den letzten Jahren ein anspruchsvoller Gerätepark für den Tiefseeeinsatz beschafft und an die wissenschaftlichen Fragestellungen angepasst. Dieser Gerätepark ist einzigartig in Deutschland und wird auch von anderen deutschen Instituten genutzt. Über eine vergleichbare Ausrüstung verfügen nur einige wenige Institute auf der Welt. Insbesondere die kommerziell in der Offshore-Industrie eingesetzten Vermessungssysteme und Unterwasserfahrzeuge sind wegen ihrer ausgereiften Technik und Robustheit ausgezeichnet für den Forschungsbetrieb geeignet. Sie bieten jedoch meistens nur das Basisgerät und müssen ständig für die speziellen Aufgaben umgebaut oder weiterentwickelt werden. Eigenentwicklungen finden vor allem bei den Vermessungs- und Navigationssystemen, bei Probennahmegeräten und Datenübertragung sowie bei der Foto- und Filmdokumentation statt.

Gerold Wefer

1944 geboren ■ 1969 bis 1973 Studium der Geologie-Paläontologie an der Universität Kiel und in Miami ■ 1973 Diplom ■ 1973 bis 1978 wissenschaftlicher Angestellter an der Universität Kiel ■ 1976 Promotion ■ 1978/79 wissenschaftlicher Assistent am Geologisch-Paläontologischen Institut ■ 1979/80 DAAD-Stipendiat an der Scripps Institution of Oceanography, University of California, La Jolla ■ 1980 bis 1985 Hochschulassistent am Geologisch-Paläontologischen Institut der Universität Kiel ■ 1983 DFG-Stipendiat an der Scripps Institution of Oceanography; Habilitation an  der Universität Kiel; Albert-Maucher-Preis für Geowissenschaften ■ 1985 Professor für Allgemeine Geologie an der Universität Bremen ■ seit 2000 Vizepräsident der Alfred-Wegener-Stiftung ■ seit 2001 Direktor des DFG-Forschungszentrums „Ozeanränder" ■ 2001 Communicator-Preis des Stifterverbandes für die Deutsche Wissenschaft und der Deutschen Forschungsgemeinschaft ■ 2004 Julius von Haast Fellowship Award, Neuseeland

Kommunikation braucht Nachhaltigkeit

Wolfgang Heckl, Nanowissenschaften

In Deutschland hören wir, aufgeschreckt durch PISA-Umfrage und ähnliche Evaluationen, dass unser Bildungssystem, gerade auch im Hinblick auf die Vermittlung von Kompetenzen in naturwissenschaftlich-technischen Fächern zu wünschen übrig lässt. Die Warnungen sind inzwischen Legende: Die Industrie beklagt eine Technik-Lücke, Fachkräftemangel, Forschungsnotstand und als Folge ein Innovationshemmnis. Eine ganze Generation junger, gut ausgebildeter Ingenieure und Naturwissenschaftler fehlt. 23 000 Ingenieurstellen können nicht besetzt werden, das entspricht einer ausbleibenden Wertschöpfung von mehreren Milliarden Euro. Darüber hinaus sind nur zirka zehn Prozent aller Ingenieure weiblich. Kurzum, Deutschland geht der naturwissenschaftlich-technische Nachwuchs aus.

Ausgangslage

Selbst wenn man einseitige politische Absichten solcher Meldungen vermutet, ist doch ohne jeden Zweifel, dass gerade diese Fach- und Berufsrichtungen von zu wenig jungen Menschen gewählt werden. Der demografische Wandel tut ein Übriges. Allenthalben hören und lesen wir in der Presse das Lamento von Vertretern nahezu aller gesellschaftlichen Kreise, dass hier Abhilfe geschaffen werden muss. Außer Zweifel steht ebenso, dass wir unseren Wohlstand großteils auch den Menschen zu verdanken haben, die in Technik und Naturwissenschaft innovativ tätig sind, und damit die Grundlage für den Export marktfähiger Produkte aus Deutschland schaffen.

Naturwissenschaftlich-technische Kultur, wie sie auch im Deutschen Museum gelebt wird, ist Grundlage unseres Wohlstands; ihre Pflege entscheidet mit darüber, wie wir in Zukunft leben werden. Wissenschaftliche Erkenntnis in allen Disziplinen trägt die Gesellschaft; gerade die Interaktion zwischen Natur- und Geisteswissenschaften lässt aber vielfach zu wünschen übrig. Wenn wir, wie oft gesagt, im Vergleich mit der internationalen Entwicklung auf den innovativen Märkten um so viel besser sein müssen, wie wir teurer sind, dann meine ich, greift dies zu kurz. Wir müssen auch um so viel klüger sein, wie wir besser sein sollen.

Aber wie soll das funktionieren, bei einer nachlassenden Wertschätzung, ja vielfach einer Furcht und eines zu großen Bedenkenträgertums, gerade gegenüber den modernen naturwissenschaftlich-technischen Entwicklungen? Wir leben ja in einer Gesellschaft, die zunächst immer die Risiken jeder neuen Technologie im Vordergrund sieht und die Chancen gerne marginalisiert. Als ob wir heute so gut in einem exportorientierten Deutschland leben würden, wie dies der Fall ist, ohne die Entdeckungen, Erfindungen und deren marktliche Umsetzung in Produkte. Dass damit auch große Probleme wie die gerade aktuellen, zum Beispiel im Bereich Energie, Umwelt und Erhaltung der Lebensgrundlagen, einhergehen können, ist klar. Sie zu lösen setzt aber eine rationale, logische und wissenschaftliche Herangehensweise voraus, blindes Angstverhalten ist da nicht hilfreich. Natürlich müssen auch mehr Menschen in den Dialog mit einbezogen werden, die Experten müssen mehr kommunizieren, und zwar auf gleicher Ebene und mit viel mehr Zugang für die Menschen. Neue Formen der Nachhaltigkeit der Kommunikation müssen hier entwickelt werden, vorhandene Formate müssen gestärkt und ausgebaut werden.

Was sind nun die Ursachen dieser Entwicklung, und wie kann man gegensteuern? Wer meint, es handele sich um Naturereignisse, die ohne Vorwarnung über uns hereingebrochen sind, geht fehl. Tatsache ist, wir, alle Teile unserer Gesellschaft, tun zu wenig für die Zukunftssicherung auf diesem Gebiet.

Bei unseren Besucherbefragungen im Deutschen Museum stellen wir regelmäßig fest, dass insgesamt in der Bevölkerung das Wissen um naturwissenschaftlich-technische Grundlagen und Zusammenhänge abnimmt, schon Hauptschulabsolventen fehlt zu häufig das Grundlagenwissen für technische Lehrberufe. Auf der anderen Seite beobachten wir auch die Kleinkinder in unserem Kinderreich, wie sie lustvoll spielerisch neugierig von technischen Mitmachexperimenten begeistert sind. Mehr als ein Drittel unserer Besucher, zirka 500 000 Jugendliche im Jahr, sind unter 20 Jahren, und viele dieser Besuche wirken nachweislich berufsstiftend. Wo beginnt die Leidenschaft für die Technik, und noch viel wichtiger ist die Frage, wie lässt sich der offensichtlich „genetisch fixierte Forscherdrang" auf Dauer erhalten? Wie werden die Grundlagen für mathematisch-naturwissenschaftliche Fähigkeiten gelegt, wie für analytische Vorgehensweise und logisches Denken? Wie wird die Faszination für Konstruieren, Entwickeln und innovative Tätigkeit ge-

Mädchen stehen den Jungen in ihrer Neugierde in nichts nach. Aber wie lässt sich „genetisch fixierter Forscherdrang" auf Dauer erhalten?

Exzellente, anschauliche Vermittlung: Besucher betrachten ein Diorama zu den Anfängen der Luftfahrt im Deutschen Museum in München.

weckt? Und noch viel wichtiger ist die Frage, warum verlieren wir Mädchen mit zunehmendem Alter? Fehlt es an Vorbildern? Während im Kinderreich noch gleich viele Mädchen und Jungen spielend die Natur erkunden, bei dem Programm „Schüler führen Schüler" im Deutschen Museum sogar mehr Mädchen als vorbildliche Vermittler von Naturwissenschaften und Technik engagiert sind, sinkt der weibliche Anteil nach der Pubertät rapide, und bei den Studienanfängern haben wir dann das beklagte Verhältnis von 10 : 90.

Das Deutsche Museum – Mit-Gewinner der Exzellenzinitiative

Die Exzellenzinitiative hat für eine neue Dynamik in der deutschen Hochschullandschaft gesorgt. Mit der Auszeichnung der LMU München und der TU München als Exzellenzuniversitäten ist auch das Deutsche Museum jeweils mit ausgezeichnet worden.

Die Stärkung der Verknüpfung von Universitäten und außeruniversitärer Forschung ist eines der dezidierten Ziele der Exzellenzinitiative. Das Deutsche Museum hat dieses Ziel aufgenommen und seine Position als eines der weltweit führenden Zentren der Erforschung und Darstellung unserer wissenschaftlichen-technischen Kultur in die Exzellenzinitiative kraftvoll eingebracht. Damit kann die gewachsene Zusammenarbeit des Museums mit den beiden Eliteuniversitäten am Wissenschaftsstandort München weiter ausgebaut werden.

An der LMU München ist das Deutsche Museum vor allem am Exzellenzcluster Nanosystems Initiative München (NIM) beteiligt – sowohl im Forschungsprogramm des Clusters selbst (über meine Arbeitsgruppe) als auch als Outreach-Partner, indem es die Forschungsergebnisse im Museum öffentlich darstellt. Dabei hat die internationalen Gutachter besonders überzeugt, dass das Deutsche Museum für diese Aufgabe bereits breit aufgestellt ist mit seinem Gläsernen Labor zur Nanotechnologie, seinem laufenden Begleitfor-

Mitte 2008 wird das „Zentrum Neue Technologien" (ZNT) in der ehemaligen Eisenbahnhalle des Deutschen Museums eröffnet (hier ein Modell). Die geplante Dauerausstellung wird dort mit innovativen Konzepten über Nano- und Biotechnologie informieren.

schungsprojekt Knowledge Production on the Nanoscale und der für 2008 vorbereiteten Dauerausstellung zur Nanotechnologie in seinem Zentrum für Neue Technologien.

Für die TU München ist das Deutsche Museum beim Zukunftskonzept „TUM. The Entrepreneurial University" strategischer Partner in der Stärkung der öffentlichen Vermittlung von Forschung und der naturwissenschaftlich-technischen Bildung. Auch hier hat das Museum in den letzten Jahren mit dem Aufbau des TUM-Lab im Deutschen Museum, mit gemeinsamen Vortragsveranstaltungen und einer Fülle von neuen Formaten der öffentlichen Vermittlung naturwissenschaftlich-technischen Wissens seiner Beteiligung an der Exzellenzinitiative bereits den Weg geebnet.

Als Forschungsmuseum hat das Deutsche Museum die Doppelaufgabe der Vermittlung und der Erforschung von Naturwissenschaft und Technik. In dieser gesellschaftlichen Scharnierfunktion trägt es als das mit 1,4 Millionen Besuchern im Jahr bestbesuchte Museum in Deutschland die große Verantwortung dafür, dass alle Menschen von der im Kerngeschäft betriebenen nachhaltigen Kommunikation der Ergebnisse von Hightech-Forschung und deren Übersetzung in alltagskonforme Sprache profitieren. Dabei wird es gerade durch die Vielfalt der Zusammenarbeit mit ganz unterschiedlichen Partnern, von den großen Wissenschaftsorganisationen wie Max-Planck-Gesellschaft, Deutsche Forschungsgemeinschaft, Fraunhofer-Gesellschaft, Helmholtz-Gemeinschaft, Wissenschaftsgemeinschaft Gottfried Wilhelm Leibniz, den öffentlichen Instituten, den Universitäten bis hin zu den industriellen Partnern als unabhängig und glaubwürdig in der Wissensvermittlung erfahren.

Vieles hat sich in den letzten Jahren im Bereich Wissenschaftskommunikation grundlegend verbessert. Eine große Zahl von Wissenschaftlern beteiligt sich an Public-Outreach-Veranstaltungen; der Erfolg von Wissenschaft im Dialog mit den Schwerpunktveranstaltungen zu den verschiedenen Themen ist lokal wunderbar, reicht aber offensichtlich bei Weitem nicht aus, um den oben beschriebenen Defiziten zu begegnen. Die Frequenz und die Nachhaltigkeit müssen erhöht werden. Dies kann meines Erachtens aber nicht durch eine beliebige Ausweitung dieser Formate geleistet werden, denn schließlich sind Universitäten oder industrielle Forschungs- und Entwicklungslabors nicht Orte des allgemeinen Publikumsverkehrs. Tage der offenen Tür an Universitäten und Instituten sind wunderbar und müssen sein, weil sie auch Kontakte mit den neuesten Forschungsergebnissen für die Menschen direkt vor Ort ermöglichen, können aber nicht mit der Professionalität und über das ganze Jahr hinweg durchgeführt werden, wie es nötig wäre. Dafür bieten sich die Orte an, deren Grundauftrag die Vermittlung von Wissenschaft an möglichst viele Menschen ist, das sind die vielen Museen und Science Center in Deutschland.

Hier zu investieren, hier für eine bessere Verknüpfung zwischen akademischer Welt und diesen Orten des öffentlichen Wissenstransfers zu werben, ist meines Erachtens ein vielversprechender, vielleicht sogar der einzige Weg, Nachhaltigkeit in der Wissenschaftskommunikation zu erreichen. Hier gilt es allerdings, viele brachliegende potenzielle Synergien zu heben. Zu oft gibt es noch ein stilles Nebeneinanderher zwischen wissenschaftlicher Forschung und den Orten der publikumsträchtigen Vermittlung, sogar in derselben Stadt. Die Profis der Vermittlungs- und Museumspädagogik auf der einen Seite müssten sich vielmehr zusammentun (wahrlich transdisziplinär!) mit den Profis der Grundlagenforschung und der angewandten Forschung auf der anderen Seite. Wissenschaftliche, auch experimentelle neueste Forschung und museale Arbeit gehören noch viel mehr zusammen, als dies heute schon, zum Beispiel im Bereich der technikhistorischen Forschung, der Fall ist. Dabei ist ein Museum in diesem neuen Sinne nicht primär als Verwahrort von historischen Objekten hinter Vitrinen, sondern als lebendiger Ort der Darstellung neuester Forschung bis hin zu eigenen Forschungsabteilungen an der Schnittstelle von Natur- und Geisteswissenschaft zu verstehen.

Das Deutsche Museum hat in dieser Tradition seit Oskar von Miller gearbeitet. Seine Idee war es, Menschen durch Beteiligung, durch Begreifen von Exponaten und durch Mitmachen bei Experimenten diesen Transfer erlebbar zu machen. Was zu seiner Zeit die Meisterwerke der Naturwissenschaft und Technik, wie etwa die Dampfmaschine, der Dieselmotor oder das erste Automobil, das erste Röntgengerät waren, sind heute das Rastertunnelmikroskop, der Frequenzkamm, aber auch der iPod, Formate wie Youtube, Second Life oder die Produkte der Nano-, Bio- und Gentechnologie. Während es früher um die Elektrifizierung des Landes ging, geht es heute um Brennstoffzellen, CO_2-Debatten, molekulare Motoren, Biopharmaka oder die Frage nach molekularer Selbstorganisation von DNA-Basen und Polypeptiden als Erklärung für die Entstehung von Leben vor 4 Milliarden Jahren auf der Erde. Dabei hat sich freilich die Komplexität der Themen drastisch erhöht, damit auch der Erklärungsaufwand und die Anforderungen an die mediale Begleitung und Gestaltung von Exponaten und Mitmachexperimenten. Nur große Häuser sind noch in der Lage, von den Grundlagen der Physik über die Chemie und die Lebenswissenschaften den Wissenshintergrund für den durchschnittlichen Besucher so aufzubereiten, dass er überhaupt in der Lage ist, die Details einer Stammzelldebatte oder auch schon die physikalischen Grundlagen im Zusammenhang mit der Frage der zukünftigen Energieversorgung verstehen zu können. Dabei muss und kann nicht jeder überall gleich Experte werden, das ist in unserer arbeitsteiligen Gesellschaft nicht möglich und nicht nötig. Aber ein So-viel-wie-möglich muss man hier schon erhoffen, angesichts des wissenschaftlich-technischen Analphabetentums in unserer Gesellschaft. Wer das für übertrieben hält, frage mal seine Mitmenschen, von denen jeden Tag zehn Millionen ihr Horoskop lesen, nach einer einigermaßen wissenschaftlichen Erklärung, warum es im Winter kälter ist als im Sommer, oder ähnliches. Von den in Deutschland mittlerweile selbst von Regierungsmitgliedern geäußerten Forderungen nach gleichberechtigter Aufnahme des Kreationismus in den Biologieunterricht neben der Darwin'schen Lehre ganz zu schweigen. Die Natur, so kompliziert und wunderbar sie ist, so sollte sie uns Ansporn sein, sie zu erforschen, nicht zu verschleiern.

Im Bereich meiner Forschungsarbeiten, den Nanowissenschaften, gibt es eine erhöhte Aufmerksamkeit seitens der Öffentlichkeit: Die Wahrnehmung schwankt manchmal zwischen Heilsversprechen und Horrorszenarien. Dabei besteht große Unwissenheit in der Bevölkerung über die Hintergründe, ja schon bei mehr als 50 Prozent der Deutschen ist das Wort Nanotechnologie noch nicht bekannt. Andere haben Angst, dass sich selbst assemblierende Nanoroboter, wie sie im Roman „Beute" von Michael Crichton gelesen haben, eine Gefahr für die Menschen darstellen könnten. In dieser Situation ist Kommunikation ein Muss.

Moden, auch in der Wissenschaft, sind prinzipiell nicht schlecht, schaffen sie doch vielfach die Voraussetzung, die wissenschaftsferneren Menschen überhaupt zu interessieren. Und wenn Nano nicht auch Mode wäre, würde die Werbung sich nicht ihrer bedienen, es würden keine Produkte entstehen, und der Kunde würde sich nicht für uns interessieren. Interesse ist aber die Voraussetzung, um überhaupt in ein seriöses Gespräch mit den Menschen eintreten zu können, sie ins Museum zu holen. Das kleinste Fußballspiel der Welt, das meine Doktoranden mit einem Nanofußball, einem Buckminsterfullerenmolekül, gespielt haben, indem sie solch ein Molekül zwischen zwei Toren aus jeweils sechs Benzolmolekülen über zirka 2 Nanometer hin- und hergeschossen haben, ist ein Beispiel dafür, was im Bereich der Nanowelt mit molekularer Manipulation heute möglich ist und wie man Moleküle sichtbar und zwei (Schalt-)Zustände eines molekularen Systems beherrschen kann. Es ist aber auch ein exzellentes Beispiel dafür, wie man an das Interesse der Menschen (jedenfalls der vielen Fußballer) ankoppeln kann, wenn man mit ihnen ins Gespräch über die Wissenschaften kommen möchte. Ein kurzer Film dazu läuft in unserem Gläsernen Forscherlabor, wo dieser Fußballschuss in zirka 100 milliardenfacher Vergrößerung gezeigt wird.

*Kicken für die Kleinsten: Nanofußball, gespielt im „Gläsernen Forscherlabor"
im Deutschen Museum.*

Auch im „ kleinen Bruder" des Deutschen Museums in Bonn können junge Forscherinnen und Forscher den Geheimnissen der Wissenschaft auf den Grund gehen.

Das Gläserne Forscherlabor im Deutschen Museum

Neben den Gläsernen Besucherlaboren, in denen hauptsächlich Schulklassen im Rahmen von außerschulischen Lernorten unter Anleitung von jungen Doktoranden und Mitarbeitern des Museums in Tageskursen komplexe Experimente, etwa im Bereich Genetik, durchführen können, erprobt das Deutsche Museum seit kurzem ein neues Format der direkten Vermittlung von naturwissenschaftlich-technischer Kompetenz.

Dabei geht es darum, Besucher, vor allem junge, vor der Entscheidung für eine Berufs- oder Studienrichtung mit schon in der Forschung arbeitenden Wissenschaftlern, oftmals jungen Doktoranden, direkt in Kontakt zu bringen. Im Gläsernen Forscherlabor arbeiten Forscherinnen und Forscher der Universität an ihrer Doktorarbeit und lassen sich dabei zu jeder Zeit, 365 Tage im Jahr, über die Schulter blicken, indem sie ihre Laborarbeit aus dem verborgenen Experimentierkeller in das Licht der Museumsbesucheröffentlichkeit stellen. So führen im Gläsernen Nanotechnologielabor meine Doktoranden der Experimentalphysik hochauflösende mikroskopische Untersuchungen an selbstgeordneten Molekülsystemen vor den Augen der Besucher durch.

Sie lernen dabei zweierlei Dinge: Menschen außerhalb der engen Peer-Gruppe interessieren sich tatsächlich für ihre Forschungen, sie fragen nach, wie der Prozess der Forschung abläuft, von der Erarbeitung der Datengrundlage, der Interpretation, der Bildung von Hypothesen und Theorien bis hin zur Einordnung in das vorhandene Wissensgebäude und der Praxis der Veröffentlichung in einer wissenschaftlichen Zeitschrift. Zum anderen lernen die Doktoranden aber auch, dass sie kommunizieren müssen, das heißt also das Eingehen auf die Fragen, auf den Kenntnisstand und auf das Umfeld der Besucher bis hin zur Auskunft über den eigenen möglichen Berufsweg. Die Besucher lernen dabei, was der Prozess der Forschung ist, „The Making of Science", und wie man eigentlich als Forscher arbeitet, was man tut und was die Motivation für diesen Beruf ist. Dabei wird das Projekt Gläsernes Forscherlabor begleitet von sozialwissenschaftlich arbeitenden Doktoranden, die der Frage nachgehen, wie kommuniziert wird, wie museumspädagogisch das Projekt begleitet werden kann und ob das Format, angesichts vieler Störungen dann für alle Wissenschaftsdisziplinen gleich geeignet ist. Also zwei Experimente in einem mit drei gleichberechtigten Partnern im Dialog, die auch die Brücke schlagen zwischen natur- und geisteswissenschaftlich arbeitenden Wissenschaftlern.

Von diesem neuen Format der nachhaltigen Wissenschaftskommunikation hat auch die Besucherbeteiligung an anderen Aktivitäten im Museum, zum Beispiel den Vortrags- und Dialogforen, wie unseren Bürgerdialogen, die regelmäßig, etwa zum Thema Nanotechnologie, im Deutschen Museum durchgeführt werden, profitiert. Es ist eine Sache, die Ergebnisse der wissenschaftlichen Spitzenforschung, beispielsweise das nobelpreisgekrönte Rastertunnelmikroskop, als Exponat hinter Vitrinen mit Erklärungstafeln versehen bewundern zu können. Viel spannender ist es aber, dazu noch direkt die jungen Doktoranden bei ihrer Forschungsarbeit mit diesem Instrument beobachten und befragen zu können, sowohl über die wissenschaftlichen Details als auch über das, was den Wissenschaftler selbst bewegt, seine Arbeitsweise, seine Motivation, seine Lebensperspektive usw. Dies schafft Vertrauen in die Akteure, eine Voraussetzung zum pro-aktiven Umgang mit neuen wissenschaftlichen Ergebnissen und deren Anwendung. So werden junge Nachwuchsforscher zu Vorbildern und Botschaftern für die Wissenschaft, sie können direkt und glaubhaft ein Rollenmodell vertreten.

Dabei kann Kommunikation nur dann wirklich funktionieren, wenn sich beide Seiten als gleichberechtigte Partner anerkennen, also weg vom Defizitmodell der Wissenschaftskommunikation früherer Jahre, hin zum Dialogmodell. Dabei machen wir auch vielfach die interessante Erfahrung, dass die Besucher sich ein Partizipationsmodell wünschen, wo sie noch stärker und direkt Beteiligungsmöglichkeiten, zum Beispiel bei der künftigen Ausrichtung oder Auswahl bestimmter Forschungsziele, bekommen. Bürgerdialoge, wie der internationale und auch im Umfeld unseres Gläsernen Labors durchgeführte Nanodialog, ein Projekt, das im 6. Rahmenprogramm gefördert wurde, könnten hier als neues Vorbild dienen.

Generell erhoffen wir uns durch die Einrichtung dieser neuen Wissenschaftskommunikationsplattform die Erweiterung des Oskar von Miller'schen Konzepts eines Museums des Mitmachens und Begreifens von Objekten. Die direkte Interaktion mit dem Forscher quasi zu jeder Zeit, 365 Tage im Jahr, gewährleistet jene Nachhaltigkeit in der Wissenschaftskommunikation, die letztlich zu mehr Engagement, gerade auch der jungen Menschen führt. Das Engagement und das authentische Auftreten der beteiligten Wissenschaftler selbst, die die Relevanz ihrer Forschung für die angesprochenen Menschen darstellen, stehen dabei im Mittelpunkt. Erste Vorstellungen dieses neuen Konzepts des „Begreife den Wissenschaftler, nicht nur die Wissenschaft" im Rahmen des Museumsnetzwerks Ecsite haben großes Interesse gefunden. Es ist geplant, in einem europaweiten Projekt das Format des Gläsernen Wissenschaftlerlabors auf andere Museen und Science Centers auszudehnen.

Die enge Verbindung zwischen Museum und Wissenschaft, wie das bei mir in Form meines Doppeldienstverhältnisses als Professor für Experimentalphysik an der LMU München und als Mitarbeiter im Deutschen Museum möglich ist, ist dabei die beste Voraussetzung, beide bisher vielfach allzu getrennte Welten der wissenschaftlichen Forschung und der Orte des Public Outreach miteinander zu verbinden. Die langjährige Tradition der Volksbildung im Museum durch herausragende Spitzenforscher aus Industrie und Akademie sollte dabei gestärkt werden. Um dies einzuüben, könnte vielleicht ganz konkret in Zukunft neben dem wissenschaftlichen Abschlussbericht für ein DFG-gefördertes Projekt immer auch ein allgemeinverständlicher kurzer Bericht eingefordert werden, der dann auch in einen öffentlichen Raum wie ein Museum oder Science Center gestellt werden kann. Auch dies könnte die so wichtige Rolle der Museen als Mediator zwischen Wissenschaft und Gesellschaft stärken und zugleich Hilfe anbieten für die Menschen, die bereit sind, sich stärker in den Prozess des wissenschaftlichen und technischen Fortschritts einzubringen.

Die Vermittlung aktueller, forschungsnaher Wissenschafts- und Technikthemen in den Gläsernen Laboren soll zukünftig in der Verknüpfung mit unseren einmaligen Sammlungen den Bereich des Public Understanding of Research, also das Verständnis von Wissenschaft als Prozess im Deutschen Museum verstärken. Nur durch den immer wieder erneuerten Dialog mit den Menschen über die Grundlagen unserer naturwissenschaftlich-technischen Welt werden wir uns auch in Zukunft den Herausforderungen einer globalisierten Gesellschaft stellen können. Neben der Funktion als Gedächtnis und Ort naturwissenschaftlich-technischer Kultur in Deutschland ist dieser Dialog seit der Gründung des Deutschen Museums durch Oskar von Miller vor über hundert Jahren als Grundlage unserer demokratischen Gesellschaft Kernkompetenz unseres Hauses.

Wolfgang Heckl

1958 geboren ▪ 1978 bis 1985 Studium der Physik an der TU München ▪ 1985 bis 1988 Universitätsassistent ▪ 1988 Promotion ▪ 1988/89 Postdoktorand an der University of Toronto, Chemistry Department ▪ 1989/90 Postdoktorand bei IBM Research ▪ 1990 bis 1993 Assistent und Oberassistent an der LMU München, Sektion Physik ▪ 1993 Habilitation in Physik; Philip-Morris-Forschungspreis ▪ seit 1993 Professor für Experimentalphysik, Institut für Kristallographie und Angewandte Mineralogie ▪ 2002 Communicator-Preis des Stifterverbandes für die Deutsche Wissenschaft und der Deutschen Forschungsgemeinschaft ▪ 2004 Descartes Prize for Science Communication der EU ▪ seit 2004 Generaldirektor des Deutschen Museums ▪ 2006 Organisation der paneuropäischen Wissenschaftskonferenz European Science Open Forum (ESOF) in München

Das Gehirn, das Tor zur Welt

Wolf Singer, Medizin

Die Hirnforschung nimmt unter den Wissensdisziplinen eine besondere Stellung ein, da sie sich mit der Aufklärung der strukturellen und funktionellen Organisation jenes Organs befasst, dem wir alle Erkenntnis verdanken. Zudem steht sie vor der Herausforderung, erklären zu müssen, wie neuronale, also materielle Prozesse, Phänomene hervorbringen können, die wir als mentale, als geistige empfinden, die nur aus der Ersten-Person-Perspektive wahrgenommen werden können und sich einer Reduktion auf naturalistische Beschreibungen zu widersetzen scheinen. Hinzu kommt die unvorstellbare Komplexität des menschlichen Gehirns. In ihm sind etwa 10^{11} Nervenzellen über mehr als 10^{14} Verbindungen miteinander vernetzt. Grobe Schätzungen lassen vermuten, dass die Zahl der dynamischen Zustände, die durch diese vielfältigen Wechselwirkungen erzeugt werden können, die Zahl der Partikel im Universum übersteigt.

Die Analyse des Gehirns

Dennoch hat die Hirnforschung, gemessen an ihrer relativ kurzen Geschichte, erstaunliche Einblicke in die Funktionsweise von Nervensystemen erschlossen. Dies verdankt sich nicht nur der Entwicklung faszinierender Analyseverfahren, sondern vor allem dem Umstand, dass das Gehirn das Produkt eines lange währenden evolutionären Prozesses ist. Die grundlegenden Funktionsprinzipien von Nervensystemen haben im Laufe der Evolution kaum Veränderungen durchlaufen, weshalb nahezu alle Erkenntnisse, die bei der Untersuchung von Nervensystemen von Tieren gewonnen wurden, unmittelbar auf das menschliche Gehirn übertragen werden konnten.

Die Hirnforschung muss sich mehr als alle anderen Wissenschaftsdisziplinen mit einer Fülle unterschiedlicher Beschreibungssysteme auseinandersetzen. Erklärt werden soll, auf welchen neuronalen und damit materiellen Prozessen die verschiedenen Leistungen des Gehirns beruhen. Bei Tieren beschränken sich die Explananda in der Regel auf Leistungen, die im Begriffssystem der Verhaltensforschung abbildbar sind. Es geht um die Verarbeitung sensorischer Signale bis hin zum Erkennungsprozess, um Lernvorgänge und um die Steuerung motorischer Aktionen. Für die Erforschung der kognitiven Leistungen hoch differenzierter Wirbeltiere, und insbesondere des Menschen, ist die Natur der Explananda jedoch eine andere. Zu ihrer Definition muss das Begriffssystem der Psychologie herangezogen werden, das oft Phänomene benennt, die nur der eigenen subjektiven Wahrnehmung zugänglich sind. Es handelt sich dabei um Phänomene wie Aufmerksamkeit, Empfindungen, Emotionen, Bewertungen, Entscheidungen, Vorstellungen, Intentionen und, beim Menschen natürlich, die Sprachrezeption und -produktion. In jüngster Zeit wendet sich die Hirnforschung sogar Funktionen zu, die nur dann fassbar sind, wenn man die Wechselwirkung zwischen Personen, das heißt zwischen sich gegenseitig reflektierenden Gehirnen, mit einbezieht, wie zum Beispiel Empathie, Fairness und die Fähigkeit, sich kognitive Vorgänge im Gehirn des je anderen vorstellen zu können, eine Leistung, die mit dem Begriff „Theorie des Geistes" umschrieben wird.

Das Gehirn, das Tor zur Welt

Damit betritt die Hirnforschung Territorien, die bislang ausschließlich Forschungsfeld der Humanwissenschaften waren. Entsprechend kommt es an dieser Schnittstelle zu spannenden Begegnungen bislang völlig getrennter Wissensdisziplinen. Da es aber in der Hirnforschung darum geht, die neuronalen Prozesse aufzuklären, die diese kognitiven und exekutiven Funktionen hervorbringen, muss sie sich gleichermaßen mit den biophysikalischen Vorgängen im Gehirn befassen und diese zu verstehen suchen. Die hierzu erforderlichen Techniken sind unterschiedlichsten naturwissenschaftlichen Disziplinen entlehnt. Bildgebende Verfahren wie die funktionelle Kernspintomographie, die Positronen-Emissions-Tomographie und die verschiedenen Methoden zur Erfassung elektrischer Aktivität, wie die Elektroenzephalographie und die Magnetoenzephalographie, werden eingesetzt, um auf nichtinvasive Weise Funktionsabläufe im menschlichen Gehirn zu zeigen. Anatomische Verfahren, die sich zunehmend immunologischer und gentechnischer Methoden bedienen, werden mit Lasermikroskopie kombiniert, um die Verschaltungsmuster zwischen Nervenzellen deutlich zu machen. Mikroelektroden unterschiedlichster Ausfertigung werden zusammen mit mikroelektronischen Systemen angewandt, um die Aktivität einzelner Nervenzellen zu erfassen und Korrelationen zwischen Verhaltensleistungen und neuronalen Aktivierungsmustern herzustellen.

Die Auswertung und Modellierung der auf diese Weise gewonnenen Da-

Untersuchungen im Magnetresonanztomographen können die komplexen Funktionsweisen des menschlichen Gehirns entschlüsseln helfen.

ten erfordert in zunehmenden Maße den Einsatz sehr leistungsfähiger Rechenanlagen und die Anwendung von Algorithmen, die bislang fast ausschließlich in der Physik Anwendung fanden und zur Analyse nicht belebter komplexer Systeme entwickelt wurden. Aus dieser Notwendigkeit heraus hat sich die neue Disziplin der theoretischen Neurobiologie beziehungsweise „Computational Neuroscience" entwickelt. Es ist deshalb keine Seltenheit mehr, in Hirnforschungsinstituten Physiker, Informatiker und Mathematiker anzutreffen. Um jedoch verstehen zu können, wie die komplexen raum-zeitlichen Erregungsmuster zustande kommen, die den Leistungen des Gehirns zugrunde liegen, müssen, neben der Verschaltungsarchitektur, zusätzlich auch die biophysikalischen und molekularen Eigenschaften der Nervenzellen aufgeklärt werden. Es interessieren die molekularen Mechanismen, die bei der Signaltransduktion zwischen Nervenzellen zum Tragen kommen und die Integration chemischer und elektrischer Signale in den einzelnen Nervenzellen unterstützen. Es ist dies die Domäne der Biophysik, der Biochemie, der Molekularbiologie und der Gentechnik.

Und schließlich gilt es zu klären, wie sich aus einer befruchteten Eizelle ein so hoch komplexes System wie das menschliche Gehirn entwickeln kann und zur vollen Funktionstüchtigkeit heranreift. Auch bei der Bearbeitung dieser Fragen nimmt das Gehirn eine Sonderstellung ein. Während der Embryonalentwicklung folgt die Ausdifferenzierung des Nervensystems weitestgehend den Entwicklungsprozessen, die auch für andere Organe gelten. Die Strukturentwicklung stellt sich als selbst organisierender Prozess dar, der von der Interaktion zwischen genetisch gespeicherter Information und den sich im Laufe der Ausdifferenzierung ständig ändernden Umgebungsbedingungen getragen wird.

Bei höheren Wirbeltieren ist die Entwicklung des Gehirns jedoch zum Zeitpunkt des Schlüpfens aus dem Ei beziehungsweise der Geburt noch lange nicht abgeschlossen. Das menschliche Gehirn entwickelt sich bis etwa zum 20. Lebensjahr. Während dieser Entwicklungsphase werden neuronale Verschaltungen durch Ausbildung neuer Verbindungen und die Vernichtung bereits angelegter Nervenbahnen ständig verändert, wobei diese Auf-, Ab-, und Umbauprozesse von neuronaler Aktivität gesteuert werden. Da nach dem Ausschlüpfen beziehungsweise nach der Geburt alle Sinnesorgane funktionstüchtig sind und neuronale Erregungsmuster nachhaltig beeinflussen, hängt die endgültige Ausprägung neuronaler Architekturen nicht nur von den genetischen Anlagen ab, sondern wird in kritischem Maße von den Erfahrungen mitbestimmt, die der heranreifende Organismus mit der Umwelt macht, in die er hineingeboren wurde.

Die hoch differenzierten Gehirne von Säugetieren, und das gilt für den Menschen in ganz besonderem Maße, benötigen zu ihrer Ausreifung die fortwährende Interaktion mit der Umwelt, weil nur auf diese Weise die Informationen gewonnen werden können, die zusätzlich zu den gespeicherten genetischen Instruktionen für die Ausbildung von spezifischen Verschaltungsarchitekturen erforderlich sind. Bei allen Säugetieren bedarf schon die Ausreifung der Sinnesfunktionen einer ungestörten Wechselwirkung mit der Umwelt. Erfahrungsabhängig ist aber auch die Entwicklung bestimmter sozialer Verhaltensweisen. Die Präferenz für die Partnerwahl und die Bewälti-

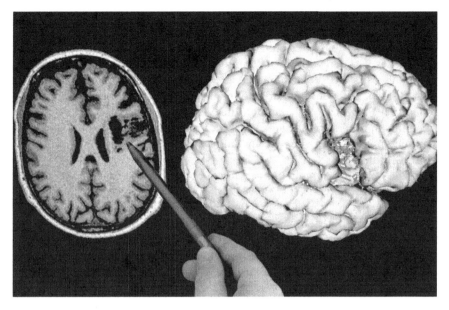

Wo sitzt die Moral? Die moderne Hirnforschung kann bereits heute jene Strukturen identifizieren, die für ko-gnitive Fähigkeiten wie Empathie, ethische Verantwortung oder soziale Kompetenz verantwortlich zeichnen.

gungsstrategien für soziale Stresssituationen werden durch frühe soziale Prä-gung festgelegt. Für den Menschen gilt dies in noch weit höherem Maße, da die Entwicklung von Hirnstrukturen, die für die Steuerung sozialer Verhal-tensweisen zuständig sind, den gesamten Reifungsprozess des menschlichen Gehirns bis ins Erwachsenenalter hinein begleiten.

Dieser kurze Abriss macht deutlich, wie unvollkommen der Versuch blei-ben muss, den derzeitigen Stand der Hirnforschung nachzuzeichnen. Leich-ter fällt es aufzuzeigen, wo die großen, noch nicht bewältigten Herausforde-rungen liegen, denn hier finden sich neben den erwähnten Besonderheiten der Hirnforschung Parallelen zu anderen Forschungsgebieten, die sich mit komplexen Systemen befassen.

Wo wir stehen

Was im Folgenden für die Hirnforschung dargelegt wird, gilt vermutlich *cum grano salis* auch für andere Wissensdisziplinen, die sich mit komplexen Sys-temen befassen. Wir kennen die Eigenschaften des Gesamtsystems, wir wis-sen, aus welchen Komponenten es besteht und welche Funktionen diese er-füllen, aber wir verstehen nur in Ansätzen, auf welche Weise die Wechsel-wirkungen der Komponenten die spezifischen Eigenschaften und Funktionen des Gesamtsystems hervorbringen.

Die systematische Erforschung des Gehirns begann naturgemäß mit ana-tomischen Untersuchungen seiner Struktur. Auf makroskopischer Ebene ver-fügen wir inzwischen über eine vollständige Kenntnis der anatomischen Or-ganisation des menschlichen Gehirns. Die meisten, wenn nicht gar alle un-terscheidbaren Strukturen sind mit Namen belegt, und für viele von ihnen ist auch bekannt, wie sie miteinander verbunden sind. In groben Zügen ist auch bekannt, welche Funktionen sie erfüllen. Selbst Strukturen, deren Funktionen höchste kognitive Leistungen wie Empathie, soziale Kompetenz und moralisches Urteilen vermitteln, konnten identifiziert werden.

Detailliert ist auch die Kenntnis der wichtigsten Komponenten von Nervensystemen, der Neuronen und der ebenso zahlreichen Stützzellen, der sogenannten Gliazellen. Wir kennen die Verteilung der verschiedenen Zelltypen in den unterschiedlichen Hirnstrukturen, wissen in groben Zügen, wie diese untereinander verschaltet sind und welche funktionellen Eigenschaften sie aufweisen.

Neue Verfahren zur immunhistochemischen Visualisierung von Proteinen und zur Kartierung von zellspezifischen Mustern der Genexpression ermöglichen es, die zellulären Bestandteile des Nervensystems nicht nur morphologisch zu charakterisieren, sondern auch deren molekulare Ausstattung zu erfassen. Dies führte zu der überraschenden Entdeckung, dass sich morphologisch ähnliche Nervenzellen auf molekularer Ebene deutlich unterscheiden können. Wie detaillierte elektrophysiologische Untersuchungen *in vitro* zeigen, korrelieren diese unterschiedlichen molekularen Ausstattungen mit spezifischen funktionellen Eigenschaften. Seit es möglich ist, Dünnschnitte von Hirngewebe und Kulturen von Nervenzellen *in vitro* am Leben zu erhalten, einzelne Nervenzellen nicht nur *in vitro*, sondern auch *in vivo* mit fluoreszenzmikroskopischen Verfahren in ihrer vollen morphologischen Ausprägung darzustellen, ihre elektrischen Eigenschaften durch Mikroelektrodenableitungen unter Sichtkontrolle zu studieren und deren Genexpressionsmuster zu erfassen, beeindruckt die funktionelle Diversität der unterschiedlichen Nervenzelltypen.

Vervollständigt wurden diese Methoden durch die Entwicklung hochauflösender bildgebender Verfahren wie der Infrarotphasenkontrast-Mikrosko-

Zwei Sichten aufs Gehirn: Links die auf Descartes zurückgehende Perspektive, dass es ein singuläres Hirnzentrum geben müsse, um ein kohärentes Bild der Welt zu schaffen, rechts das „tatsächliche" Verschaltungsschema limbischer Hirnrindenareale des Gehirns von Katzen. Die Myriaden von Nervenzellen der Hirnrindenareale (schwarz) sind über Leitungsbahnen vernetzt, die aus Millionen Nervenfasern bestehen (farbig).

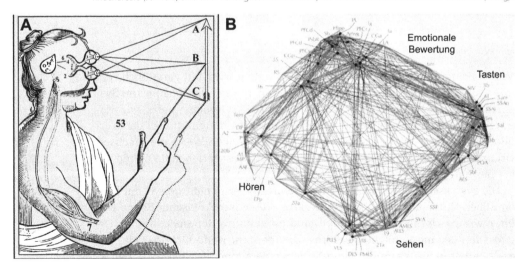

pie, der konfokalen Lasermikroskopie, der zwei- beziehungsweise multipho-
tonen Mikroskopie, der Entwicklung fluoreszierender Sensormoleküle für Io-
nen und Enzyme und schließlich die gentechnisch gesteuerte Synthese fluoreszierender Sensoren in ausgewählten Nerven- und Gliazellen. Durch die
Kombination dieser Verfahren lassen sich direkte Korrelationen herstellen
zwischen dem Expressionsmuster spezifischer Gene, der Zusammensetzung
unterschiedlicher Ionenkanäle und den funktionellen Eigenschaften morphologisch charakterisierter Nervenzellen. Zur Erfolgsgeschichte wurde auch die
detaillierte Analyse kleiner Schaltkreise, der sogenannten „micro circuits".
Auch hier verdanken sich die wesentlichen Fortschritte einer Kombination
von Methoden, die an isolierten Gewebeschnitten *in vitro* und seit einigen
Jahren auch *in vivo* angewandt werden können.

Die Möglichkeit, unter Sichtkontrolle gleichzeitig von mehreren Neuronen mit Patch-clamp-Elektroden abzuleiten, eröffnete die Option, einzelne
Zellen durch Strompulse zu erregen und den Effekt dieser Erregung in nach-
geschalteten Zielzellen zu erfassen. Durch Einbringung von Farbstoffen oder
genetische Manipulation der entsprechenden Nervenzellen ist es anschließend möglich, eine vollständige Rekonstruktion der funktionell charakteri-
sierten Zellen und ihrer Verbindungen vorzunehmen. Zu erwarten steht, dass
es auf diesen Wegen gelingen wird, in nicht zu ferner Zukunft die strukturelle und funktionelle Organisation der wichtigsten Schaltkreise soweit aufzuklären, bis realistische Modelle simuliert werden können. Letzteres ist erforderlich, um sich davon überzeugen zu können, dass alle wichtigen Variablen erfasst wurden und die Eigenschaften der untersuchten und der simulier-
ten Systeme übereinstimmen.

Die großen Herausforderungen und die Grenzen der Intuition

Aus dem bisher Gesagten wird deutlich, wo die großen Herausforderungen
für die Hirnforschung in den nächsten Dekaden liegen werden. Einerseits
verfügen wir über eine ungeheure Fülle von Detailwissen über die Funktionsweisen von Nervenzellen und deren Verschaltung in den einzelnen Hirnstrukturen und die dynamischen Wechselwirkungen innerhalb kleiner Ner-
venzellverbände, zum anderen ist in groben Zügen bekannt, welche Hirnregionen welche Leistungen erbringen. Uns fehlt jedoch ein tieferes Verständnis dafür, wie diese Leistungen erbracht werden, und nicht selten täuscht uns
bei der Hypothesenbildung über die vermuteten Prinzipien unsere Intuition.
So legt unsere Intuition nahe, dass es im Gehirn ein Konvergenzzentrum geben müsse, in dem alle Informationen zusammengefasst werden, um einer
kohärenten Interpretation unterworfen zu werden. Wir vermuten, dass dies
der Ort sein müsste, an dem die Sinnessignale zu Wahrnehmungen werden,
an dem Entscheidungen fallen und Vorsätze gefasst werden, an dem Handlungsentwürfe entstehen, und schließlich wäre dies der Ort, an dem das in-
tentionale Ich sich konstituiert und seiner selbst bewusst wird. Wir empfinden
uns als fähig, jederzeit, losgelöst von äußeren und inneren Bedingtheiten, Bestimmtes zu wollen und uns frei für oder gegen etwas zu entscheiden. Die moderne Hirnforschung entwirft jedoch ein gänzlich anderes Bild. Ihr stellt sich
das Gehirn als ein System dar, das in extremer Weise distributiv organisiert

ist und sich selbst organisiert. Es findet sich kein singuläres Zentrum, das die vielen, an unterschiedlichen Orten gleichzeitig erfolgenden Verarbeitungsschritte koordinieren und deren Ergebnisse zusammenfassen könnte.

Dies wirft die spannende Frage auf, warum ein erkennendes Organ zu unterschiedlichen Schlussfolgerungen kommen kann, je nachdem, ob es sich bei seiner Erforschung auf die Selbsterfahrung oder auf die Fremdbeschreibung durch naturwissenschaftliche Vorgehensweise verlässt. Es ergeben sich daraus zudem eine Fülle äußerst anspruchsvoller wissenschaftlicher Fragestellungen, da es die Organisationsprinzipien zu erforschen gilt, die es möglich machen, dass ein System, das aus 10^{11} Einzelelementen, den Neuronen, besteht, sich so zu organisieren vermag, dass es trotz seiner dezentralen Struktur in der Lage ist, kohärente Interpretationen seiner Umwelt zu liefern, Entscheidungen zu treffen, angepasste Handlungsentwürfe zu erstellen, komplexe motorische Reaktionen zu programmieren und sich dieser Eigenleistungen zudem gewahr zu werden und darüber berichten zu können.

Sich mit diesen Fragen zu befassen und die neuronalen Mechanismen zu identifizieren, die diesen Leistungen zugrunde liegen, ist eines der großen Projekte der Hirnforschung. Hierbei wird das Gehirn als ein Organ wie jedes andere betrachtet. Die Grundannahme ist, dass sich seine Funktionen in naturwissenschaftlichen Beschreibungssystemen darstellen lassen müssen, da neuronale Prozesse den bekannten Naturgesetzen unterworfen sind. Diese Annahme basiert auf ganz unterschiedlichen, jedoch konvergierenden Argumentationslinien. Zum einen scheint gesichert, dass sich Gehirne einem kontinuierlichen evolutionären Prozess verdanken, der zu immer komplexeren Strukturen führte, aber keine ontologischen Brüche aufweist. Ähnlich kontinuierlich vollzieht sich die Individualentwicklung von der Befruchtung bis hin zur Ausdifferenzierung des reifen Organismus, wobei die Differenzierungsprozesse vollständig im Rahmen naturwissenschaftlicher Beschreibungssysteme erfasst werden können. Bemerkenswert ist dabei, dass sich sehr enge Korrelationen herstellen lassen zwischen der Ausreifung bestimmter Hirnfunktionen und dem sukzessiven Auftreten immer höherer kognitiver Leistungen.

Diese Evidenzen legen die Schlussfolgerung nahe, dass alle Verhaltensleistungen, also auch die höchsten kognitiven Funktionen, mit ihren psychischen und mentalen Konnotationen, auf den neuronalen Prozessen im Gehirn beruhen müssen. Dies aber impliziert, dass mentale Prozesse wie das Bewerten von Situationen, das Treffen von Entscheidungen und das Planen des je nächsten Handlungsschrittes auf neuronalen Wechselwirkungen beruhen, die ihrer Natur nach deterministisch sind. Auch wenn es sich bei Gehirnzuständen, die den verschiedenen kognitiven Akten zugrunde liegen, um dynamische Zustände eines nicht-linearen Systems handeln sollte – was wahrscheinlich ist – gälte nach wie vor, dass der jeweils nächste Zustand die notwendige Folge des jeweils unmittelbar vorausgegangenen ist. Sollte sich das Gesamtsystem in einem Zustand befinden, für den es mehrere Folgezustände gibt, die eine gleich hohe Übergangswahrscheinlichkeit aufweisen, so können minimale Schwankungen der Systemdynamik den einen oder anderen favorisieren. Es kann dann wegen der unübersehbaren Zahl der determinierenden Variablen nicht vorausgesagt werden, für welche Entwicklungstrajektorie sich das System „entscheiden" wird.

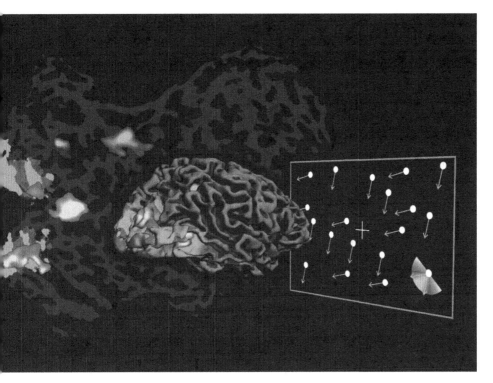

Mittels Kernspintomographie gemessenes Erregungsmuster in Hirnrindenarealen des Menschen, die mit der Verarbeitung visueller Informationen befasst sind. Unterschiedliche Aktivierungsamplituden sind farbkodiert. Das Gehirn im Vordergrund ist die naturgetreue Rekonstruktion des Gehirns der betreffenden Versuchsperson, die während der Messung ein Muster aus sich bewegenden Punkten sah (rechts). Um auch Aktivitäten in der Tiefe der Hirnrindenfurchen (sulci) sichtbar zu machen, wurde über ein mathematisches Verfahren so viel graue Substanz entfernt, bis Einblicke in die „sulci" möglich wurden. Die gemusterte Fläche im Hintergrund ist das Ergebnis einer mathematischen Operation, mit der die gefaltete Hirnrinde gewissermaßen „gebügelt" und als zweidimensionale Fläche ausgebreitet wird. Die dunklen Konturen entsprechen dem Verlauf der Furchen.

Das System ist aufgrund seiner Komplexität und nichtlinearen Dynamik hinsichtlich seiner zukünftigen Entwicklung offen. Es kann völlig neue, bislang noch nie aufgesuchte Orte in einem hoch dimensionalen Zustandsraum besetzen – was dann als kreativer Akt in Erscheinung tritt. Hierzu mögen zufällige, systemimmanente Fluktuationen durchaus beitragen, die sich thermischem Rauschen oder gar probabilistischen, quantenmechanischen Prozessen verdanken. All dies ändert aber nichts daran, dass jeder der kleinen Schritte, die aneinandergefügt die Entwicklungstrajektorien des Gesamtsystems ausmachen, auf neuronalen Wechselwirkungen beruht, die im Prinzip deterministischen Naturgesetzen folgen.

Diese Sicht steht im Widerspruch zu unserer Intuition, zu jedem Zeitpunkt frei darüber befinden zu können, was wir als je nächstes tun oder lassen sollen. Da gemeinhin angenommen wird, dass die Zuschreibung von Schuld, und damit einer der Grundpfeiler unserer Rechtssysteme, mit der Existenz dieser Freiheit verbunden sei, werden die Grundthesen der modernen Hirnforschung nicht ohne Besorgnis rezipiert und haben einen neuen Anstoß für die überfällige Rezeption naturwissenschaftlicher Erkenntnisse durch die Humanwissenschaften gegeben.

Das Bindungsproblem

Wenn es im Gehirn keine zentrale, allen Subprozessen übergeordnete Instanz gibt, wie wird dann die Zusammenarbeit der Milliarden von Zellen in den mit verschiedenen Aufgaben betrauten Arealen der Großhirnrinde koordiniert, wie kann das Gehirn als Ganzes stabile Aktivitätsmuster ausbilden, wie können sich die verteilten Verarbeitungsprozesse zur Grundlage kohärenter Wahrnehmungen formieren, wie findet ein so distributiv organisiertes System zu Entscheidungen, woher weiß es, wann die verteilten Verarbeitungsprozesse ein Ergebnis erzielt haben, wie beurteilt es die Verlässlichkeit des jeweiligen Ergebnisses, und wie vermag es, fein aufeinander abgestimmte Bewegungen zu steuern?

Auf irgendeine Weise müssen die Ergebnisse der verteilten sensorischen Prozesse zusammengebunden werden, weil unsere Wahrnehmungen kohärent und nicht fragmentiert sind; und auch für die Steuerung des Gesamtsystems und die Koordination von Handlungen scheint eine zentrale Instanz unerlässlich. Wie bereits angedeutet, gibt es aber weder einen singulären Ort, zu dem alle sensorischen Systeme ihre Ergebnisse senden könnten, noch gibt es eine zentrale Lenkungs- und Entscheidungsinstanz. Offensichtlich hat die Evolution das Gehirn mit Mechanismen zur Selbstorganisation ausgestattet, die in der Lage sind, auch ohne eine zentrale koordinierende Instanz Subprozesse zu binden und globale Ordnungszustände herzustellen. Der Vergleich mit Superorganismen liegt nahe. Auch Ameisenstaaten kommen ohne Zentralregierung aus. Die Mitglieder des Staates kommunizieren über ein eng gewebtes Netzwerk von Signalsystemen und passen ihr individuelles Verhalten entsprechend der lokal verfügbaren Information an. Auch hier hat die Evolution eine geniale Interaktionsarchitektur entwickelt, die sicherstellt, dass sich die Myriaden der lokalen Wechselwirkungen zu global geordneten Systemzuständen fügen.

Noch sind wir weit davon entfernt, die Prinzipien zu verstehen, nach denen sich die verteilten Prozesse im Gehirn zu kohärenten Zuständen verbinden, die dann als Substrat von Wahrnehmungen, Vorstellungen, Entscheidungen und Handlungssequenzen dienen könnten. Wir verfügen jedoch über experimentell überprüfbare Hypothesen, die sich am Beispiel von Bindungsproblemen verdeutlichen lassen, die bei der Verarbeitung sensorischer Signale auftreten. Aufgrund ihrer spezifischen Verschaltung reagieren die Nervenzellen in der Sehrinde selektiv auf elementare Merkmale visueller Objekte: auf Konturen, Texturen, Farbkontraste und Bewegungen. Da sich auf höheren Verarbeitungsstufen Neuronen finden, die auf relativ komplexe Kombination solcher elementaren Merkmale ansprechen, wurde vermutet, dass die Bindung elementarer Merkmale zu Repräsentationen ganzer Objekte dadurch erfolgen könnte, dass die Antworten der elementaren Merkmalsdetektoren in Zellen höherer Ordnung so integriert werden, dass diese Zellen selektiv auf die Merkmalskonstellation einzelner Objekte reagieren. Es müsste dann für jedes wahrgenommene Objekt eine spezialisier-

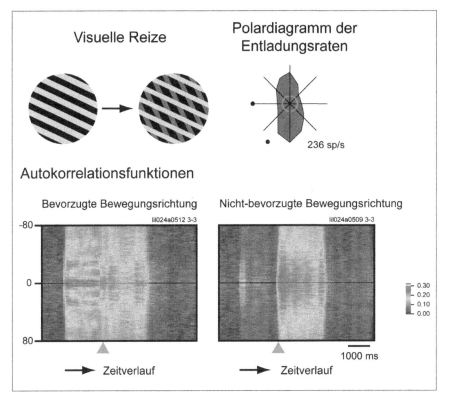

Darstellung von Entladungsraten einer Nervenzelle in der Sehrinde eines Primaten (macaca mulata), der die rechts oben gezeigten und auf einem Monitor bewegt dargebotenen Muster betrachtet. Das Polardiagramm rechts oben zeigt, dass dieses Neuron vertikale Bewegungen bevorzugt. Die Periodizität der rotgelben Streifen zeigt an, dass die Aktivität der Zelle zunächst im Bereich von etwa 30 Hertz oszilliert und dann nach Änderung der Reizbedingung (grüner Pfeil) in ein aperiodisches Muster übergeht. Bei Reizung mit nicht-bevorzugter Bewegungsrichtung (rechtes Korrelogramm) fehlt die oszillierende Modulation.

te Nervenzelle geben, deren Antwort das Vorhandensein eben dieses Objekts signalisiert.

Diese Erwartung ließ sich experimentell nicht bestätigen, und es gibt gute Gründe, warum die Natur diese Option zur Bindung verteilter neuronaler Signale nur für die Repräsentation sehr häufig vorkommender oder sehr bedeutsamer Objekte gewählt hat. Es würde diese Strategie eine astronomisch große Zahl hoch spezialisierter Zellen erfordern, um alle wahrnehmbaren Objekte in all ihren unterschiedlichen Erscheinungsformen zu repräsentieren. Zudem wäre es unmöglich, neue, noch nie gesehene Objekte zu repräsentieren und wahrzunehmen, da schwer vorstellbar ist, dass sich im Laufe der Evolution für alle möglichen Objekte entsprechend spezialisierte Zellen ausgebildet haben. Hoch entwickelte Gehirne wenden deshalb eine komplementäre, wesentlich flexiblere Strategie an. Objekte der Wahrnehmung, gleich ob es sich um visuell, akustisch oder taktil erfasste handelt, werden durch eine Vielzahl von gleichzeitig aktiven Neuronen repräsentiert, wobei jedes einzelne nur einen Teilaspekt des gesamten Objekts kodiert.

Die nicht weiter reduzierbare neuronale Entsprechung eines kognitiven Objekts wäre demnach ein raumzeitlich strukturiertes Erregungsmuster in der Großhirnrinde, an dessen Erzeugung sich jeweils eine große Zahl von Zellen beteiligt. Ähnlich wie mit einer begrenzten Zahl von Buchstaben durch Rekombination nahezu unendlich viele Worte und Sätze gebildet werden können, lassen sich durch Rekombination von Neuronen, die lediglich elementare Merkmale kodieren, nahezu unendlich viele Objekte der Wahrnehmung repräsentieren, selbst solche, die noch nie zuvor gesehen wurden. An der Repräsentation eines freudig bellenden, mit dem Schwanz wedelnden, gerade getätschelten Hundes müssen sich Neuronen aus weit entfernten Hirnrindenarealen zu einem kohärenten Ensemble zusammenschließen: Zellen des Sehsystems, die visuelle Attribute des Hundes kodieren, müssen mit Zellen des auditorischen Systems kooperieren, die sich an der Kodierung des Gebells beteiligen, Zellen des taktilen Systems müssen Informationen über die Beschaffenheit des Fells beisteuern und Zellen des limbischen Systems werden benötigt, um emotionale Bewertungen hinzuzufügen, um anzugeben, ob das Gebell freudig oder bedrohlich ist.

All diese verteilten Informationen müssen zu einem kohärenten Gesamteindruck zusammengebunden werden, ohne sich an einem bestimmten Ort zu vereinen. Ferner muss dafür gesorgt werden, dass nur die Signale miteinander gebunden werden, die vom gleichen Objekt herrühren, dass die Signale vom Hund getrennt bleiben von Signalen, die von anderen, gleichzeitig wahrgenommenen Objekten herrühren, von Kindern etwa, die sich an der Streichelaktion beteiligen, und einer miauenden Katze, die ebenfalls Zuwendung sucht. Bei dieser Kodierungsstrategie müssen die Erregungsmuster der Neuronen demnach zwei Botschaften gleichzeitig vermitteln. Zusätzlich zu der Botschaft, dass das Merkmal, für das sie kodieren, vorhanden ist, müssen sie angeben, mit welchen anderen Neuronen sie gerade gemeinsame Sache machen. Einigkeit besteht, dass die Amplitude der Erregung eines Neurons Auskunft darüber gibt, mit welcher Wahrscheinlichkeit ein bestimmtes Merkmal vorhanden ist. Heftig diskutiert wird jedoch die Frage, worin die Signatur bestehen könnte, die angibt, welche Neuronen jeweils gerade miteinander verbunden sind und ein kohärentes Ensemble bilden.

Wir haben vor mehr als einer Dekade beobachtet, dass Neurone in der Sehrinde ihre Aktivitäten mit einer Präzision von einigen tausendstel Sekunden synchronisieren können, wobei sie meist eine rhythmisch oszillierende Aktivität in einem Frequenzbereich um 40 Hertz annehmen, die sogenannten Gamma-Oszillationen. Wichtig war dabei die Beobachtung, dass Zellen vor allem dann ihre Aktivität synchronisieren, wenn sie sich an der Kodierung des gleichen Objekts beteiligen. Wir leiteten daraus die Hypothese ab, dass die präzise Synchronisierung von neuronalen Aktivitäten die Signatur dafür sein könnte, welche Zellen sich temporär zu funktionell kohärenten Ensembles gebunden haben. Wie so oft erwies es sich, dass die ursprüngliche Beobachtung nur die Spitze des Eisbergs war und dass die funktionellen Bedeutungen der beobachteten Synchronisationsphänomene weit über die zunächst vermuteten hinausgehen.

Es mehren sich die Hinweise, dass die Synchronisation oszillatorischer Aktivitätsmuster genutzt wird, um neuronale Signale zu verstärken und ihre Fortleitung im hochverzweigten Netzwerk der Hirnrinde zu ermöglichen, um Signale im Zusammenhang von Aufmerksamkeitsprozessen für die selektive

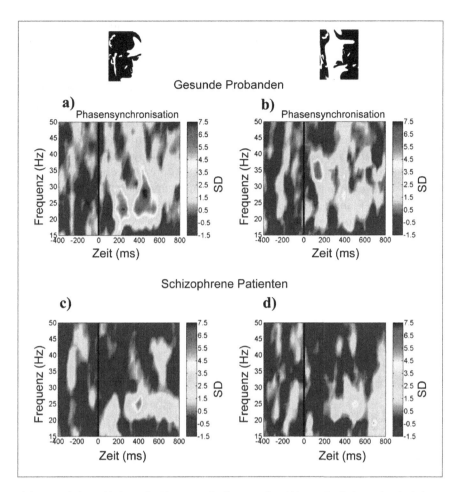

*Elektroenzephalographisch erstellte Diagramme der Phasensynchronizität von Oszillationen der Hirnrinden-
aktivität von gesunden Probanden (a, b) und schizophrenen Patienten (c, d). Sie sollten unterscheiden, ob in
Bildern (oben) ein Gesicht erkennbar ist. Bei Gesunden führt die Darbietung dieser Bilder (zum Zeitpunkt 0
auf der X-Achse) zu Episoden präziser Phasensynchronisation zwischen verschiedenen Hirnrindenarealen (bei
identifizierten Gesichtern (a) im Frequenzbereich von 20 – 30 Hertz, bei nicht erkannten Bildern im Bereich
von 35 Hertz). Bei schizophrenen Patienten fehlt diese Episode präziser Phasensynchronisation, weil oszil-
latorische Erregungsmuster, die lokal auftreten und normal ausgebildet sind, nicht oder nur unpräzise über
größere Entfernung synchronisiert werden können.*

Weiterverarbeitung auszuwählen, um über Gleichschaltung der Oszillations-
frequenzen von sendenden und empfangenden Strukturen sicherzustellen,
dass Botschaften nur an ganz bestimmte Adressaten versandt werden, um die
Verarbeitungsprozesse in verschiedenen Subsystemen miteinander zu koordinieren, um Gedächtnisinhalte auszulesen und Information kurzfristig im Ar-
beitsgedächtnis zu halten. Neuere Befunde aus unserem Labor stützen ferner
die Hypothese, dass präzise Phasensynchronisation oszillatorischer Aktivität
in weit verzweigten Netzwerken der Hirnrinde notwendige Voraussetzung
für die Bewusstwerdung von Wahrnehmungsinhalten ist. Schließlich spielt
die Synchronisation neuronaler Entladungen bei der Bildung von Gedächt-
nisengrammen, also bei der aktivitätsabhängigen Veränderung der Effizienz

synaptischer Übertragung, eine wichtige Rolle. Verbindungen zwischen synchron aktiven Nervenzellen werden bevorzugt verstärkt und solche zwischen asynchron aktiven abgeschwächt.

Die vielleicht spannendsten Implikationen könnten die jüngsten Untersuchungen an schizophrenen Patienten haben. Sie verweisen darauf, dass in den Gehirnen dieser Patienten die Synchronisation neuronaler Aktivitäten gestört und unpräzise ist. Wenn zutrifft, dass Synchronisation der Koordination von parallel erfolgenden, räumlich verteilten neuronalen Operationen dient, könnte dies manche der dissoziativen Phänomene erklären, die diese geheimnisvolle Krankheit charakterisieren. Die Befunde könnten dann tatsächlich Hinweise für eine gezielte Suche nach den pathophysiologischen Mechanismen liefern, die zu dieser Erkrankung führen.

Vieles spricht also dafür, dass wir uns als neuronales Korrelat von Wahrnehmungen komplexe, raumzeitliche Erregungsmuster vorstellen müssen, an denen sich jeweils eine große Zahl von Nervenzellen in wechselnden Konstellationen beteiligt. Je nach der Struktur des Wahrgenommenen können solche koordinierten Zustände weite Bereiche der Großhirnrinde umfassen. Da wir in der Regel mehrere Objekte gleichzeitig wahrnehmen, zwischen ihnen Bezüge herstellen und diese im Kontext der einbettenden Umgebung erfahren, müssen sich zudem in den Nervennetzen der Großhirnrinde mehrere unterschiedliche Ensembles ausbilden können, die zwar voneinander getrennt sein, aber doch in Wechselwirkung stehen müssen.

Mikroskopische Aufnahme von Pyramidenzellen im Großhirn (Maßstab 700:1). Pyramidenzellen machen über 80 Prozent der Nervenzellen in der Großhirnrinde von Säugetieren aus.

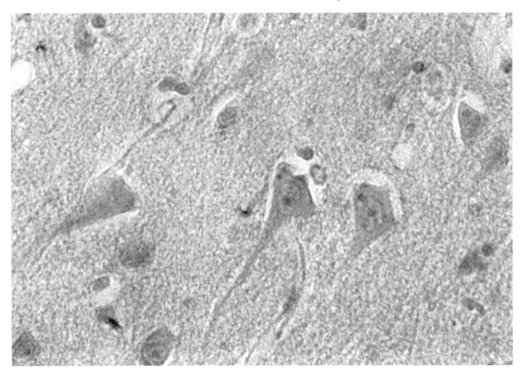

Noch wissen wir nicht, wie dies bewerkstelligt wird. Eine Möglichkeit wäre, dass Ensembles, die unterschiedliche Objekte repräsentieren, in unterschiedlichen Frequenzbereichen synchron schwingen. Wie immer auch die Lösungen für die vielfältigen Koordinationsprobleme in unseren dezentral organisierten Gehirnen aussehen werden, fest steht schon jetzt, dass die dynamischen Zustände der vielen Milliarden miteinander wechselwirkender Neuronen der Großhirnrinde ein Maß an Komplexität aufweisen, das unser Vorstellungsvermögen übersteigt. Dies bedeutet nicht, dass es uns nicht gelingen kann, analytische Verfahren zu entwickeln, mit denen sich diese Systemzustände erfassen und in ihrer zeitlichen Entwicklung verfolgen lassen. Aber die Beschreibungen dieser Zustände werden abstrakt und unanschaulich sein. Sie werden keine Ähnlichkeit aufweisen mit den Wahrnehmungen und Vorstellungen, die auf diesen neuronalen Zuständen beruhen. Wir werden zur Analyse und Beschreibung dieser Systemzustände mathematisches Rüstzeug und den Einsatz sehr leistungsfähiger Rechenanlagen benötigen. Und wir werden das gleiche Problem haben, mit dem die moderne Physik konfrontiert ist. Die Modelle werden unanschaulich sein und vermutlich auch unserer Intuition von der Verfasstheit unserer Gehirne widersprechen.

Die Zukunft

Was also müssen die nächsten Schritte sein, wenn wir herausfinden wollen, auf welchen Prozessen die hohen kognitiven Funktionen beruhen, die uns Menschen ausmachen? Die weitaus meisten Daten über die funktionelle Organisation von Nervennetzen im Gehirn beruhen auf elektrophysiologischen Ableitungen der Aktivität einzelner Nervenzellen von Tieren und in jüngster Zeit auch von intraoperativen Messungen am menschlichen Gehirn. Wir wissen deshalb recht gut Bescheid darüber, unter welchen Bedingungen Nervenzellen in bestimmten Hirnregionen ihre Aktivität vermehren, auf welche Sinnessignale sie ansprechen und mit welchen motorischen Leistungen ihre Aktivität in Verbindung steht. Wir wissen also, im Dienste welcher Funktion sie vermutlich stehen, aber wir wissen so gut wie nichts darüber, wie sie bestimmte Funktionen im Zusammenwirken mit anderen Nervenzellen erbringen.

Dies liegt daran, dass es bis vor kurzem aus methodischen Gründen kaum möglich war, die Aktivität von mehreren räumlich verteilt liegenden Nervenzellen gleichzeitig zu erfassen und auszuwerten. Weder standen die entsprechenden Elektrodenmatrizen zur Verfügung noch gab es hinreichend leistungsfähige Rechner, um mit den dabei anfallenden gewaltigen Datenmengen fertig zu werden. Zwar lassen sich mit elektro- und magnetenzephalographischen Methoden die Potenzialschwankungen messen, die im Gehirn auftreten, wenn Myriaden von Neuronen aktiviert werden. Diese Signale geben jedoch nur Aufschluss darüber, ob die zu den jeweiligen Fluktuationen beitragenden Neuronen ihre Aktivitäten synchronisiert haben, ob diese Aktivitäten rhythmisch sind und über welche Hirnrindenbereiche diese Summenaktivitäten koordiniert sind. Es lassen sich jedoch keine Rückschlüsse auf die Struktur der raumzeitlichen Erregungsmuster ziehen, die von den Ensembles der jeweils kooperierenden Neuronen gebildet werden und die eigentliche Information tragen.

Es wird also notwendig sein, Messsysteme zu entwickeln, mit denen sich auf möglichst wenig invasive Weise die Aktivität einer sehr großen Zahl von Nervenzellen in den verschiedensten Bereichen des Gehirns parallel registrieren lässt. Hierbei kann es sich um konventionelle Mikroelektrodentechnologien handeln, es ist aber auch denkbar, dass optische Verfahren eingesetzt werden können, mit denen sich die Spannungsänderungen, die Schwankungen der Ionenkonzentrationen oder die Konformationsänderungen von Membranproteinen nachweisen lassen, die die neuronale Erregung begleiten. Um eine Verbindung zwischen den zu identifizierenden neuronalen Erregungsmustern und bestimmten kognitiven beziehungsweise exekutiven Funktionen herstellen zu können, ist es notwendig, diese Messverfahren an wachen, verhaltenstrainierten Tieren einzusetzen. Voraussagbar ist, dass bei solchem Vorgehen Daten gewonnen werden, zu deren Analyse neue Verfahren entwickelt werden müssen. Es wird sich um hoch dimensionale, nicht stationäre Zeitreihen handeln, in denen Muster enthalten sein werden, die sich nicht mehr direkt visualisieren lassen. Es wird neuer statistischer und mathematischer Verfahren bedürfen, um potenziell interessante Muster zu identifizieren. Letzteres wird jedoch nur möglich sein, wenn parallel zu diesen experimentellen Ansätzen Modellrechnungen und Simulationen durchgeführt werden, um die dynamischen Eigenschaften unterschiedlicher Netzwerkarchitekturen zu analysieren und daraus Hypothesen abzuleiten, die es erlauben, die Suche nach potenziell bedeutsamen Mustern in den experimentellen Daten einzugrenzen.

Es wird also in zunehmendem Maße erforderlich sein, das experimentelle Vorgehen mit theoretischen Ansätzen zu ergänzen. Hierzu werden neue Forschungsstrukturen benötigt, da sich solche interdisziplinären Ansätze in der klassischen Fakultätsstruktur kaum realisieren lassen. Die theoretische Neurobiologie wird in der Komplementierung der experimentellen Disziplinen eine vergleichbar große Rolle spielen, wie es für die theoretische Physik der Fall ist. Zu erwarten steht, dass sich ähnliche Entwicklungen auch in anderen biologischen Disziplinen ergeben werden.

Ein Versuch, Prioritäten zu setzen

Wohl wissend, dass sich Grundlagenforschung grundsätzlich nicht planend festlegen lässt, ist es dennoch unvermeidlich, gewisse Prioritäten zu setzen, weil die materiellen und intellektuellen Ressourcen sowie die verfügbare Zeit begrenzt sind. Ich will deshalb abschließend versuchen, einige der Gebiete zu skizzieren, deren Bearbeitung ich für besonders fruchtbar oder, auf mögliche Anwendungen hoffend, für besonders wichtig halte. Ich tue dies aus der Sicht des Systemphysiologen und vernachlässige in Ermangelung der nötigen Kompetenz bewusst die Forschungsfelder, die vorwiegend mit biochemischen und molekularbiologischen Verfahren bearbeitet werden müssen, wobei sich Punkt 1 bis 6 der Ausführungen auf die klinisch relevante Forschung und Punkt 7 auf die technologisch relevante Forschung beziehen.

1. Es müssen die Funktionsstörungen identifiziert werden, die den zwei großen psychiatrischen Erkrankungen, der Schizophrenie und der Zyklothymie, zugrunde liegen. Diese geheimnisvollen Erkrankungen sind

hinsichtlich ihrer Äthiologie und pathophysiologischen Mechanismen kaum verstanden, deshalb schwer therapierbar und wegen ihrer Häufigkeit und ihrer oft katastrophalen Folgen ein ernstes Problem. Die Klärung der anstehenden Fragen erfordert eine intensivierte Kooperation zwischen kognitionspsychologischen, systemphysiologischen, entwicklungsbiologischen, genetischen und molekularbiologischen Ansätzen. Voraussetzung für ein Verständnis dieser Erkrankungen ist vertieftes Wissen über die neuronalen Grundlagen höherer kognitiver Funktionen. Dies erfordert systemphysiologische Untersuchungen an Tieren mit komplexen Gehirnen, vor allem an Primaten. Da für diese Erkrankungen bislang keine wirklich guten Tiermodelle zur Verfügung stehen, erfordert Forschung in diesem Bereich, soll sie zu anwendungsrelevanten Ergebnissen führen, enge Kooperationen zwischen Grundlagenwissenschaftlern und Klinikern. Es sollten Zentren gebildet werden, an denen Untersuchungen an Primaten mit nichtinvasiven Messungen an gesunden menschlichen Probanden und Patienten verbunden werden können. Eine Kombination mit populationsgenetischen Untersuchungen wäre wünschenswert, da überzeugende Hinweise bestehen, dass diese Erkrankungen eine genetische Komponente haben. Zusätzlich oder alternativ wäre eine Kombination mit entwicklungsbiologischen oder entwicklungspsychologischen Ansätzen wünschenswert, da vor allem bei der Schizophrenie und verwandten Störungen, wie dem Autismus, Störungen in der erfahrungsabhängigen Entwicklung von Hirnfunktionen vermutet werden.

2. Ein weiteres Problemfeld sind die degenerativen Erkrankungen des zentralen Nervensystems. Diese haben oft, aber nicht immer, eine genetische

Computeraufnahme einer nach Maß gewachsenen Nervenzelle. Leipziger Experimentalphysiker entwickelten eine Methode, um per Laserstrahl die Ausbreitung gezielt zu beeinflussen. Bis aus der Grundlagenforschung erster medizinischer Nutzen erwächst, dauert es nach Meinung der Forscher wohl noch 15 Jahre.

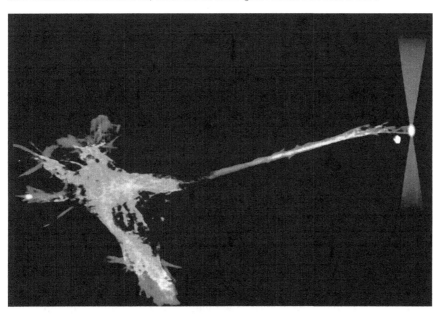

Ursache. Hier liegt der Forschungsschwerpunkt auf molekularbiologischen und molekulargenetischen Ansätzen. Auf diesen Gebieten wird nach meinem Dafürhalten bereits mit der notwendigen Intensität geforscht, da in den letzten Jahrzehnten die molekularbiologische und zellbiologische Forschung in Deutschland sehr stark gefördert wurde.

3. Ein klinisch sehr relevantes Problem ist die mangelnde Regenerationsfähigkeit des zentralen Nervensystems. Bislang gibt es kaum Verfahren, zerstörtes Gehirngewerbe, gleich, ob die Läsionen auf Traumata oder degenerativen Prozessen beruhen, zu ersetzen. Tierexperimentelle Befunde legen nahe, dass es zwei gangbare Wege gibt. Durch zellbiologische Manipulationen ist es möglich, gliale Zellen in regenerationsfähige Nervenzellen umzuwandeln beziehungsweise das Wiederauswachsen durchtrennter Nervenbahnen, auch im ausgereiften Gehirn, anzuregen. Ferner zeichnet sich die Option ab, neuronale Stammzellen in das Gehirngewebe zu injizieren und sich in Schaltkreise integrieren zu lassen. Um diese Verfahren translationsfähig zu machen, muss noch erhebliche Vorarbeit geleistet werden, und auch hier steht die Anwendung molekulargenetischer und molekularbiologischer Techniken im Vordergrund. Da die regenerativen Prozesse große Ähnlichkeiten mit Entwicklungsvorgängen aufweisen, werden wichtige Impulse nicht nur von der Stammzellforschung per se, sondern auch von entwicklungsbiologischen Ansätzen erwartet.

4. Da bislang keines dieser Verfahren zur klinischen Reife weiterentwickelt werden konnte, werden gleichzeitig Optionen verfolgt, ausgefallene Hirnleistungen durch sogenannte Neuroprothesen zu ersetzen. Auf diesem Gebiet wurden in den letzten Jahren erhebliche Fortschritte gemacht und dies sowohl hinsichtlich des Ersatzes von sensorischen wie motorischen Funktionen. Ein Beispiel hierfür sind die mit großem Erfolg angewandten Cochlea-Implantate, die jedoch noch eine Fülle von Entwicklungsmöglichkeiten bieten. Gleichermaßen wird zur Zeit in großen, vom BMBF geförderten Projekten an der Entwicklung von Implantaten für die Netzhaut des Auges gearbeitet. Hier zeichnet sich jedoch ab, dass ein molekularbiologischer Ansatz erfolgreicher sein könnte. Dieser beruht darauf, die in der degenerierten Netzhaut verbleibenden Zellen durch molekulargenetische Manipulation lichtempfindlich zu machen und auf diese Weise zumindest rudimentäres Sehen zu ermöglichen. Erfolgversprechend sind auch Methoden, bei denen die elektrische Aktivität von Nervennetzen über implantierte Elektroden abgegriffen und zur Steuerung mechanischer Prothesen oder Roboter herangezogen wird. In Experimenten mit wachen, verhaltenstrainierten Primaten wurden damit erstaunliche Erfolge erzielt.
Die Anwendung dieser Verfahren am Menschen ist noch im experimentellen Stadium und wurde bislang nur an wenigen Plätzen weltweit versucht. Auf diesem Gebiet liegt ein sehr großes Entwicklungspotenzial. Dabei müssen mehrere Hürden überwunden werden. Die derzeit wichtigste ist die Entwicklung von gewebeverträglichen Elektroden, die über lange Zeit implantiert werden können und ihre Ableiteigenschaften nicht verändern. Dies ist eine Herausforderung für die Materialwissenschaften. Ferner müssen weitere Fortschritte erzielt werden auf dem Gebiet der Dekodierung neuronaler Aktivität. Noch wissen wir wenig über die raumzeitlichen Mus-

ter, die in der Großhirnrinde generiert werden und das Korrelat von motorischen Kommandos darstellen. Aus diesem Grund basieren die meisten der bislang angewandten Verfahren auf dem Prinzip Versuch und Irrtum. Ein flankierender systemphysiologischer Ansatz ist also auch hier vonnöten. Schließlich müssen im Bereich der Robotik Entwicklungen vorangetrieben werden, die zum Ziel haben, handhabbare Prothesen zu entwickeln. Dies ist in erster Linie ein Problem für Ingenieure.

5. Konzeptuell verwandt mit diesen Bemühungen sind die Versuche, durch direkte Reizung bestimmter Hirnstrukturen Bewegungsstörungen, wie etwa bei der Parkinson'schen Erkrankung, zu lindern. In jüngster Zeit werden diese Verfahren der Tiefenhirnstimulation auch hinsichtlich ihrer Verwendbarkeit bei bestimmten psychischen Störungen, wie zum Beispiel Zwangserkrankungen, getestet. Auch gibt es Ansätze, die Entwicklung epileptischer Anfälle schon im Vorfeld, über implantierte Elektroden und Auswertung der entsprechenden elektrographischen Aktivitäten zu erkennen und dann durch Mikroprozessor-gesteuerte Stimulation des affizierten Hirngewebes an ihrer Entwicklung und Ausbreitung zu hindern. Auch diese Verfahren befinden sich noch im experimentellen Stadium, sind aber vielversprechend in all den Fällen, in denen pharmakologische Interventionen versagen.

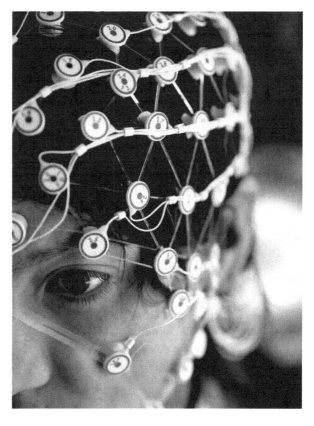

Mit diesem Hirnschrittmacher nahmen Jülicher Wissenschaftler 2006 am Wettbewerb um den Deutschen Zukunftspreis teil. Eingepflanzte Elektroden traktieren Nervenzellenverbände im unregelmäßigem Rhythmus an mehreren Punkten. Dadurch soll nicht nur das Zucken der Parkinson-Patienten wirksamer unterdrückt werden, langfristig erhoffen sich die Forscher auch, dass die Nervenzellen durch die neue Technik „lernen", wieder normal zu funktionieren.

6. Schließlich ist für die erfolgreiche Behandlung sehr vieler Erkrankungen des zentralen Nervensystems eine frühe Diagnose erforderlich, die oft schon möglich sein sollte, bevor die klinischen Symptome fassbar werden. Hier scheint es vielversprechend zu sein, elektrographische Signaturen von Hirnaktivität im Kontext sensorischer oder motorischer Leistungen zu erfassen und nach Kriterien auszuwerten, die der immer mehr in den Vordergrund tretenden Dynamik von Hirnfunktionen Rechnung tragen. Es wird darum gehen, Systemvariablen zu erfassen, die für die Entwicklungstrajektorien nichtlinearer Systeme charakteristisch sind. Auch wird es notwendig sein, eine enge Kooperation zwischen Klinikern, Systemphysiologen und Theoretikern zu ermöglichen.

7. Ein weiteres hoch attraktives, jedoch nicht medizinisches Translationspotenzial der systemischen Hirnforschung ist die Entwicklung informationsverarbeitender Systeme, die sich an den Verarbeitungsstrategien des Gehirns orientieren. Es ist inzwischen deutlich geworden, dass die bisherige Strategie, die Leistungsfähigkeit von Computersystemen dadurch zu steigern, dass man die Taktfrequenzen erhöht, die Bauelemente verkleinert und die Leitungswege verkürzt, nicht viel weiter vorangetrieben werden kann. Auch die Parallelisierung von Rechenoperationen stößt an natürliche Grenzen, da nur ein Teil der Rechenprobleme durch Parallelisierung beschleunigt werden kann und zudem eine hochgradige Parallelisierung Koordinationsprobleme aufwirft. Weltweit wird deshalb versucht, Informationsverarbeitungsstrategien, wie sie im Gehirn angewandt werden, in technische Systeme zu übersetzen. Damit dies erfolgreich geschehen kann, ist es jedoch notwendig, Grundprinzipien der Informationskodierung und Verarbeitung im Gehirn besser zu verstehen. Es muss also auch hier in den systemphysiologischen Ansatz investiert werden, da die grundlegenden Prinzipien noch nicht verstanden sind.

Wir begreifen immer mehr, dass wir es mit einem hochkomplexen, nichtlinearen, dynamischen System zu tun haben. Wir stehen jedoch erst am Anfang mit der Analyse der extrem komplexen raumzeitlichen Aktivierungsmuster, die diesen parallelen Verarbeitungsstrategien zugrunde liegen. Auf diesem Gebiet bedarf es einer engen Kooperation zwischen Systemphysiologen, Physikern, Mathematikern und Informatikern. Auch erfordert dieser Ansatz den Einsatz leistungsfähiger Rechenanlagen zur Analyse der hoch dimensionalen Messdaten. In den informationstheoretischen Teil dieses kombinierten Ansatzes hat das BMBF durch die Gründung der Bernstein-Zentren in den letzten Jahren erhebliche Mittel investiert. Vergleichbare Investitionen fehlen jedoch auf dem Sektor der systemphysiologischen Analysen. Hier wird es in Zukunft einer engeren Verschränkung dieser Teilbereiche bedürfen.

Es ist mit Sicherheit vorauszusagen, dass dieser kombinierte Forschungsansatz zur Entwicklung völlig neuartiger informationsverarbeitender Technologien führen wird, für die ein ungeheurer Markt zur Verfügung steht. Diese neue, von der Biologie inspirierte Generation von Computern wird sich wesentlich von den bisherigen Rechnern unterscheiden, die allesamt auf der Von-Neumann-Architektur beruhen. Sie werden wesentlich bedienungsfreundlicher sein und ein viel weiteres Leistungsspektrum aufweisen.

Auch auf methodischem Gebiet bestehen in den Neurowissenschaften Desiderata für Neuentwicklungen, die eine große technologische Herausforderung darstellen, aber Fortschritte in der Hirnforschung im hohen Maße beschleunigen können. Die derzeit verfügbaren nichtinvasiven Messverfahren, die beim Menschen angewandt werden können, leiden entweder unter schlechter räumlicher oder zeitlicher Auflösung. Wir haben keine Möglichkeit, die Aktivität einzelner Nervenzellen an vorbestimmten Orten zu messen, ohne chirurgisch vorzugehen. Es wäre deshalb ein sensationeller Durchbruch, wenn es gelänge, ein nichtinvasives Verfahren zu entwickeln, das es ermöglicht, die Aktivität von Einzelzellen oder kleinen Nervenzellverbänden in Echtzeit, ohne chirurgischen Eingriff, messbar zu machen. Es würde dies Tierversuche im systemphysiologischen Bereich in kurzer Zeit überflüssig machen. Ferner würde es die Option eröffnen, gestörte Funktionen bei Erkrankungen zu untersuchen, die sich im Tiermodell nur schwer oder nicht nachbilden lassen.

Derzeit gibt es nur tastende Versuche in diese Richtung, wobei die vielversprechendsten im Augenblick Fortentwicklungen von Kernspinresonanzverfahren darstellen. Denkbar ist jedoch, dass auch andere Signalträger genutzt werden können. Im Augenblick ist schwer festzulegen, in welche Richtung eine gezielte Suche gelenkt werden soll. Das Problem ist erkannt und sollte im Prinzip lösbar sein, bedarf jedoch vor seiner gezielten Bearbeitung vermutlich einer Bestandsaufnahme, an der Experten aus unterschiedlichen Disziplinen mitwirken müssen.

Das Gehirn, das Tor zur Welt

Wolf Singer

1943 geboren ▪ 1962 bis 1966 Studium der Medizin an der LMU München und der Universität Paris ▪ 1968 Staatsexamen und Promotion an der LMU München ▪ 1971 Ausbildungsaufenthalt an der University of Sussex ▪ 1975 Habilitation an der Medizinischen Fakultät der TU München für das Fach Physiologie ▪ 1981 Berufung zum wissenschaftlichen Mitglied der Max-Planck-Gesellschaft und zum Direktor an das Max-Planck-Institut für Hirnforschung, Frankfurt/M. ▪ 1991 Prize of the IPSEN Foundation ▪ 1994 Ernst-Jung-Preis für Wissenschaft und Forschung ▪ 1994 Zülch-Preis ▪ 1998 Hessischer Kulturpreis ▪  2000 Körber Prize for the European Sciences ▪ 2001 Max-Planck-Preis für Öffentlichkeitsarbeit ▪ 2002 La Medaille de la Ville de Paris; Chevalier de la Legion d'Honneur; Ernst-Hellmut-Vits-Preis ▪ 2003 Krieg Cortical Discoverer Award of the Cajal Club; Betty und David-Koetser-Preis; Communicator-Preis des Stifterverbandes für die Deutsche Wissenschaft und der Deutschen Forschungsgemeinschaft ▪ seit 2007 Mitglied der Russischen Akademie der Wissenschaften

Von guten Gutachtern und schlechten Zensoren

Hubert Wolf, Theologie

Juni 1853. An der Grenze des Kirchenstaates zur Toskana gehen den Häschern der Römischen Inquisition Schmuggler ins Netz. Ihre Hauptware: Bücher – vor allem die aktuellen Bestseller, die in den Salons der Welt verschlungen werden. Bücher indes, die im Staat des Papstes verboten sind und der strengen Zensur unterliegen. Unter ihnen eine in Florenz erschienene Übersetzung des amerikanischen Romans „Onkel Toms Hütte" von Harriet Beecher Stowe – ein Werk, das der Inquisitor von Perugia, Giacinto Novaro, für besonders gefährlich hält. Umgehend übersendet er deshalb das Buch an den Kardinalsekretär der Römischen Inquisition.

Der Fall „Onkel Toms Hütte"

In seinem Denunziationsschreiben, das mit einer besonderen Demutsbekundung endet – „tief hingestreckt vor dem Heiligen Purpur küsse ich in aller Ehrerbietung und Hochachtung seinen Saum und rühme mich Eurer Hochwürdigsten Eminenz niedrigster, ergebenster, verbundenster und ehrerbietigster Diener zu sein" –, plädiert Novaro für die schnellstmögliche Verdammung von „Onkel Toms Hütte". Insbesondere die Bewohner des Kirchenstaates seien vor diesem schlimmen Machwerk zu schützen. Zwar gebe es vor, ausschließlich von der Befreiung der amerikanischen Sklaven zu handeln. Das sei aber nur ein geschickter literarischer Kniff. Das Plädoyer für die Sklavenbefreiung sei nichts anderes als eine Chiffre für den Aufruf zur Revolution, zum gewaltsamen Umsturz in Europa.

Auf diesem Ohr hörte man in Rom und speziell am päpstlichen Hof in jenen Jahren besonders gut. Die Revolution von 1848, die Pius IX. ins Exil getrieben hatte, war noch in frischer Erinnerung. Nur mithilfe fremder Truppen hatte der Papst seinen Staat zurückerobern können. Diese Erfahrung scheint so prägend gewesen zu sein, dass man bei Pius IX. sogar von einem Revolutionstrauma sprechen kann: Alles, was auch nur entfernt nach Reform oder Freiheit aussah, roch für ihn nach Schwefel. Und Bücher galten nun einmal als Hauptübertragungsweg „gefährlicher Krankheiten" wie protestantischer Häresie oder Revolution.

Auch der Ankläger aus Perugia war in diesem angstvoll-engen Denken befangen, das in eifernde Aggressivität umschlagen konnte. Mit einer genauso simplen wie wirkmächtigen Kausalkette führte Novaro die entscheidenden Gründe für eine Indizierung von „Onkel Toms Hütte" an: „Die Stowe bekennt sich der methodistischen Religion für schuldig." Sie ist also eine protestantische Ketzerin. Was sie schreibt, kann daher nur falsch sein. Aus ihrer häretischen Glaubensüberzeugung resultieren für den Lokalinquisitor automatisch auch falsche soziale und politische Prinzipien. So wie Luther kirchlichen Umsturz predigte und Schuld an der Kirchenspaltung trägt, weil er ein falsches Rechtfertigungsverständnis (*sola gratia*) propagierte, so propagiert seine Jüngerin – „typisch protestantisches Gift verspritzend" – politische Revolution. Die eigentliche Absicht ihres Buches ist der Sturz der Monarchien in Europa und damit auch das Ende der weltlichen Herrschaft des Papstes im Kirchenstaat.

Dass der Roman eigentlich von der Befreiung der amerikanischen Sklaven aus wahrhaft unmenschlichen Verhältnissen handelt, nimmt Novaro nicht wahr. Dass die Autorin ihr Engagement für die unterdrückten Schwarzen ausdrücklich aus dem biblischen Schöpfungsglauben ableitet, nach dem alle Menschen unabhängig von ihrem Stand oder ihrer Hautfarbe geliebte Kinder Gottes sind, erfährt man aus dem Denunziationsschreiben ebenfalls nicht. Im Gegenteil: Für Novaro ist das alles nur ein fauler Trick der Autorin, um ihre eigentlichen revolutionären Intentionen zu verschleiern.

Die Römische Inquisition gab den Fall „Onkel Toms Hütte" nach kurzer Beratung an die zweite in Rom seit dem 16. Jahrhundert für Buchzensur zuständige Behörde weiter, die Indexkongregation, die umgehend einen Gutachter mit der Abfassung eines schriftlichen Votums beauftragte. Dieser, Angelo Demartis, machte sich freilich nicht viel Mühe: Er kann, wie sein Votum belegt, das Buch nicht wirklich gelesen haben. Vielmehr ließ er sich ganz von den Vorgaben der Anklageschrift aus Perugia leiten. Er blätterte ein wenig in dem Werk herum, riss einzelne Aussagen aus ihrem Zusammenhang und fand genau in diesen Sätzen dann all die theologischen und politischen Häresien wieder, die er und Novaro vorher in das Werk hineinprojiziert hatten: vom falschen evangelischen Rechtfertigungsverständnis allein aus Glauben über die für Laien verbotene Lektüre der Heiligen Schrift in der Muttersprache bis hin zu einem „wirren Pantheismus",

Vom Zensor nicht gelesen: „Onkel Toms Hütte" sollte trotzdem auf den Index.

der Gott und Welt vermischt und deshalb Christus vom Erlöser zu einem innerweltlichen Befreier macht und ihn als Kronzeugen von Revolution und klassenloser Gesellschaft proklamiert. Nach diesem klaren Votum schien die Verurteilung von „Onkel Toms Hütte" in der Indexkongregation sicher zu sein. Die Konsultorenversammlung vom 27. August 1853 schloss sich dann auch ohne Diskussion dem Gutachten Demartis' an: Damnetur! Unbedingt verbieten! – so lautete der Beschlussvorschlag des Beratungsgremiums.

Nur: Wer einen „Index der verbotenen Bücher" aufschlägt, auf dem die Werke stehen, deren Lektüre Katholiken bei Strafe der Exkommunikation untersagt war, sucht „Onkel Toms Hütte" dort vergeblich. Das kann zwei Ursachen haben: Entweder es wurde überhaupt nicht verboten. Dann müsste jedoch in der Indexkongregation nach dem 27. August Entscheidendes passiert sein. Oder aber das Werk stand zwar als verboten auf einem der großen Urteilsplakate, den sogenannten Bandi, mit denen Inquisition und Indexkongregation ihre Urteile an den Türen der römischen Hauptkirchen und dem Campo de' Fiori anzuschlagen pflegten. Dann wäre es beim Übertragen der Einzeltitel, die alle 20 bis 30 Jahre von den Bandi in alphabetischer Reihenfolge in den eigentlichen Index übernommen wurden, aus Versehen vergessen worden.

Im Geheimsten aller Kirchenarchive

An diesem Beispiel lassen sich die Möglichkeiten der Grundlagenforschung, die im Rahmen des DFG-Langzeitprojekts „Römische Inquisition und Indexkongregation" zur römischen Buchzensur von 1542 bis 1966 erarbeitet wird, exemplarisch erläutern. Dieses Forschungsvorhaben, das seit 2001 in Münster angesiedelt ist und aus meiner Mitarbeit im Frankfurter Forschungskolleg beziehungsweise Sonderforschungsbereich „Wissenskultur und gesellschaftlicher Wandel" hervorging, beruht im Wesentlichen auf einer systematischen Auswertung des geheimsten aller Kirchenarchive, dem Archiv der Kongregation für die Glaubenslehre, das der Forschung erst seit 1998 teilweise zugänglich ist.

War selbst streng religiös: Harriet Beecher-Stowe, Autorin von „Onkel Toms Hütte".

Die Grundlagenforschung besteht in der Hauptsache aus drei mehrfach miteinander vernetzten Säulen: Zunächst werden alle Verbotsplakate von Index und Inquisition erfasst und damit der primäre „Output" beider römischer Zensurbehörden der wissenschaftlichen Öffentlichkeit vorgelegt. Die alphabetisch sortierten Indices bilden nämlich lediglich eine sekundäre Quelle, da sie nur auf der mehr oder weniger korrekten Übernahme der auf den Bandi verbotenen Bücher in die „schwarze Liste" beruhen.

Zum zweiten wird durch ein Systematisches Repertorium die konkrete Arbeit von Indexkongregation und Heiligem Offizium im Bereich der Buchzensur vollständig dokumentiert. Dadurch kommen neben den Verfahren zu tatsächlich verbotenen Werken auch all die Bücher in den Blick, die zwar angezeigt und verhandelt, aber nicht verboten wurden. Ferner werden die Sitzungspräsenzen, Verbotskontexte sowie die konkrete gutachtliche Tätigkeit der einzelnen Konsultoren, Relatoren und Qualifikatoren zur Buchzensur präzise verzeichnet. Durch dieses Hilfsmittel wird das

Bis vor Kurzem für die Wissenschaft gesperrt: das Archiv der vatikanischen Glaubenskongregation in Rom.

einmalige Archiv neuzeitlicher Wissenskultur, das das historische Zensurmaterial der Kongregation für die Glaubenslehre darstellt, für alle Wissenschafts- und Wissenssparten systematisch erschlossen. In Kombination mit einer mehrsprachigen Einleitung des Gesamtvorhabens ermöglicht es Wissenschaftlern aus allen Ländern und allen Disziplinen, gezielt und schnell auf die umfangreichen Bestände zuzugreifen: interdisziplinär und international im besten Sinn des Wortes.

Zum dritten erhalten die anonymen römischen Zensurbehörden ein Gesicht beziehungsweise Gesichter, denn alle Mitarbeiter von Römischer Inquisition und Indexkongregation werden ermittelt. Diese Prosopographie dokumentiert neben den bio-bibliographischen Grunddaten auch die konkreten gutachtlichen Tätigkeiten jedes Einzelnen. Dadurch werden zugleich theologische und kirchenpolitische Seilschaften sowie Parteiungen in der Römischen Kurie sichtbar. Ferner können erste Antworten auf die sozialgeschichtlich äußerst spannende Frage nach der kirchlichen Elitenrekrutierung gegeben werden. Für alle drei Säulen erwies sich die präzise bibliographische Identifikation der inkriminierten Werke als grundlegend, wenn auch nicht selten als außerordentlich schwierig.

Ein einziger Blick in die jetzt im Rahmen der Grundlagenforschung edierten Urteile zur römischen Buchzensur zeigt: „Onkel Toms Hütte" wurde nie verboten. Inquisition und Indexkongregation publizierten allerdings nur Buchverbote. Andere Urteile wie Freisprüche oder die Aufforderung an den Autor, sein Werk zu überarbeiten, tauchen auf den Bandi nicht auf. Da aber für die Indizierungsverfahren das „Secretum Sancti Officii", das Geheimnis der Römischen Inquisition, galt, auf dessen Bruch schwerste kirchliche Strafen standen, drang von in Rom zwar untersuchten, aber nicht verbotenen Büchern kaum einmal etwas an die Öffentlichkeit. Deshalb wusste bislang auch niemand etwas von einem Fall „Onkel Toms Hütte". Erst das Systematische Repertorium, in dem alle Zensurfälle unabhängig von ihrem Ausgang aufbereitet sind, macht es möglich, von diesem Verfahren überhaupt Kenntnis zu erlangen und so der Indexkongregation eines ihrer Geheimnisse zu entreißen. Dort ist unter anderem zu sehen, wann die Indexkongregation das Buch der Amerikanerin verhandelte, wer die Gutachten schrieb und welche Konsultoren und Kardinäle bei den entscheidenden Sitzungen mitwirkten. Mit diesen Informationen ist es ein Leichtes, die relevanten Dokumente in den römischen Archiven aufzustöbern und mit ihrer Hilfe das Geschehen hinter den vatikanischen Mauern zu rekonstruieren.

Was war im Fall „Onkel Toms Hütte" passiert? Die Kardinäle hatten sich in ihrer Sitzung am 5. September 1853 überraschend dem Votum ihrer Berater, der Konsultoren, nicht angeschlossen. Der neue Kardinalpräfekt der Indexkongregation, Girolamo D'Andrea, setzte nach heftigen Diskussionen die Beauftragung eines Zweitgutachters durch. Bestellt wurde mit Antonio Fania da Rignano ein Konsultor, der zur „liberalen Seilschaft" des Kardinals D'Andrea gehörte – wie wir aus der Prosopographie unserer Grundlagenforschung wissen. Schon mehrfach hatte D'Andrea in Rom angeschwärzte Werke erfolgreich vor einer Indizierung bewahrt.

Mit der Identifikation des Zweitgutachters wird klar, welche Intention der Indexpräfekt mit seiner Bestellung verband – einen Freispruch. Die Frage war nur: Würde Da Rignano das klare Votum Demartis' mit überzeugenden Argumenten entkräften und die Konsultoren zu einer Revision ihrer Entscheidung bewegen können? Jetzt zählten harte Fakten, basierend auf einer gründlichen Lektüre des Buches und einer präzisen Textanalyse, die von der Verfahrensordnung der Indexkongregation „Sollicita ac provida" von 1752, auf die sich Da Rignano wiederholt bezog, eigentlich auch vorgeschrieben waren.

Gottesurteil mittels Feuerprobe: Das ketzerische Buch verbrennt, das rechtgläubige schwebt über den Flammen.

Da Rignano las das Werk mit, wie er selbst schreibt, „sokratischer Kälte des Geistes". Wenn in dem Buch von Freiheit die Rede sei, dann gehe es ausdrücklich nicht um revolutionäre Parolen, sondern einzig und allein um die gerechte Sache der Sklavenbefreiung. Der Gutachter teilt Beecher-Stowes Ziele ohne Wenn und Aber: „Die Sklaverei der Schwarzen in Amerika ist derart, dass sie keinerlei bürgerlichen Rechte besitzen. Sie stehen gleichsam außerhalb der menschlichen Gemeinschaft und der Zivilgesellschaft. Sie sind wie Nicht-Menschen … Die Schwarzen werden als Sache des Eigentums und Handelsware betrachtet und wie Tiere gehalten, … sie werden geschlagen, erhalten wenig und ungesundes Essen, sind wie Weidevieh untergebracht. Das Elend der Sklavinnen, vor allem wenn sie jung und hübsch sind, ausführlicher zu beschreiben, verbietet die Scham."

Dann folgt eine grundsätzliche Abrechnung mit dem amerikanischen Sklavenhaltersystem. In jeder Zeile des Gutachtens spürt man die Sympathie Da Rignanos für das Anliegen der Autorin. Er schreibt mit Herzblut: „Es scheint unmöglich, aber es ist wahr, dass in zivilisierten Ländern und Gesellschaften – und man wird doch annehmen dürfen, die Vereinigten Staaten von Amerika seien eine solche – das System der Sklaverei Platz hat, was nichts anderes bedeutet als: Eine Klasse oder Rasse von Menschen sind Sachen und Eigentum einer anderen Klasse oder Rasse! In einem freien Land eine derartige Zähigkeit, Sklaven zu halten und zu tyrannisieren! Menschen, die großes Aufheben um ihre Humanität machen, sind inhuman!" Am meisten auf die Palme bringt Da Rignano die Argumentation der Sklavenhalter, die Sklaven seien eben keine vollwertigen Menschen und stünden außerhalb des Rechts, weswegen man mit ihnen tun könne, was man wolle. Voller Abscheu fragt der Zweitgutachter nach den Gründen für dieses ganze „iniquo diritto" (ungleiche Recht). Die Antwort liefert er selbst: „Die unterschiedliche Hautfarbe!" Sonst nichts!

Vor Gott sind alle gleich

Eine solche Haltung ist aber der katholischen Lehre von der Einheit des Menschengeschlechts fundamental entgegengesetzt. Vor Gott gibt es keine Rassen. Und für Da Rignano ist der katholische Glaube kein Opium des Volkes und kein Vertröstungsgeschwätz. Im Gegenteil: Sobald das Kreuz Christi in einer Region aufgerichtet sei, „erklärt das Kreuz, falls dort Sklaverei herrscht, dieser umgehend den Krieg; alle, Weiße und Schwarze, alle sind geliebte Söhne Gottes und der Kirche, alle sind wahrhaftige Menschen". Und nach und nach setze sich in allen Bereichen der Gesellschaft das „neue Gesetz der Liebe" durch, vor dem alle Menschen gleich seien. Dann werde „nicht nur die Sklaverei, sondern jede Art von Ungerechtigkeit und Unterdrückung beseitigt".

Geschickt räumt der Gutachter ein, für die Eminenzen, die sonst täglich die heiligen Texte der Kirchenväter meditierten, sei der Stil eines Romans, noch dazu von einer Frau und Protestantin verfasst, äußerst gewöhnungsbedürftig. „Onkel Toms Hütte" sei halt „nach Laienart" geschrieben und seine Sprache sei meilenweit von der kirchlicher Autoren entfernt. Aber in der Sache argumentiere diese protestantische Amerikanerin keinen Deut anders als der Heilige Vater Gregor XVI. seligen Angedenkens, der den Sklavenhandel bereits 1839 in seiner Bulle „In supremo" mit Nachdruck verworfen habe. „Das ist der Geist des Gesetzes Christi, und wenn ich nicht irre, sind das auch die Ansichten – nicht mehr und nicht weniger –, die in dem von mir zu prüfenden Buch vertreten werden." Scharf geht Da Rignano mit seinem Kollegen Demartis, dem Erstgutachter, ins Gericht, dessen ängstliche Sichtweise er mehrfach lächerlich macht. Die Häresien, die Demartis in das Buch hineinprojiziert, sind dort schlicht und ergreifend nicht vorhanden. Aber „einfache Gemüter" – wie Da Rignano mit Blick auf Demartis spottet – „fürchten halt die Schlange im Gras, wo gar keine ist".

Von Revolution und Umsturz könne in „Onkel Toms Hütte" also überhaupt keine Rede sein. Es handle sich auch nicht um ein theologisches Werk, in dem dogmatische Spitzfindigkeiten abgehandelt und eine prozentual exakte Verhältnisbestimmung des Anteils der göttlichen Gnade und der menschlichen Freiheit bei der Erlösung dargestellt würden. Vielmehr kommen in dem ganzen Buch ein tiefer Gottesglaube und eine unerschütterliche Seelenstärke zum Ausdruck. So wie sich Onkel Tom und seine Frau Cloe von der christlichen Botschaft anrühren lassen und trotz ihres unmenschlichen Schicksals

Glaubensstärke beweisen, so sollte es auch bei allen Katholiken sein: Ihre Worte „ergreifen die Seele in ihren tiefsten Tiefen und wecken wie Trommeln Mut, Kraft und Begeisterung, wo vorher nur schwarze Verzweiflung war". Das Votum Da Rignanos ist daher eindeutig. Das Buch enthält keine Häresie, es darf auf gar keinen Fall verboten werden. Nein, es ist im Gegenteil auch für Katholiken eine durchaus empfehlenswerte Lektüre.

Der Fall „Onkel Toms Hütte" zeigt, wie kontrovers in der römischen Indexkongregation über ein Buch diskutiert werden konnte. Die Gutachter Demartis und Da Rignano repräsentieren zwei ganz unterschiedliche Typen von Zensoren. Demartis' Gutachten ist vom Übereifer eines Newcomers und theologischen Hardliners gekennzeichnet. Gerade erst zum Konsultor befördert, will er alles vermeiden, was ihm als Fehler angekreidet werden könnte. Geradezu ängstlich sieht er, angesteckt von dem römischen Thema jener aufgeregten Tage, die Revolution hinter allem und jedem am Werk. Dabei übersieht er, dass die Befreiung der Sklaven, die Achtung ihrer Würde als Menschen, der Kirche ein schon naturrechtlich gebotenes Anliegen sein sollte, das dem katholischen Menschenbild voll und ganz entspricht und alle Unterstützung verdient.

Der Ton in Da Rignanos Votum ist ein ganz anderer. Er geht mit einer offenen Einstellung an den Roman heran und argumentiert selbstbewusst und glänzend. Hier schreibt ein gemäßigter Mann mit Erfahrung, der das Buch wirklich gelesen hat. Die Vorwürfe des Erstgutachters lässt er geschickt ins Leere laufen. Er sympathisiert nicht nur mit dem Anliegen des Buches, sondern nimmt sogar wiederholt die protestantische Autorin – eine Ketzerin wohlgemerkt – in Schutz. Sie will, wenn auch in der unstrukturierten Sprache der Laien und speziell in der Sprache der Frauen, dasselbe wie der Heilige Vater. Sklavenbefreiung, das ist ein katholisches Anliegen, auch wenn es von einer Protestantin vertreten wird. Nur darum geht es, und nicht um Revolution und Ketzerei. Deshalb kommt nur ein Freispruch in Frage.

Die Indexkongregation unter D'Andrea war keine gleichgeschaltete Zensurmaschinerie. Die beiden einander widersprechenden Gutachten zu „Onkel Toms Hütte" zeigen exemplarisch den Pluralismus in Katholizismus und Kurie auch im Pontifikat Pius' IX. Die kontroverse Diskussion dieses Werkes in der Indexkongregation lässt das oft kolportierte Diktum, „Wer in Rom angezeigt wird, ist schon so gut wie verurteilt", zumindest fragwürdig erscheinen. Die Konsultorenversammlung vom 2. Dezember 1853 revidierte jedenfalls ihre Entscheidung vom 27. August. Sie schloss sich nun der Meinung Da Rignanos an und plädierte auf Freispruch, nachdem man drei Monate zuvor noch auf Zensurierung erkannt hatte. In ihrer Sitzung vom 10. Dezember folgten die Kardinäle diesem Beschlussvorschlag, und am 14. Dezember bestätigte der Papst die Entscheidung der Kardinäle: „Onkel Toms Hütte" wurde nicht verboten.

Wenn wir uns bei der Arbeit im Archiv der römischen Glaubenskongregation strikt an Arbeitsprogramm und Bewilligungsbescheid des Langzeitprojekts gehalten hätten, dann hätten wir zwar den Fall „Onkel Toms Hütte" entdeckt und durch die drei Säulen der Grundlagenforschung die unverzichtbaren Voraussetzungen für seine Bearbeitung geliefert, wir hätten die Story aber selbst nicht rekonstruieren dürfen – eine Story, die beispielhaft die Verwerfungen innerhalb der Kurie aufzeigt und überdies ein Schlaglicht auf das bisher vernachlässigte Thema Kirche und Sklaverei wirft, das wiederum unverzichtbar ist, um die kirchlichen Stellungnahmen zum Rassismus in ihrem historischen Kontext zu sehen. Erst der Leibniz-Preis setzte uns in den Stand, im Projekt zusätzliche Stellen einzurichten, um auch derart spannende und aufschlussreiche Fälle recherchieren zu können.

Sonderforschungsbereiche, Langzeitprojekte und der Leibniz-Preis

Mit der kurzen Darstellung des Indexfalles „Onkel Toms Hütte" sind bereits drei für meine Arbeit wesentliche Förderinstrumente der Deutschen Forschungsgemeinschaft genannt: Sonderforschungsbereiche beziehungsweise Forschungskollegs, Langzeitprojekte und der Leibniz-Preis. Durch meine Zweitmitgliedschaft als katholischer Theologe im Fachbereich Geschichte und Philosophie an der Universität Frankfurt (1992 bis 1999) erhielt ich früh die Möglichkeit zu interdisziplinärer und internationaler Vernetzung, die schließlich in eine Mitgliedschaft im Frankfurter Sonderforschungsbereich beziehungsweise Forschungskolleg „Wissenskultur und gesellschaftlicher Wandel" einmündete. Dieses Instrument der Forschungsförderung der DFG hat sich für mich als besonders wertvoll erwiesen. Ich habe deshalb gerne die Möglichkeit genutzt, mich nach meinem Wechsel nach Münster im Jahr 2000 in den dortigen Sonderforschungsbereich „Symbolische Kommunikation und Wertesysteme" einzuklinken. Obwohl das neue Instrumentarium der Forschergruppen für Geisteswissenschaftler – auch und gerade aus den „kleinen Fächern" – ebenfalls sehr hilfreich ist, halte ich wenig von der weitverbreiteten Meinung, Sonderforschungsbereiche seien nur etwas für naturwissenschaftliche Forschungskontexte. Der Frankfurter und der Münsteraner Sonderforschungsbereich haben durch die Vielzahl der beteiligten Fächer und Fragestellungen den methodischen Blick für die eigenen Themen ungeheuer geschärft und so zu einem neuen Verständnis beigetragen.

Insbesondere für das „Flaggschiff" meiner Projekte, die Erforschung der römischen Buchzensur, zeigten sich die Frankfurter Diskussionen um Wissenskulturen, Wissenskontrolle sowie Konflikte zwischen religiösem und wissenschaftlichem Wissen als besonders bereichernd. Aber auch die Erkenntnisse im Rahmen des Münsteraner Sonderforschungsbereichs, an dem wir mit einem Teilprojekt zum „Papstzeremoniell in der Frühen Neuzeit" beteiligt sind, erwiesen sich als großer Gewinn für das Index- und Inquisitions-Forschungsvorhaben. Denn die Bildsprache der Bandi und Indextitel und vor allem die symbolische Seite des Annagelns von großformatigen Verbotsplakaten an den Haupttüren der römischen Kirchen haben sich vor diesem Hintergrund erst richtig erschließen lassen: Vielleicht war es für manchen Zensor wichtiger, den Namen eines Autors unter der Überschrift „Damnatum" auf einem Plakat angeschlagen zu sehen, als von der unmittelbaren Wirkung des Buchverbots überzeugt zu sein. Hier kann im besten Sinn des Wortes von einem Synergieeffekt verschiedener Forschungsvorhaben gesprochen werden.

Als sich bei meinem Wechsel nach Münster eine vollständige Integration meiner Indexforschungen in den Sonderforschungsbereich „Symbolische Kommunikation" als weniger sinnvoll erwies, machten mich die zuständigen

Programmdirektoren der DFG für Geschichte und Theologie auf die Möglichkeit eines eigenständigen Langzeitprojekts aufmerksam. Sie wiesen darauf hin, dass die Erschließung der immensen Aktenmassen in den seit 1998 erstmals der Forschung zugänglichen Archiven der Kongregation für die Glaubenslehre die klassischen Kriterien eines Langzeitprojekts erfüllten. Dieses Instrumentarium ist für geisteswissenschaftliche Grundlagenforschung bestens geeignet und ergibt für das Projekt und seine Mitarbeiterinnen und Mitarbeiter – jedenfalls für zwölf Jahre – ein hohes Maß an Planungssicherheit. Diese Kontinuität, die alle drei Jahre einen Zwischenbericht und eine Fortschreibung des Projekts erfordert, ohne es jeweils grundsätzlich zur Disposition zu stellen, war eine entscheidende Voraussetzung für meine wissenschaftlichen Erfolge. Nicht nur die hohe internationale Sichtbarkeit des Projekts, sondern auch die Auszeichnung mit dem Leibniz-Preis 2003, dem Communicator-Preis 2004 und dem Gutenberg-Preis der Stadt Mainz 2006 gehen maßgeblich auf die Ergebnisse dieses Langzeitprojekts zurück.

Die Stückelung des Bewilligungszeitraums auf jeweils drei Jahre erfordert zwar den Aufwand von Zwischenberichten, ist aber zugleich ein hervorragendes Instrument der Selbstkontrolle und -disziplinierung des Projektleiters und seiner Mitarbeiterinnen und Mitarbeiter. Sie zwingt dazu, regelmäßig Rechenschaft abzulegen über den Fortgang des Projekts. Vor allem aber ermöglichen diese Zwischenreflexionen, die Gründe für eventuelle Verzögerungen zu analysieren. Lag es an Fehlern in der Planung, oder waren eher praktische Schwierigkeiten bei der Arbeit an den Quellen verantwortlich? In unserem Fall erlebt man nämlich bei der konkreten Archivarbeit vor Ort in Italien Tag für Tag neue Überraschungen. So fanden wir Aktenserien, von deren Existenz wir bei der Antragstellung oder beim ersten Zwischenbericht keine Ahnung hatten, die wir aber – um das ehrgeizige Ziel einer vollständigen Dokumentation aller Buchzensurfälle zwischen 1542 und 1966 zu erreichen – auf jeden Fall mit einbeziehen müssen.

Es ist jedoch zu überlegen, ob die grundsätzliche Befristung eines solchen Vorhabens auf zwölf Jahre sich nicht als zu starr erweist. Man sollte meines Erachtens über die Länge der Förderungshöchstdauer von Projekt zu Projekt flexibel entscheiden und die Laufzeit auch während der Arbeit den veränderten neuen Bedürfnissen anpassen – was sowohl eine Verlängerung als auch eine Verkürzung der Projektdauer ermöglichen müsste. Geisteswissenschaftler sind vielleicht noch mehr als Naturwissenschaftler auf ein gut eingearbeitetes, hoch qualifiziertes Team angewiesen. Dieses muss nicht unbedingt „Kohortenstärke" haben. Vielmehr ist oft die Möglichkeit entscheidend, auch mittel- bis langfristige Projekte mit einem festen Personalstamm bearbeiten zu können.

Das ausgezeichnetste und hervorragendste Fördermittel ist auch für Geisteswissenschaftler der Gottfried Wilhelm Leibniz-Preis. Er eröffnet ungeahnte Möglichkeiten. Musste man sich bisher für jede Kleinigkeit einer manchmal umständlichen Antragsprozedur unterziehen, so hat man jetzt die Chance, jedes Thema, das interessiert und das man für erfolgversprechend hält, in „Probebohrungen" anzugehen, ohne dafür umständliche und unwägbare Antragsverfahren durchlaufen zu müssen. So kann man äußerst flexibel auf Veränderungen und Entwicklungen in der Forschungslandschaft reagieren.

Dies lässt sich in meinem Fall an einem besonders prominenten Beispiel trefflich illustrieren: Als ich im Januar 2003 mit dem Leibniz-Preis ausgezeichnet wurde, begann 15 Tage später die überraschende Öffnung von vier Serien des Vatikanischen Geheimarchivs aus dem Pontifikat Pius' XI. (1922 bis 1939). Es handelt sich dabei um die kompletten Archive der Münchner und Berliner Nuntiatur und die entsprechende Gegenüberlieferung der römischen Zentrale im Päpstlichen Staatssekretariat beziehungsweise in der Kongregation für die Außerordentlichen Kirchlichen Angelegenheiten sowie um einzelne Faszikel aus dem Archiv der Römischen Glaubenskongregation. Nun war aber kein geringerer als Eugenio Pacelli von 1917 bis 1929 Nuntius in Deutschland und von 1930 bis 1939 Kardinalstaatssekretär. Dieser sah sich als Papst Pius XII. dem nicht enden wollenden Vorwurf ausgesetzt, er habe zum Holocaust geschwiegen, ja, er sei sogar Antisemit gewesen – wie nicht nur Rolf Hochhuths Drama „Der Stellvertreter" insinuiert.

Angesichts des anfangs fast völligen Fehlens von Inventaren konnte niemand abschätzen, welche Forschungsmöglichkeiten die Archivöffnung mit sich brachte. Hätte man sich jetzt erst einem üblichen Drittmittelverfahren stellen müssen, das möglicherweise länger als ein halbes Jahr gedauert hätte, wäre die deutsche Forschung in der Auseinandersetzung mit der internationalen Konkurrenz wohl ins Hintertreffen geraten. Zudem hätte man bei der Antragstellung nur Vermutungen über den Inhalt der neuen Quellen anstellen können. Durch die Möglichkeiten des Leibniz-Preises konnte ich dagegen seit dem Tag der Öffnung am 15. Februar 2003 mit mehreren Mitarbeitern eine systematische Sichtung der Bestände vornehmen und nicht nur wiederholt in den Medien darüber berichten, sondern auch verschiedene wissenschaftliche Publikationen vorlegen, die zeigen, um welche Goldgrube es sich hier tatsächlich handelt.

Als besonders interessant haben sich die Tausende von Nuntiaturberichten Pacellis erwiesen, in denen sich nicht nur die deutschen Prägungen des späteren Papstes erkennen lassen. Zugleich stellen sie eine erstrangige neue Quelle für die deutsche Geschichte des untergehenden Kaiserreichs und der Weimarer Republik dar. Durch den effektiven Einsatz des Leibniz-Preises konnte so die Grundlage für die Beantragung eines neuen Langzeitprojekts geschaffen werden, das demnächst in die Antragsphase gehen kann.

Die vom DFG-Hauptausschuss beschlossenen Modifikationen halte ich für gut, denn eine generelle Befristung des Leibniz-Preises auf fünf Jahre hat sich als wenig hilfreich erwiesen. Ge-

Vielleicht gibt es doch noch unbekannte Dokumente im Vatikanischen Geheimarchiv, um die Haltung des späteren Papstes Pius XII. zum Holocaust zu erklären.

rade für Geisteswissenschaftler, die eben keine Großgeräte brauchen, die die Preissumme möglicherweise schon allein „auffressen", ist die Verlängerung der Laufzeit des Preisgeldes von großem Vorteil. Es sollte aber durchaus weiterhin die Möglichkeit bestehen, die gesamte Preissumme innerhalb von fünf Jahren in ein Großprojekt zu investieren. Im Sinne einer weiteren Flexibilisierung wäre zu überlegen, den Leibniz-Preis etwa auch als dauerhafte Anschubfinanzierung zu benutzen, möglicherweise gestreckt über zehn bis 20 Jahre, zur Sondierung neuer Forschungsfelder und zur Vorbereitung von Langzeitvorhaben, Sonderforschungsbereichen, Forschergruppen und ähnlichem. Je nach Fach und Forschungsgebiet sind nämlich ganz unterschiedliche Voraussetzungen und Bedürfnisse gegeben. Wenn der Preis sein Hauptziel erreichen will, nämlich Spitzenforscher in die Lage zu versetzen, ihre Forschungen in optimaler Form zu betreiben und sie dafür „freizusetzen", dann muss jeder die Preissumme wirklich nach eigenem Ermessen und zu jedem Zeitpunkt einsetzen dürfen. Oft ist überhaupt nur auf diese Weise der effiziente Einsatz der Mittel zu sichern: In mehreren Gesprächen mit anderen Leibniz-Preisträgern wurde deutlich, dass einerseits das Geld oft im letzten Jahr auf „Teufel komm raus" ausgegeben werden muss und dass andererseits viele Forscher nach Ablauf des Preises in ein „Loch" fallen.

Titelkupfer aus einem frühen „Index": Die Weisheit des Heiligen Geistes lässt ketzerische Schriften indirekt verbrennen.

Selbstverständlich hat niemand Anspruch auf einen Stammplatz in der „wissenschaftlichen Champions-League" (Friedrich Wilhelm Graf). Dennoch stellt sich die Frage nach dem grundsätzlichen und langfristigen Umgang der Forschungsförderung der Bundesrepublik Deutschland mit ihren Spitzenforschern. Die Antragsverfahren sind, auch im Vergleich mit dem Ausland, in Deutschland grundsätzlich mit vielen Umständen und teilweise unnötigem Aufwand verbunden. Doch gerade für jemanden, der mehrfach über einen längeren Zeitraum hinweg exzellent evaluiert wurde – und das ist ja eine der entscheidenden Voraussetzungen für die Verleihung des Leibniz-Preises –, für den können nicht mehr die Bedingungen der „A-Jugend oder der Kreisliga" gelten. Wenn er oder sie einen neuen Antrag stellt, könnte das Verfahren deutlich gestrafft werden und trotzdem ergebnisoffen bleiben. Zurzeit gelten für den bewährten Wissenschaftler dagegen eher verschärfte Bedingungen, wächst doch mit dem

Erfolg manchmal auch die Missgunst der Kollegen, von deren Urteil er nicht selten auch in unwesentlichen Dingen abhängt.

„Einstiegsmodell" für Nachwuchswissenschaftler

Keinesfalls dürfen im Wettstreit um die knappen Mittel jedoch die Chancen junger, aufstrebender Kollegen gemindert werden. Im Gegenteil: Die Hemmschwelle, sich um ein Projekt zu bewerben, liegt immer noch viel zu hoch. Neben speziellen Post-doc-Programmen und Workshops könnte hier vielleicht ein neues Fördermittel Abhilfe schaffen, ein „Einstiegsmodell", das ein überschaubares Volumen hat – und vor allem schnell bewilligt wird. Im Grunde müssten junge Wissenschaftler schon in der Ausbildung lernen, was – formell wie inhaltlich – ein gutes Vorhaben und einen guten Antrag ausmacht. Dass die DFG Beratungsgespräche anbietet, ist ein wichtiger Schritt in diese Richtung – vielleicht auch, weil Bewerbern mit aussichtslosen Ideen in diesem Rahmen schon vorsichtig signalisiert werden kann, dass sie ihre Energien sinnvoller in andere Vorhaben investieren könnten. Vor allem bietet die persönliche Begegnung aber die Chance, den wissenschaftlichen Nachwuchs anzuregen, zu ermutigen und von Anfang an in seinem Vorhaben zu begleiten.

Von guten Gutachtern und schlechten Zensoren

In meiner eigenen akademischen Ausbildung in Tübingen spielten Drittmitteleinwerbungen keine Rolle. Sie galten sogar fast als verpönt. Und wissenschaftliche Ergebnisse in verständlicher Weise für die Öffentlichkeit aufzuarbeiten beziehungsweise aus der Öffentlichkeit kommende Fragen zum Gegenstand der Forschung zu machen, wurde nicht selten als unwissenschaftlich angesehen. Allerdings wäre meine eigene wissenschaftliche Laufbahn ohne die „schlimmen" Drittmittel, die Förderinstrumentarien der DFG und entsprechender Stiftungen, nicht möglich gewesen. Nur aufgrund eines Habilitationsstipendiums der Fritz-Thyssen-Stiftung konnte ich die Grundlage für eine akademische Karriere legen. Dieses ermöglichte mir, dass ich bereits ein Jahr nach der Promotion (1990) meine Habilitationsschrift (1991) einreichen konnte, weil ich erstmals in meinem Leben ganz für die Forschung freigestellt war (meine Doktorarbeit musste ich parallel zu meiner Aufgabe als Pfarrer von vier kleineren schwäbischen Gemeinden verfassen).

Deshalb plädiere ich mit Nachdruck dafür, das Instrument der Eigenen Stelle (früher: Habilitationsstipendium) wieder verstärkt einzusetzen, weil sich zeigt, dass in den Geisteswissenschaften die Habilitation faktisch der Königsweg für eine Professur geblieben ist und die Juniorprofessur nicht zur „Befreiung" der Nachwuchswissenschaftlerinnen und -wissenschaftler von der angeblichen Tyrannei der Großordinarien, sondern aufgrund der hohen Lehrverpflichtungen sogar zu einer viel schlimmeren Knechtschaft geführt hat: Dass die Politik sich über bewährte Fachkulturen hinwegsetzt, halte ich für einen unerträglichen Eingriff in die Freiheit der Wissenschaft. Wie soll jemand, der neun Stunden gute Lehre aus dem Stand bieten muss, innerhalb von drei beziehungsweise bestenfalls sechs Jahren gleichzeitig ein zweites großes Buch schreiben und qualitätsvolle Forschungsprojekte entwickeln sowie Nachwuchswissenschaftler anleiten? Mehr Freiheit für die Forschung als während der Zeit meines Habilitationsstipendiums war nie, und von Sklavenfron konnte wirklich keine Rede sein.

Meine erfolgreiche Bewerbung um ein Habilitationsstipendium ermutigte mich bereits in meinem ersten Semester als Professor in Frankfurt (1992), ein Einzelprojekt zu beantragen. Später folgten erste Forschungsverbünde. In den vergangenen 15 Jahren bin ich kein Semester ohne ein entsprechendes Drittmittelprojekt geblieben. Generell plädiere ich dafür, dass nicht bestimmte vorgegebene Förderinstrumente im Vordergrund stehen, sondern die Forschungsidee des Wissenschaftlers. Idealtypisch sollte dann in einem Beratungsprozess mit der DFG jeweils für die Forschungsidee – jenseits allen Kästchendenkens – das maßgeschneiderte Förderinstrument gefunden werden.

Für einen Geisteswissenschaftler, einen Historiker und katholischen Theologen zumal, ist es sicher ungewöhnlich, wenn er inklusive Hilfskräfte über mehr als 50 Mitarbeiterinnen und Mitarbeiter in ganz unterschiedlichen Forschungsprojekten verfügt, die überdies zumeist drittmittelfinanziert sind. Vielleicht ist deshalb das, was ich zu den Entwicklungsperspektiven meiner Forschungsprojekte gesagt habe, nicht gerade typisch für die Geisteswissenschaften. Es könnte aber durchaus typisch werden, denn angesichts der gewaltigen Umstrukturierungen in den deutschen Universitäten und der immensen Lehrbelastung, die aus der Einführung der konsekutiven Studiengänge resultiert, ist jede Kreativität und jeder Idealismus im Forschungsbereich notwendig und unbedingt unterstützungswürdig. Nur so kann verhindert werden, dass die Einheit von Forschung und Lehre zerstört wird und aus unseren bislang weltweit geschätzten Hochschulen „Flachschulen" werden. Forschung ohne Drittmittel ist heute mit der regulären Ausstattung – leider – kaum mehr möglich.

Der Geisteswissenschaftler sieht entsprechend seiner Fachkultur seine Aufgabe meist darin, zu differenzieren und abzuwägen. Entsprechend ziseliert fallen viele Gutachten aus. Eine sonst sehr zu begrüßende Argumentationskultur schadet sich hier im Vergleich mit anderen Disziplinen manchmal selbst. Denn mir scheint, dass es naturwissenschaftlichen Gutachtern eher gelingt, die Anträge ihrer Kollegen eindeutiger zu bewerten. Um in diesem Kontext bestehen zu können, müssten sich auch die Gutachter in den Geisteswissenschaften häufiger zu klaren, eindeutigen Urteilen durchringen. In dieser Hinsicht könnten sowohl Da Rignano als auch Demartis als Vorbild dienen.

Der Index der verbotenen Bücher unter Papst Benedikt XIV. (1740-1758), der eigentlich als großer Modernisierer gilt. Er reformierte den Verfahrensgang bei Bücherverboten grundlegend.

Nichts ist hingegen schlimmer, als wenn Gutachter zu Zensoren werden, wenn sie nicht mehr nach wissenschaftlichen Kriterien und bestem Gewissen auswählen, sondern bestimmte Ideen gezielt unterdrücken, aus Motiven, die der Wissenschaft eigentlich fremd sein sollten: Neid zum Beispiel, Engstirnigkeit oder auch Ängstlichkeit. Gerade Nachwuchswissenschaftler mit vielversprechenden, aber gewagten Vorhaben könnten eventuell an Gutachtern scheitern, denen die Größe fehlt, fremde Schulen und neue Gedanken zu würdigen, die womöglich nach „Revolution" riechen.

Das Beispiel „Onkel Toms Hütte" aus dem Jahr 1853 zeigt jedoch auch: Es gibt niemals nur Gutachter, die befangen in der eigenen Kleinkariertheit den Daumen nach unten senken wie Demartis. Es gibt immer auch Gutachter, die von der Qualität eines Werkes oder eines Vorhabens überzeugt sind, selbst wenn sie den „Glauben" des Autors nicht unbedingt teilen – wie Da Rignano. Ich bin sicher: Durch die Objektivität der Verfahren sind diese bei der DFG eindeutig in der Mehrheit. Deshalb lohnt es sich unbedingt, für jeden, der eine gute Forschungsidee hat, diese bei der DFG vorzustellen und eine entsprechende Förderung zu beantragen. Dazu möchte dieser Beitrag jede Geisteswissenschaftlerin und jeden Geisteswissenschaftler ermutigen!

Hubert Wolf

1959 geboren ■ 1978 bis 1983 Studium der katholischen Theologie an den Universitäten Tübingen und München ■ 1983 Diplom ■ 1985 Ordination zum Priester ■ 1990 Promotion ■ 1991 Habilitation ■ 1992 Professur für Kirchengeschichte an der Universität Frankfurt/ Main ■ 1999 bis 2001 Mitglied des DFG-Forschungskollegs „Wissenskultur und sozialer Wandel" und Leiter des Teilprojekts „Inquisition und Indexkongregation" ■ seit 2000 Lehrstuhl für Mittlere und Neuere Kirchengeschichte an der Universität Münster ■ seit
2000 Ordinarius für Mittlere und Neuere Kirchengeschichte ■ seit 2002 Leiter des DFG-Langzeitprojekts „Römische Inquisition und Indexkongregation" (Münster) ■ seit 2003 Mitarbeit am Sonderforschungsbereich der DFG „Symbolische Kommunikation" mit dem Teilprojekt „Papstzeremoniell in der Frühen Neuzeit" ■ 2003 Leibniz-Preis der DFG ■ 2004 Communicator-Preis des Stifterverbandes für die Deutsche Wissenschaft und der Deutschen Forschungsgemeinschaft ■ 2006 Gutenberg-Preis der Stadt Mainz

Harald Lesch, Astronomie

Der gestirnte Himmel über uns ist die größte Herausforderung an den menschlichen Intellekt. Die Vorgänge im Kosmos sind nicht direkt erforschbar, denn Experimente wie im Labor sind nicht möglich. Die Objekte astronomischer Forschung geben sich den Astronomen nur durch ihre elektromagnetische Strahlung zu erkennen. Trotzdem ist es gelungen, durch strikte Anwendung von auf der Erde bekannten physikalischen Erkenntnissen die kosmischen Prozesse so weit nachvollziehbar zu machen, dass heute die über knapp 14 Milliarden Jahre alte Geschichte des Universums in groben Zügen bekannt ist.

Die Physik des Universums

Die nachgerade abstruse Unanschaulichkeit astronomischer Entfernungen, Zeitskalen und Prozessabläufe verlangt dabei ein hohes Maß an Phantasie und intellektueller „Hartnäckigkeit", denn das Universum ist alles, was ist. Das Universum ist das „Ganze" und Astronomen arbeiten deshalb heute an nichts Geringerem als der Physik des Ganzen, denn moderne Astronomie ist die Physik des Universums. Angesichts einer bemerkenswerten Verbesserung und Erweiterung der Beobachtungstechniken im gesamten elektromagnetischen Spektrum (vom langwelligen Radiobereich bis hin zur harten Gammastrahlung) erlebt die Astronomie momentan ein „goldenes Zeitalter". Heute sind fundamentale Fragen zur Struktur und Entstehung der materiellen Welt Gegenstand der Astronomie: Entstehung und Entwicklung von Sternen, Galaxien, ja des gesamten Kosmos.

Diese ambitionierte Forschung ist nur möglich unter Verwendung modernster Beobachtungstechnologien, den besten und schnellsten Computern der Welt sowie der Entwicklung neuer Theorien zur Entstehung und Struktur der Materie. Es scheint als ob, wie im 16. Jahrhundert, die Astronomie zum Motor einer wissenschaftlichen Revolution wird. Waren es damals die neuartigen Möglichkeiten der Planetenbeobachtung, die die philosophische Bewegung der Aufklärung und damit die modernen Naturwissenschaften begründeten, so sind es heute die Beobachtungen der gesamten kosmologischen Entwicklung, die nach völlig neuen theoretischen Zugängen verlangen.

Gegründet auf der Hypothese, dass die auf der Erde erkannten und bekannten, in mathematischer Sprache formulierten physikalischen Naturgesetze überall und zu jeder Zeit im ganzen Universum gültig sind, findet das Wechselspiel von Beobachtung und Theorie in der modernen Astronomie auf allerhöchstem Niveau statt, indem sie sich Fragen nähert, die sich Physiker noch vor kurzem kaum zu stellen gewagt hätten, denn sie gehörten entweder in den Bereich der Philosophie oder der literarischen Spekulationen. Ich möchte hier an drei grundlegenden Fragestellungen die Perspektiven moderner astronomischer Forschung darstellen:

1. Was ist die Welt?
2. Sind wir allein im Universum?
3. Was kann man über das Universum wissen?

Was ist die Welt?

Die Spannbreite moderner physikalischer Forschung, von der Struktur der Materie auf der elementarsten Ebene der nicht mehr weiter teilbaren Grundbausteine, den Elementarteilchen, bis hin zur Entstehung und Entwicklung des ganzen Universums, macht die Frage, was die Welt hinsichtlich ihrer materiellen Konstituenten (Teilchen und Felder) sei, zum Gegenstand naturwissenschaftlicher Forschung. Die Astronomie, als Wissenschaft vom Universum, seiner Entstehung und Entwicklung, benötigt diese gesamte Spannbreite von 10^{-16} Metern (Radius eines Atomkerns) bis zum Radius des sichtbaren Universums von 10^{28} Metern.

Das Band der Milchstraße, wie man es in Sommernächten tief am Südhorizont erblicken kann. Der orange-leuchtende, helle Stern ist Antares im Skorpion.

Die Welt wird hier verstanden als alles, was ist. Die Erde ist einer von zehn Planeten des Sonnensystems, in dessen Zentrum als Leben spendende Strahlungsquelle und dominante Masse die Sonne steht. Die Sonne ist einer von wenigstens hundert Milliarden Sternen in der Milchstraße. Die Milchstraße mit einer Ausdehnung von zirka 100 000 Lichtjahren ist eine typische Galaxie, von denen es im sichtbaren Universum wenigstens hundert Milliarden gibt. Durchmusterungen in verschiedenen Bereichen des elektromagnetischen Spektrums entwerfen ein interessantes Bild der Verteilung leuchtender Materie: Etwa 75 Prozent des kosmischen Volumens bestehen aus Leerräumen, an deren „Wänden" sich die leuchtende Materie in Form von Galaxienhaufen, beziehungsweise Galaxiensuperhaufen strukturiert. Auch unsere Milchstraße ist Mitglied einer kleinen Gruppe von zirka 30 Galaxien, die sich ihrerseits im Anziehungsbereich eines größeren Galaxienhaufens von einigen Hundert Galaxien befindet, der wiederum von einer noch gewaltigeren Materieansammlung von 100 000 Galaxien angezogen wird. Ab einer Entfernung von etwa hundert Millionen Lichtjahren „sieht" das Universum in jede Richtung gleich aus – es gibt keine Unterschiede bezüglich Struktur und Massenverteilung. Es besteht aus völlig gleichmäßig verteilten Leerräumen, an deren Wänden sich die leuchtende Materie befindet.

Zugleich liefern sehr empfindliche „tiefe" Aufnahmen des Universums den zeitlichen Verlauf der Strukturbildung im Kosmos, denn die endliche Ausbreitungsgeschwindigkeit der elektromagnetischen Strahlung von 300 000 Kilometern pro Sekunde konstruiert mithilfe von Entfernungsbestimmungen die zeitliche Entwicklung der materiellen kosmischen Objekte. Das Licht des nächsten größeren Nachbarn unserer Milchstraße, der Andromeda-Galaxie, brauchte 2,25 Millionen Jahre, um die Detektoren irdischer Teleskope zu erreichen. Die Distanzen von weit entfernten Galaxien ergeben sich aus der Rotverschiebung ihrer Spektrallinien. Die Rotverschiebung kommt durch die Expansion des Universums zustande. Je weiter ein Objekt von uns entfernt ist, umso schneller bewegt es sich von uns weg. Oder anders herum formuliert: Je weiter die Linien in den Bereich größerer Wellenlängen verschoben sind, umso weiter entfernt ist das Objekt. Dieser, in den 20er-Jahren des 20. Jahrhunderts von Edwin Hubble entdeckte Zusammenhang stellt einen wichtigen Eckpfeiler moderner Astrophysik dar. Das Gesetz, dass sich Galaxien umso schneller von uns entfernen, je weiter sie von uns entfernt sind, begründet die zentrale Theorie der modernen Kosmologie, dass das Universum expandiert und deshalb einen Anfang gehabt haben muss – den Urknall.

Die Hypothese eines heißen Anfangs, eines Urknalls ist die etablierte Theorie zur Entstehung des Universums. Ihr Credo lautet ungefähr so: Aus einem sehr dichten, sehr heißen, sehr homogenen anfänglichen „Energiebrei" ist alles entstanden, was ist! Die drei wichtigsten Grundpfeiler dieser Theorie stellen drei Prognosen dar, die alle durch Beobachtungen hervorragend bestätigt wurden:

1. gleichmäßige (homogene und isotrope) Expansion und Materieverteilung;
2. die chemische Zusammensetzung des intergalaktischen Mediums;
3. die Existenz einer homogenen und isotropen kosmischen Hintergrundstrahlung.

Ab Entfernungen von einigen Hundert Millionen Lichtjahren gibt es keine Unterschiede mehr in der Materieverteilung. In jeder Richtung erkennt man die gleichen Strukturen – große Leerräume umgeben von Galaxien. Der Ort der Milchstraße ist durch nichts ausgezeichnet. In der Nähe der Milchstraße spielt die lokale Schwerkraft der Galaxien noch eine Rolle. Die Andromeda-Galaxie bewegt sich auf die Milchstraße zu und wird in einigen Milliarden Jahren mit ihr verschmelzen. Aber auf größeren Entfernungen ist die Expansion des Universums homogen und isotrop, also gleichmäßig und in jede Raumrichtung. Genau wie es die Theorie vom Urknall vorhersagt.

Die Urknalltheorie sagt ebenfalls voraus, dass das Gas im Universum zunächst fast nur aus Wasserstoff (75 Prozent) und Helium (24,5 Prozent) besteht, hinzu kommt eine winzige Beimischung von Lithium. Die Theorie gibt sogar die Mengenverhältnisse der verschiedenen Wasserstoff-, Helium- und Lithiumisotope an. Das Modell geht davon aus, dass im frühen expandierenden Kosmos (in den ersten drei Minuten) sich eine Kette aus dem Labor bekannter quantenmechanischer Prozesse abgespielt hat, die zu dieser sogenannten primordialen Nukleosynthese geführt haben. Als Beispiel ist der Zerfall freier Neutronen zu nennen, die laut Labormessungen eine Zerfallszeit von 878,22 Sekunden aufweisen. Die Anzahl der noch zur Verfügung stehenden Neutronen entscheidet über die Menge an synthetisiertem Helium. Mittels der Labormesswerte war es also möglich, eine quantitative Prognose der Häufigkeit primordialen Heliums zu berechnen. Da sich durch die Expansion das Universum ständig abkühlte, war eine Synthese von schwereren Elementen als Helium kaum mehr möglich. Alle weiteren Elemente des Periodensystems, namentlich von Kohlenstoff, Stickstoff und Sauerstoff wurden in Sternen synthetisiert – doch davon später. Messungen zeigen, dass die Urknalltheorie die Zusammensetzung des noch nicht von Sternen prozessierten intergalaktischen Mediums mit einem Höchstmaß an Übereinstimmung qualitativ und quantitativ erklärt.

Keine Sterne, sondern Galaxien erstrahlen hier im Galaxien-Superhaufen Abell 1689. So deutlich erkennen das allerdings nur die besten Teleskope – wie das Weltraumteleskop Hubble.

Ein weiterer Eckpfeiler der modernen Kosmologie und eine grandiose Bestätigung der Urknallhypothese stellt die Entdeckung der kosmischen Hintergrundstrahlung dar. Laut Theorie entstand sie zirka 400 000 Jahre nach dem Beginn, als das Universum sich so weit abgekühlt hatte, dass die positiv geladenen Wasserstoff- und Heliumkerne die sich noch frei bewegenden, negativ geladenen Elektronen einfingen. Das Universum bestand zum ersten Mal aus neutralem Gas. Zwischen den Atomen konnte sich die thermische Strahlung erstmals frei bewegen, denn die Stoßpartner für die Photonen, die Elektronen, waren gebunden. Es entstand die kosmische Hintergrundstrahlung mit einer Temperatur von etwa 4000 Grad, die sich aufgrund der kosmischen Expansion seit damals auf 2,73 Kelvin abgekühlt hat. Die Strahlung wurde 1964 entdeckt und seit den 90er-Jahren sehr detailliert untersucht. Sie ist bis auf winzige Schwankungen vollkommen homogen und isotrop. Die Schwankungen entsprechen den ersten Gasverdichtungen und -verdünnungen, aus denen sich später unter dem Einfluss der eigenen Schwerkraft die ersten Galaxien bildeten.

Die Bestätigung der Urknallhypothese anhand dreier grundlegender astronomischer Beobachtungstatbestände macht es möglich, die Geschichte der Welt in groben Zügen zu erzählen: Es gab einen sehr heißen Anfang, der eine fast perfekt homogene Materieverteilung in einem sich abkühlenden, expandierenden Kosmos hervorbrachte. Winzigen Abweichungen von der Homogenität ist es zu verdanken, dass Materie sich von der allgemeinen Expansion entkoppelt hat und unter ihrem eigenen Gewicht zusammengefallen ist. So entstanden die Galaxien. Hier stockt die Erzählung, denn der wirkliche Grund für die Entstehung von Galaxien war nicht die Schwerkraft der leuchtenden Materie. Sie alleine wäre gar nicht in der Lage gewesen, sich gegen den Druck der Strahlung im frühen Kosmos zu verdichten, denn die Strahlung drückte jede Verdichtung wieder auseinander. Nur eine Materieform, die nicht mit elektromagnetischer Strahlung wechselwirkt, war fähig, früh genug so stark zu verdichten, dass die kosmische Expansion diese Verdichtungen nicht wieder aufgelöst hat. Die Dunkle Materie besteht aus Teilchen, die nichts mit der normalen, uns umgebenden atomaren Materieform zu tun haben können.

Die Temperaturschwankungen in der Hintergrundstrahlung geben nur die Verdichtungen in der sichtbaren Materie an. Der bei weitem überwiegende Teil von ruhemassebehafteten Teilchen befindet sich in einer unsichtbaren Komponente, die „Dunkle Materie" genannt wird. Sie macht sich nur durch ihre Masse, das heißt durch ihre Schwerkraftwirkung auf die leuchtende Materie, bemerkbar. Viele, vom kosmologischen Urknallmodell völlig unabhängige Deutungen verschiedener Beobachtungen bestätigen die Hypothese von der Dunklen Materie als Saatkeime für durch die Gravitation gebundene Systeme leuchtender Galaxien oder Galaxienhaufen. Ohne diese fremde Materieform gäbe es keine Galaxien, keine Sterne, keine Planeten und damit auch keine Lebewesen.

An dieser Stelle sei vermerkt, dass die Urknallhypothese als theoretisches Beschreibungsmuster auf der Allgemeinen Relativitätstheorie fußt. Diese Theorie der Gravitation beschreibt unter anderem auch den Effekt der Lichtkrümmung durch schwere Massen. Dieser sogenannte Gravitationslinseneffekt wird heutzutage benutzt, um aus der Form der am Himmel abgebildeten Galaxienhaufen auf die Masse der Dunklen Materie zu schließen, die durch ihre Schwerkraft die Wege des Lichtes der leuchtenden Materie krümmt. Die Erforschung der Dunklen Materie, ihre Zusammensetzung und ihr möglicher Ursprung in den ganz frühen Phasen der kosmischen Entwicklung stellen eine der großen Herausforderungen der modernen Astronomie dar.

Eine noch viel größere Herausforderung an Theorie und Beobachtung ist die erst seit wenigen Jahren bekannte beschleunigte Expansion des Universums. Seit zirka 8 Milliarden Jahren erhöht sich seine Expansionsgeschwindigkeit kontinuierlich, so als ob der Kosmos von einer Kraft immer schneller auseinandergetrieben wird. Man spricht von „Dunkler Energie", deren wesentliche Eigenschaft in ihrer Antischwerkraftwirkung auf die im Universum versammelte Materie besteht. Was sie ist, ist unbekannt. Eines ist aber ganz offensichtlich, die Dunkle Energie ist eine Eigenschaft des ganzen Universums, und zwar auch dann, wenn keine Materie vorhanden ist. Sie verweist auf Eigenschaften, insbesondere auf die Energie des Vakuums, wie sie in der Quantenmechanik theoretisch vorhergesagt und in vielen Experimenten nachgewiesen wurde. Allerdings besteht eine enorme Diskrepanz zwischen theoretischer Vorhersage und beobachtetem Wert. Es wird deshalb eine Theorie benötigt, die Quantenmechanik und Allgemeine Relativitätstheorie vereinigt.

Grundsätzlich aber finden sich in der beobachtenden Kosmologie Fundamentaltheorien der Physik – die Quantenmechanik als Theorie der Materie und die Relativitätstheorie als Theorie der Gravitation – im Rahmen des Urknallmodells wieder, was dem Weltbild der modernen Astronomie eine besondere innere Konsistenz verleiht.

Was also ist die Welt? Nach allem, was wir bis heute beobachten können, viel mehr als das, was wir durch Strahlung entdecken. Die leuchtende Materie ist ein winziger Anteil der gesamten Materie, die von der Dunklen Materie dominiert wird. Der massebehaftete Anteil des Universums stellt aber nur rund ein Drittel des Energieinhaltes dar, den Rest repräsentiert die Dunkle Energie, die die Expansion des Universums maßgeblich bestimmt. Die Astronomie des 21. Jahrhunderts wird geprägt sein von der Suche nach rund 95 Prozent des Energiebestands des Universums.

Sind wir allein im Universum?

Eine ganze Branche der Literatur und der Filmindustrie lebt von dem Traum, dass es auf anderen Planeten ebenfalls intelligente Lebewesen geben könnte. Science-Fiction-Geschichten, gedruckt oder auf Zelluloid, erfreuen sich seit langem eines breiten Interesses. Für die Autoren dieser Geschichten ist alles Denkbare erlaubt. Da kann mit knapper Lichtgeschwindigkeit durchs Universum geflogen werden, ohne einen Gedanken an mögliche Energiequellen zu verschwenden. Ganze galaktische Imperien sind in den intergalaktischen Handel oder in galaktische Kriege verwickelt. Welche Voraussetzungen für die Entwicklung von Lebewesen auf einem Planeten erfüllt sein müssen, kümmert die Herausgeber von solchen Romanen wenig. Gerade aber die physikalischen Grundbedingungen für die Entstehung von Leben auf einem fremden Planeten stehen im Mittelpunkt moderner astronomischer Forschung. Das Thema „außerirdisches Leben" ist aus der Literatenklause in die Astrophysik gewandert und wird dort heute als eines der wichtigsten Themen intensiv untersucht.

Beginnen wir mit der Hypothese, dass Leben nur auf einem Planeten entstehen kann, der in einer wohldefinierten Entfernung seinen Stern umkreist. Die Definition dieser Lebenszone hängt mit dem Aggregatzustand des wichtigsten Moleküls für die Entwicklung organischer Strukturen zusammen, dem Wasser. Wasser muss flüssig sein, damit sich Moleküle zu Lebewesen entwickeln können. Die Lebenszone ist deshalb durch den Temperatur- und

Druckbereich definiert, der Wasser flüssig sein lässt. Ist der Planet zu nahe am Stern, verdampft das Wasser, bei zu großem Abstand gefriert es zu Eis. Ein Planet mit Leben benötigt eine Atmosphäre, was wiederum mit seiner Masse zusammenhängt. Ist er zu klein, kann er keine Atmosphäre an sich binden. Ist er hingegen zu groß, ist der Atmosphärendruck zu hoch für Lebensentwicklung. Der Planet muss sich drehen, nicht zu schnell, denn dann sind die Wind- und Wetterverhältnisse zu stürmisch für Lebensentwicklung – aber auch nicht zu langsam, denn sonst wird eine Seite „gegrillt", die andere „gefrostet".

Seit Immanuel Kants „Theorie des Himmels" aus dem Jahr 1755 ist bekannt, dass erdähnliche Planeten in Scheiben um Sterne durch das Aufsammeln und Zusammenstoßen von kleineren Felsen entstehen. Da Planeten um Sterne herum existieren, hängt die Planetenentstehung mit der Sternentstehung zusammen. Erdähnliche Planeten bestehen aus schweren Elementen. Deshalb greift das Problem der Entstehung von Planeten weit in die Entwicklungsgeschichte des Universums hinein, denn Planeten mit fester Oberfläche und mit Wasser bestehen aus Elementen, die viel schwerer sind als Helium. Denken wir an die Erde, deren Körper aus Eisen, Nickel, Aluminium, Silizium und vielen anderen schweren Elementen besteht.

Woher kommen diese chemischen Elemente, denn anfangs wurden nur Wasserstoff und Helium im Kosmos erzeugt? Alle schweren Elemente werden in Sternen durch die Verschmelzung leichter Atomkerne erzeugt. Sterne sind Kernreaktoren der besonderen Art. Während in irdischen Kernkraftwerken Energie durch die Spaltung sehr großer Atomkerne freigesetzt wird, wird in Sternen Bindungsenergie frei, wenn kleine Atomkerne zu größeren Kernen verschmelzen. Hierbei wird Energie in Form von Gammastrahlung frei, die auf dem Weg zur Sternoberfläche durch Zusammenstöße mit den Elektronen Energie verliert und so den Druck aufbaut, der den Stern gegen seine eigene Schwerkraft stabilisiert. Dass es überhaupt Sterne gibt, hängt mit dem Gewicht großer Gasmassen zusammen. Wenn sich eine große Gasmenge zu einer Wolke verbunden hat und wenn diese Gaswolke durch Strahlung Energie verliert, dann wird sie irgendwann unter ihrem eigenen Gewicht zusammenfallen, und es entstehen Sterne. Aus einer Gaswolke von mehreren Lichtjahren (Billiarden Kilometer) Ausdehnung werden Sterne, die nur wenige Hunderttausend Kilometer Radius besitzen. Dabei verdichtet sich die Materie immer mehr, bis dann im Innern die Kernfusionsprozesse einsetzen und die freiwerdende Energie den Kollaps stoppt. Welche Elemente im Innern eines Sternes erbrütet werden können und wie lange der Stern strahlt, hängt von seiner Masse ab. Bei hoher Masse ist seine Lebensdauer kürzer als bei geringer Masse. Ein Stern hoher Masse ist heißer und erzeugt schwerere Kerne als ein Stern mit geringer Masse. Als Referenz verwenden wir die Sonne, sie ist mit einer Sonnenmasse ein typischer Stern, der zirka zehn Milliarden Jahre alt wird. Zunächst verbrennt die Sonne wie jeder Stern Wasserstoff zu Helium. In zirka vier Milliarden Jahren wird diese Brennphase zu Ende gehen, und sie wird in einer nächsten Brennstufe noch Helium zu Kohlenstoff und Sauerstoff verschmelzen. Danach wird sie als sich langsam abkühlende, knapp 6000 Kilometer große Sternleiche die Milchstraße durchkreuzen.

Bevor wir in der Entwicklungsgeschichte von Sternen weitergehen, wollen wir kurz innehalten und ein wichtiges Credo der Bioastronomie anwenden: Am Planeten Erde und am Sonnensystem ist nichts Besonderes. Wenn dieses Credo richtig ist, dann scheiden Sterne, die schwerer als die Sonne sind, als Lebensspender aus, denn sie leben nicht lange genug, um komplexeren Lebensformen zur Entwicklung Zeit zu geben. Schließlich hat auf der Erde das Leben fast vier Milliarden Jahre gebraucht, bis sich mehrzellige Lebewesen entwickelten. Presst man die Erdgeschichte von 4,5 Milliarden Jahren in ein Erdjahr, dann tauchen mehrzellige Lebewesen erst am 15. November auf. In der Zeit davor gab es nur Einzeller!

Aber schwerere Sterne als die Sonne sind für die Entstehung von Planeten und von Lebewesen trotzdem von großer Bedeutung. Sie liefern die chemischen Elemente, die schwerer sind als Helium! Die Sonne ist mit ihrem Alter von viereinhalb Milliarden Jahren ein Stern der dritten Generation, das heißt, sie enthält bereits schwerere Elemente als Helium. Die Gaswolke, aus der sie entstand, enthielt demnach schon schwere Elemente. Woher kamen sie? Sterne mit mehr als acht Sonnenmassen durchlaufen Brennphasen bis hin zu Eisen, dem Element mit der größten Bindungsenergie pro Kernbaustein. Danach explodieren sie als Supernova. Die Synthese aller schwereren Elemente als Eisen liefert keine Energie mehr, sondern verbraucht Energie. Deshalb entstehen sie während der explosiven Phase einer Supernova.

Supernova-Explosionen sind die wichtigsten Lieferanten für den großen kosmischen Materiekreislauf. Die Sternexplosionen pressen die in ihnen erbrüteten Elemente ins interstellare Medium. Dort kühlt sich das heiße Gas ab und bildet neue Gaswolken, aus denen sich wiederum neue Sterne bilden. Damit überhaupt Planeten mit festen Oberflächen um Sterne herum entstehen können, muss in einer Galaxie der Materiekreislauf über etliche Milliarden Jahre das interstellare Medium mit schweren Elementen anreichern. Je später in einer galaktischen Scheibe ein Stern entsteht, umso höher ist sein Anteil an schweren Elementen.

Es verwundert deshalb nicht, dass die seit etwas mehr als zehn Jahren durchgeführte Suche nach extrasolaren Planeten nur bei solchen Sternen erfolgreich war, deren Gehalt an schweren Elementen mindestens dem der Sonne entsprach. Aus den Verzerrungen der Strahlungsspektren lassen sich die Masse

Der Krebsnebel (Crab Nebula, Messier-Objekt M1) am südlichen Horn des Sternbilds Stier ist der farbenprächtige Überrest einer Supernova aus dem Jahr 1054. Seine Energiequelle in der Mitte ist ein starker Pulsar.

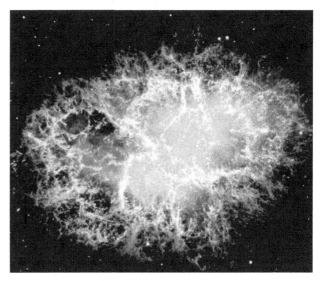

und der Abstand der extrasolaren Planeten einwandfrei ableiten. Inzwischen sind über 150 Systeme in der Milchstraße als Planetensysteme bekannt. Leider ist die Detektionsempfindlichkeit noch nicht groß genug für erdähnliche Planeten. Die Massenuntergrenze beträgt zurzeit noch etwa zehn Erdmassen. In einigen Jahren werden die ersten erdähnlichen Planeten gefunden werden. Ob diese Objekte auch Leben entwickelt haben, wird erst ermittelt werden können, wenn es gelingt, planetare Atmosphären genau zu analysieren. Findet man zum Beispiel eines Tages Ozonabsorptionslinien im Spektrum eines erdähnlichen Planeten, dann sind wir nicht allein im Universum. Ozon ist nämlich ein instabiles Molekül, das auf den ständigen Nachschub an freien Sauerstoffmolekülen angewiesen ist. Ein solcher Prozess muss vergleichbar sein mit der Photosynthese auf der Erde.

Perspektiven der Forschung

Durch die Suche nach extrasolaren Planeten, kombiniert mit den Entwicklungsgeschichten unterschiedlicher Sterntypen, ist die Entstehung von Leben auf solchen Planeten erforschbar geworden, und zwar unter der Hypothese, dass die Naturgesetze, wie wir sie kennen, überall im Universum gültig sind. Sollte es außerirdisches Leben geben, dann erwarten wir durchaus, dass es so ähnlich aufgebaut ist wie das Leben auf der Erde. Diese Erwartung wird gestützt durch die Beobachtungen von Kohlenwasserstoffmolekülen im interstellaren Gas. Hier zeigt sich, dass die Bindungsfähigkeit des Elements Kohlenstoff selbst unter den ungünstigen Bedingungen des Kosmos (intensive UV-Strahlung, schnelle Teilchen, niedrige Dichten) so stark ist, dass sich lange Kettenmoleküle bis hin zur einfachsten Aminosäure zwischen den Sternen bilden können.

Die Frage „Sind wir allein im Universum?" ist zwar noch nicht beantwortet, aber ihre Antwort gerät langsam in den Bereich der Möglichkeit.

Was kann man über das Universum wissen?

Die Physik ist als grundlegende Wissenschaft von der Natur durchaus mit ihren eigenen Grenzen beschäftigt, und zwar auf unterschiedliche Art und Weise. Einerseits sind Theorien solange Gegenstand der Forschung, solange sie sich als nicht falsch erwiesen haben. Sind aber Phänomene entdeckt worden, die von einer Theorie nicht mehr abgedeckt werden, das heißt, sind die Grenzen der Theorie erreicht und überschritten worden, muss eine neue, erweiterte Theorie gefunden werden, die die Ergebnisse der alten Beschreibung enthält und über sie hinausgeht. Ein typisches Beispiel ist die Relativitätstheorie, die die Physik Isaak Newtons komplett enthält und zudem bis zu Geschwindigkeiten nahe der Lichtgeschwindigkeit erweitert. Die Relativitätstheorie wurde notwendig, weil die Experimente mit der Newton'schen Physik nicht mehr erklärbar waren. Newton war falsifiziert worden.

Dieses Verfahren der Falsifikation hat sich als sehr erfolgreich erwiesen. Grenzüberschreitungen sind also gewissermaßen der Motor für die Bildung neuer Theorien. Insofern ist die Auslotung von Grenzen auch für die astronomische Forschung sehr wichtig. Zwei Probleme wurden bereits angesprochen, die möglicherweise die Bildung neuer Theorien nötig machen könnten: die Existenz der Dunklen Materie und die Wirkung der Dunklen Energie. Die neuen Ergebnisse der beobachtenden Kosmologie konnten bis heute noch nicht in eindeutiger Weise in einem allgemein akzeptierten Standardmodell der Materie zusammenfassend dargestellt werden. Es gibt zwar eine ganze Reihe von Ansätzen, aber eben noch keinen „neuen Einstein", der eine Theorie für alles formuliert hätte.

Andererseits aber setzen die bis heute noch nicht falsifizierten Theorien, die Quantenmechanik und die Relativitätstheorie, der astronomischen Forschung durchaus konkrete Grenzen. „Grenzen" bedeutet hier vor allem den

Zusammenbruch der Kausalität, das heißt eines eindeutigen Ursache-Wirkung-Zusammenhangs. Wenn keine Informationen mehr aus einem bestimmten Objekt entweichen können, dann kann man darüber nichts mehr wissen. Die zentrale wissenschaftstheoretische Forderung, dass theoretische Vorhersagen über die Eigenschaften eines kosmischen Objekts zumindest im Prinzip beobachtbar sein müssen, kann natürlich nur dann erfüllt werden, wenn aus einem Objekt Information überhaupt in irgendeiner Form (elektromagnetische Strahlung oder Teilchen) entweichen kann. Wenn sich zum Beispiel aus der Allgemeinen Relativitätstheorie für eine Klasse von Objekten, den Schwarzen Löchern, aufgrund ihrer Massekonzentration ergibt, dass keine elektromagnetische Strahlung mehr entweichen kann, dann ist das eine klar definierte Erkenntnisgrenze.

Diese Wand ist aber durchaus kein Forschungshindernis – im Gegenteil. Gerade in den Zentren von Galaxien kann oft nur die Kenntnis der Unsichtbarkeit von Schwarzen Löchern die beobachtbaren Bewegungen von leuchtenden Sternen verständlich machen, denn die Schwarzen Löcher beeinflussen durch ihre gewaltige Schwerkraft die Bewegungen von stellaren Massen. Auf diese Weise gelang es zum Beispiel, das Zentrum der Milchstraße zu vermessen. Aus den Bewegungen der Sterne schließt man auf ein Schwarzes Loch von zwei Millionen Sonnenmassen im Zentrum der Milchstraße. Ähnliche Beobachtungen existieren inzwischen für eine Vielzahl galaktischer Zentralbereiche.

Ähnliches gilt für das berühmte $E=MC^2$ aus Einsteins spezieller Relativitätstheorie. Ab einer Energie, die dem Doppelten der Ruhemasse einer Teilchensorte entspricht, verwandelt sich Strahlung in Teilchen-Antiteilchen-

Das spektakuläre Ende eines Sterns: Cassiopeia A ist der Überrest einer Supernova-Explosion. Aus den leuchtenden Nebeln werden eines Tages vielleicht neue Sterne entstehen. Allerdings ist der Nebel im Teleskop nicht ganz so bunt – diese Aufnahme ist ein Komposit aus dem sichtbaren, infraroten und Röntgenwellenbereich.

Galaxien sind gravitativ gebundene Systeme: Milliarden von Sternen sowie Nebel aus Gas und Staub, die durch Anziehungskraft aneinander gebunden sind.

Paare und umgekehrt. Ab ungefähr zehn Milliarden Grad entstehen Elektronen und ihre Antiteilchen, die Positronen, als Paar aus der Strahlung. Mit anderen Worten, sobald es zu heiß in einem System wird, ist es nicht mehr sichtbar, sondern hinter einem Vorhang von Teilchen und Antiteilchen verborgen. Solche Systeme gibt es! Immer dann, wenn ein Objekt sehr kompakt ist, das heißt, wenn seine Masse auf sehr kleinem Raumvolumen konzentriert ist, entsteht eine so hohe Energiedichte, dass zum Beispiel Elektron-Positron-Paare entstehen und den Blick aufs Objekt verstellen. Solche Objekte heißen Gamma-Ray Burster. Sie sind über den gesamten Himmel gleichmäßig verstreut und entstehen in weit entfernten Galaxien offenbar durch die Verschmelzung von Schwarzen Löchern oder Neutronensternen. Möglicherweise sind sie die Botschafter aus der kosmischen Entwicklungsphase, als die ersten Sterne entstanden sind. Die waren möglicherweise bis zu 1000 Sonnenmassen schwer und beendeten ihr kurzes Leben als Schwarze Löcher, die in Zentren von sich gerade formenden Galaxien miteinander verschmolzen und in gewaltigen Gammastrahlungsausbrüchen vergingen.

Eine ganz besondere Grenze astronomischer Erkenntnismöglichkeit und zugleich ein unermesslicher Schatz kosmologischer Forschung stellt die kosmische Hintergrundstrahlung dar. Sie entstand zirka 400 000 Jahre nach dem Urknall, als die Wasserstoff- und Heliumkerne sich mit den bis dahin frei beweglichen Elektronen zu neutralen Wasserstoff- und Heliumatomen verbanden. Diese sogenannte Rekombination geschah, weil das expandierende Universum auf knapp 4000 Grad abgekühlt war und die Bewegungsenergie der negativ geladenen Elektronen nicht mehr ausreichte, um sich der

Anziehung der positiv geladenen Atomkerne zu entziehen. Der Wegfall frei beweglicher Elektronen entzog den Photonen der Hintergrundstrahlung ihre Stoßpartner.

Die Strahlungsphotonen haben ihren Ursprung in der Vernichtung von Materie- und Antimaterieteilchen in den frühen Phasen des Kosmos. Die Strahlungstemperatur entsprach der Temperatur des gesamten Kosmos. Die Expansion des Kosmos verringerte die Strahlungstemperatur ständig, die Photonen übertrugen durch Zusammenstöße mit den Elektronen, die ihrerseits mit den Protonen zusammenstießen, ihre Temperatur auf die materiellen Teilchen. Die Strahlung war an die Materie gekoppelt und verhinderte aufgrund ihres Drucks jede Zusammenballung von Materie. Als die Elektronen als Stoßpartner entfielen, entkoppelte sich die Strahlung von der Materie. Die Materie konnte sich verdichten und Galaxien bilden. Die Strahlungstemperatur entwickelte sich ab der Rekombination nur gemäß der Expansion des Kosmos, deshalb kühlte sie sich bis heute auf 2,73 Kelvin (das heißt minus 271 Grad Celsius) ab.

Die Hintergrundstrahlung stellt einen undurchdringlichen Lichtvorhang dar. Wie ein Nebel aus Licht verbirgt sie für immer die Vorgänge in den ersten 400 000 Jahren, denn aufgrund der engen Kopplung von Strahlung und Materie gibt es keine Ortsinformationen, von wo die Strahlung kommt. Sie kommt deshalb von allen Seiten des Kosmos gleichmäßig. Die Hintergrundstrahlung ist homogen und isotrop. Sie stellt gewissermaßen das Echo des Urknalls dar, als das Universum aus einem gleichmäßig verteilten Materie-Strahlungsbrei bestand, in dem sich noch keine materiellen, unabhängig leuchtenden Strukturen gebildet haben konnten. Das Spektrum der Hintergrundstrahlung ist deshalb extrem gleichmäßig. Nur allerwinzigste Schwankungen lassen die Saatkeime zukünftiger Materieballungen, wie Galaxienhaufen, erahnen.

Die ersten Objekte im Universum entstanden aus den Schwankungen um die Gleichgewichtstemperatur. Aus der räumlichen Größe der Hintergrundschwankungen lässt sich die Krümmung des Raumes ablesen. Für jede Raumkrümmung (Sattel, Kugel oder flache Ebene) kann man einen Erwartungswert für die Schwankungsgröße ausrechnen. Der Vergleich mit den gemessenen Schwankungen zeigt, dass unser Universum eine flache Geometrie besitzt. Die Krümmung des Raumes wird aber, gemäß der kosmologischen Modelle der Allgemeinen Relativitätstheorie durch die Masse des Universums bestimmt. Ein flaches Universum verlangt eine gewisse Massendichte, die aber nicht beobachtet wird. Nur etwa 30 Prozent des Energieinhalts des Universums stecken in massebehafteten Teilchen, wovon der bei weitem überwiegende Teil durch die nicht mit Strahlung wechselwirkende Dunkle Materie repräsentiert wird. 70 Prozent des Energieinhalts des Universums kommen aus der Dunklen Energie, die als eine Art „Hefe" das Universum auseinanderdrückt.

Die undurchdringliche Grenze der Hintergrundstrahlung ist die Herausforderung an die moderne Astrophysik. Da keine gerichtete elektromagnetische Strahlung aus den Frühphasen des Universums entweichen kann, wird sich die Beobachtende Kosmologie in zunehmenden Maße auf das Aufspüren von Teilchen konzentrieren, die in den ganz frühen Phasen des Kosmos entstanden sein müssen.

Zusammenfassung und Empfehlungen

Die Faszination der modernen Astrophysik ist zugleich ihre Perspektive. Der gestirnte Himmel über uns ist quantitativ erforschbar, er hat zwar nach mühevoller Kleinarbeit bereits viele seiner Geheimnisse offenbart, aber wie es sich für eine dynamische Naturwissenschaft gehört, ergibt jede neue Antwort mindestens zwei neue Fragen. Die moderne Astronomie untersucht die Grundlagen der Physik in den extremsten Zuständen, die Materie überhaupt einnehmen kann, inklusive eines besonders interessanten Zustands, den wir Leben nennen: die über den ganzen Bereich des elektromagnetischen Spektrums gehenden Beobachtungen und die auf immer höherem Niveau entwickelten kosmologischen Theorien, die Zusammenschau der gesamten Grundlagenphysik, von der Elementarteilchentheorie bis hin zur Bio-, Geo- und Atmosphärenphysik. Entdeckungen wie die Dunkle Materie und die Dunkle Energie verlangen nach einer grundsätzlichen Diskussion über die theoretischen Fundamente der Physik. Auf der anderen Seite wird die Erforschung der physikalischen Grundlagen von Leben uns möglicherweise tief in den kosmischen Spiegel blicken lassen. Wenn die Naturgesetze die Entwicklung von Leben auf der Erde erlaubten, dann könnten auch auf anderen Planeten Lebewesen existieren.

Die Astronomie ist eine vitale Wissenschaft mit kaum wirklich überblickbaren Zukunftsperspektiven. Sie ist Grundlagenforschung par excellence! Was kann man mehr von einer Wissenschaft verlangen, als diese sich immer wieder aufs Neue aus sich selbst stimulierende Neugier? Diese Neugier wird bedroht. Stichworte sind Verwaltungsdiktatur – Kommerzialisierung und Industrialisierung – Evaluierungsdruck sowie Dauerranking – McDonaldisierung – Misstrauen – fehlende Profilierungsmöglichkeiten für den wissenschaftlichen Nachwuchs.

Ernst-Ludwig Winnacker hat in einem Beitrag für die Süddeutsche Zeitung einmal für die Grundlagenforschung mit den Worten plädiert: „Angewandte Forschung bringt nur Reformen, Grundlagenforschung aber führt zu Revolutionen." Ich möchte hinzufügen: Aber Umwälzungen vollziehen sich nur dann, wenn den Menschen, die diese Forschung betreiben, Vertrauen entgegengebracht wird, ihnen Zeit gelassen wird und Karriereperspektiven angeboten werden, die sie nicht zu Wissenschaftsnomaden degenerieren lassen.

Mir scheint, dass in Deutschland vor allem Vertrauen fehlt. Es herrscht eine Art Kontrollzwang. Freie Ressourcen gibt es keine mehr. Junge Wissenschaftler können vor lauter Existenzberechtigungsdruck in fast ununterbrochenen Antrags- und Evaluationsverfahren kaum noch ihrer wirklichen Arbeit nachgehen. Wissenschaftler sind keine „eierlegenden Wollmilchsäue", sie sind vor allem gierig, neugierig. Wenn wir das weiterhin durch Überverwaltung und Überorganisation zerstören, werden auch in Zukunft viele junge Kolleginnen und Kollegen ins Ausland gehen. Die deutsche Form der Verwaltungsdiktatur zerstört etwas, was es für Geld nicht zu kaufen gibt: Fantasie, Motivation und Leidenschaft. Schaffen wir endlich Vertrauen und gönnen wir unseren jungen Wissenschaftlerinnen und Wissenschaftlern Projektzeiten, die den Namen auch verdienen. Mit anderen Worten, Projekte sollten wenigstens vier bis fünf Jahre dauern können.

Ganz konkret sollten Programme intensiviert werden, die die Einzelperson mit ihren Interessen und Fähigkeiten fördert. Das Emmy Noether-Programm müsste erheblich erweitert werden, denn der wissenschaftliche Nachwuchs muss sich profilieren können. Es muss neben den Sonderforschungsbereichen, Transregios usw. in viel stärkerem Maße die Einzelperson durch die DFG gefördert werden können – mit langen Projektzeiten und einem nur in groben Zügen entworfenen Forschungsprogramm, das der jungen Wissenschaftlerin und dem jungen Wissenschaftler die Freiheit ermöglicht, die notwendig ist für wirklich Neues und damit vielleicht Umwälzendes.

Harald Lesch

1960 geboren ▪ 1979 bis 1984 Studium der Physik an den Universitäten Gießen und Bonn ▪ 1987 Promotion an der Universität Bonn ▪ 1988 Otto-Hahn-Medaille der Max-Planck-Gesellschaft ▪ 1988 bis 1991 wissenschaftlicher Mitarbeiter an der Landessternwarte Königstuhl in Heidelberg ▪ 1991 bis 1995 wissenschaftlicher Mitarbeiter am Max-Planck-Institut für Radioastronomie in Bonn ▪ 1992 Gastprofessor an der Universität Toronto ▪ 1994 Habilitation an der Universität Bonn ▪ seit 1995 Professor für Theoretische Astrophysik an der LMU in München ▪ seit 1998 Fernsehsendungen beim Bayerischen Rundfunk (α-Centauri, Lesch & Co, Kant für Anfänger) sowie TV- und Radiosendungen für den Bayerischen, den Hessischen, den Mitteldeutschen, den Westdeutschen sowie den Südwest-Rundfunk ▪ seit 2002 Lehrbeauftragter Professor für Naturphilosophie an der Hochschule für Philosophie in München ▪ 2004 Preis für Wissenschaftspublizistik der Grüter-Stiftung ▪ 2005 Communicator-Preis des Stifterverbandes für die Deutsche Wissenschaft und der Deutschen Forschungsgemeinschaft

Klima und Evolution – Kultur und Entwicklung

Friedemann Schrenk, Paläontologie

Bis heute ist das Wissen um die Menschwerdung sehr lückenhaft. Nur einige Tausend Hominiden-Fragmente aus hunderttausenden Generationen stehen uns zur Beantwortung der Fragen nach dem letzten gemeinsamen Vorfahren der Menschen und der Menschenaffen, dem Ursprung des aufrechten Gangs, dem Beginn der Kultur und dem Ursprung unserer eigenen Art *Homo sapiens* zur Verfügung. Daher ist die Paläoanthropologie auf die interdisziplinäre Zusammenarbeit mit anderen Wissenschaften angewiesen. Hierbei stehen die Umweltwissenschaften seit einiger Zeit im Vordergrund. Durch die erhebliche Erweiterung der Datenbasis vor allem auf den Gebieten der Paläoökologie und der Paläoklimatologie wird ein Zusammenhang zwischen dem Klima und den entscheidenden Phasen der Menschheitsentwicklung deutlich, ebenso für die Ausbreitung früher Hominiden von Afrika aus nach Asien und Europa.

Entstehung des aufrechten Gangs

Bereits vor 30 Millionen Jahren lebten die ersten Menschenaffen in den Regenwäldern des tropischen Afrika. Einige Populationen breiteten sich vor zirka 15 Millionen Jahren auch nach Asien und Europa aus. In Afrika war die geographische Verbreitung der ursprünglichen Populationen der afrikanischen Menschenaffen so lange relativ stabil, bis im Mittel-Miozän eine weltweite Klima-Abkühlung zu einschneidenden Umweltveränderungen und zu einer starken Abnahme der ehemals großen Waldgebiete führte. Aufgrund des aufsteigenden Grabensystems kam es auch zu regionalen Klimaveränderungen, die die Auswirkungen der globalen Kima-Abkühlung lokal noch verstärkten.

Die Jahreszeiten wurden zunehmend ausgeprägter, charakterisiert in den tropischen Bereichen durch saisonale Trocken- und Regenzeiten. Vor etwa acht bis sieben Millionen Jahren bestand im östlichen Afrika ein hoher Anteil an offenen Grasgebieten Die Verschiebung der tropischen Waldgebiete begünstigte das Entstehen von Baumsavannen und eine stärkere Diversität der Lebensräume. Menschenaffenpopulationen siedelten daher an der Periphe-

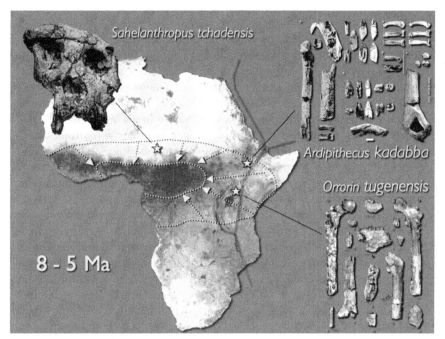

Durch einen starken Rückgang des tropischen Regenwaldes in Afrika vor acht bis sechs Millionen Jahren entstand eine breite Zone baumbestandener Savanne und Regenwald-Peripherie mit Flussläufen und Seen: fünf Millionen Quadratkilometer Ursprungsgebiet des aufrechten Gangs der Vormenschen. Drei früheste Hominidengattungen (Sahelanthropus, Ardipithecus, Orrorin) sind aus diesem Zeit- und Lebensraum bekannt.

rie des Regenwaldes in Busch- und Flusslandschaften. Diese „Uferzonen-Habitate" waren das ideale Entstehungsgebiet für den aufrechten Gang. Bei einer geographischen Ausdehnung von wenigstens fünf Millionen Quadratkilometern ist es jedoch unwahrscheinlich, dass nur eine einzige Form des aufrechten Gangs entstand. Vielmehr ist anzunehmen, dass sich unterschiedliche geographische Varianten frühester zweibeiniger Vormenschen entwickelten. Diese Annahme wird durch die drei ältesten Funde bestätigt.

In den sechs Millionen Jahre alten Schichten Kenias wurde zum Beginn des neuen Milleniums der aufrecht gehende „Millennium Mensch" (*Orrorin tugenensis*) entdeckt. Kurz darauf kamen in Äthiopien bis 5,8 Millionen Jahre alte Funde von *Ardipithecus kedabba* zum Vorschein. Diese unerwarteten Belege aus der Anfangszeit der Vormenschen bekamen kurz darauf spektakulären Zuwachs: Michel Brunet und das Team der Mission „Paléoanthropologique Franco Tchadienne" entdeckten die mit knapp sieben Millionen Jahren bislang ältesten Hominidenreste (*Sahelanthropus tchadensis*) im Tschadbecken.

Die verwandtschaftlichen Beziehungen zwischen diesen frühesten Vorfahren im Hominiden-Stammbaum sind unklar. Auch wenn die Finder beispielsweise den Tschad-Fund aufgrund seines hohen Alters für das langgesuchte „missing link" halten, so beweist dieser bei vergleichender Betrachtung mit den anderen Funden wahrscheinlich das Gegenteil: Es gab nicht das eine „missing link", sondern viel wahrscheinlicher ist eine Verflechtung unterschiedlicher geographischer Varianten der ersten Vormenschen in Zeit und Raum entlang der Grenzen des tropischen Regenwaldes.

Afrikanische Vormenschen

Die Vormenschen behielten eine enge Verbindung zu den breiten Uferzonen-Habitaten bei, die sich seit zirka vier Millionen Jahren stark ausbreiteten. Besonders war dies der Fall in gemäßigteren Klimaten am äußersten Rand des Verbreitungsgebiets. Durch passive Migration entstanden so schließlich mehrere geographische Varianten der Australopithecinen, zunächst im nordöstlichen und westlichen Afrika und – bis vor etwas mehr als drei Millionen Jahren – auch im südlichen Afrika. Der Nahrungserwerb dürfte relativ unspezialisiert gewesen sein: Früchte, Beeren, Nüsse, Samen, Sprösslinge, Knospen und Pilze standen den Vormenschen zur Verfügung. Aber auch kleine Reptilien, Jungvögel, Eier, Weichtiere, Insekten und kleine Säugetiere standen, je nach Jahreszeit, auf dem vormenschlichen Speiseplan.

Perspektiven der Forschung

Interessant ist die weitere Entwicklung der Vormenschen, denn vor etwa 2,8 Millionen Jahren begann eine Phase starker Klimaschwankungen in Afrika, die zur Ausbildung von mosaikartigen Lebensräumen führte. Die offenen Lebensräume mit einem höheren Anteil an hartfaserigen und hartschaligen Pflanzen dehnten sich aus, die verbleibenden Flussauewälder wurden schmaler. Der Selektionsdruck dieser Habitatänderung erhöhte die Chancen für Säugetiere mit großen Mahlzähnen, die sich das härtere Nahrungsangebot der Savannen erschließen konnten. Dies galt für frühe Hominiden ebenso wie für zahlreiche andere afrikanische Säugetiere (zum Beispiel Antilopen) vor zirka 2,5 Millionen Jahren.

Dieser Druck war groß genug, um eine Aufspaltung des bis dahin – von geographischen Varianten abgesehen – einheitlichen Australopithecinen-(Vormenschen-)Stammes in die Gattungen Paranthropus („Nussknacker-menschen", „robuste Australopithecinen") und Homo (Urmenschen) vor zirka 2,5 Millionen Jahren hervorzurufen. Die Koexistenz dieser zwei Linien vor etwa zwei Millionen Jahren ist aus Olduvai Gorge (Tansania), aus Koobi Fora (Kenia) und aus Konso (Äthiopien) bekannt. Der älteste Nachweis hierfür (2,6 bis 2,4 Millionen Jahre) stammt aus Nord-Malawi. Die eine Linie führt zu *Homo sapiens*, die andere starb mit den robusten Australopithecinen vor zirka einer Million Jahren aus.

Das 1924 gefundene Taung Baby (Australopithecus africanus) ist der erste Vormenschenfund aus Afrika. Hier wird es von Phillip Tobias, Paläoanthropologe an der WITS University von Johannesburg, vorgestellt.

Schicksal der Nussknackermenschen

Allen robusten Australopithecinen, die im Allgemeinen zur Gattung Paranthropus zusammegefasst werden, sind wesentliche Merkmale in der

Konstruktion des Schädels und der Bezahnung gemeinsam: Der Gesichtsschädel ist sehr breit; die Jochbögen sind kräftig und weit ausladend. Am auffälligsten ist allerdings die Ausbildung eines Scheitelkammes an der Oberseite des Schädels aufgrund stark vergrößerter seitlicher Kaumuskulatur. Diese Merkmale und auch die megadonte Bezahnung deuten darauf hin, dass vor allem harte und grobe pflanzliche Nahrung, zum Beispiel Samen und harte Pflanzenfasern, zerkaut wurden.

Die robusten Australopithecinen hielten Verbindung zu den früchtereichen wasserführenden Zonen, besonders während der Trockenzeiten. Ihnen ging wahrscheinlich nie die ursprüngliche Verbindung zu den geschlosseneren Habitaten ihres Lebensraumes verloren, da dieser „Wohnraum" nach wie vor Schutz, Schlafplätze und ein gewisses Maß an Nahrung bereithielt. Die Nussknackermenschen starben vor ungefähr einer Million Jahren aus – wahrscheinlich nicht wegen Konkurrenz mit den Frühmenschen (*Homo erectus*), sondern mit anderen spezialisierten Pflanzenfressern wie Antilopen und Schweinen.

Der Beginn der Kultur: Gattung Homo

Bislang wurden in Afrika fast 200 Hominidenfragmente gefunden, die im weitesten Sinne zu den frühesten Nachweisen der Gattung Homo zu rechnen sind und die etwa 40 Individuen repräsentieren. Das bislang älteste Fundstück des ältesten Angehörigen der Gattung Mensch stammt aus Uraha im Karonga-Distrikt Nord-Malawis. An der Fundstelle Malema, zirka 60 Kilometer nördlich von Uraha, wurden auch die ältesten Reste der Nussknackermenschen (*Paranthropus boisei*) gefunden.

Aus der Gleichzeitigkeit der Entstehung der robusten Nussknackermenschen und der Gattung Homo ergeben sich spannende Fragen: Ist diese Gleichzeitigkeit nur Zufall oder Notwendigkeit aufgrund ökologischer Rahmenbedingungen? Gab es zur Entwicklung der megadonten Zähne der robusten Australopithecinen eine Alternative? Es muss eine gegeben haben, wie sonst ließe sich das Aussterben der Nussknackermenschen und das Überleben der Gattung Homo erklären? Diese Alternative muss der Beginn der Werkzeugkultur gewesen sein, deren Anfänge ebenfalls – wie die der Gattung Homo – 2,5 Millionen Jahre alt sind. Östlich der Hominidenfundstellen von Hadar in Äthiopien bei Gona wurden sehr ursprüngliche Geröllwerkzeuge entdeckt, die etwa 2,6 Millionen Jahre alt sind. Auch Funde am Westufer des Turkana-Sees bestätigen, dass vor zirka 2,5 Millionen Jahren die ersten Werkzeugkulturen etabliert waren.

Die Benutzung von Steinwerkzeugen zum Hämmern harter Nahrung zeigte bald Vorteile in unvorstellbarem Ausmaß: Zufällig entstehende scharfkantige Abschläge wurden als Schneidewerkzeuge eingesetzt: eine Revolution in der Fleischbearbeitung und der Zerlegung von Kadavern. Die sich entwickelnde Werkzeugkultur überdeckte die Auswirkungen des Klimawechsels so lange, bis *Homo rudolfensis* andere Nahrungsquellen besser als jede andere Hominidenart jemals zuvor nutzen konnte. Unter dem Druck der Umweltveränderungen zu jeder Zeit war es eben gerade die Fähigkeit der Hominiden zu kulturellem Verhalten, die die Gattung Homo entstehen ließ. Im

Gegensatz zu den robusten Vormenschen legten unsere Vorfahren eine größere Flexibilität des Verhaltens an den Tag – eine Entwicklung die letztlich auch zu einem größeren und leistungsfähigeren Gehirn führte.

Verknüpft mit der Erfindung der ersten Werkzeuge in Afrika sind einschneidende Ereignisse, die nichts weniger als den Beginn unserer eigenen kulturellen Evolution darstellen: Der Ursprung von Betriebssystemen und Technik, die erstmalige Informationsspeicherung außerhalb des Gehirns und der Beginn des Informationstransports durch Sprache führen zu zunehmender Unabhängigkeit von der Umwelt – und gleichzeitig zu zunehmender Abhängigkeit von den Werkzeugen – bis heute ein wesensbestimmendes Merkmal des Menschen.

Perspektiven interdisziplinärer paläoanthropologischer Forschung

Die moderne Wissenschaft der Paläoanthropologie begann mit dem ersten Fund eines fossilen Vormenschen 1924 in Südafrika. Zunehmende Interdisziplinarität führte am Ende des letzten Jahrhunderts zu einem Paradigmenwechsel: Unsere Wissenschaft zielt heute auf ein Gesamtbild der Evolution des Menschen ab, und unter anderem werden Forschungen zu Klima, Ökosystemen, Konstruktion, Verhalten, biologischer Evolution und kultureller Entwicklung inter- und transdisziplinär verknüpft.

Besondere Bedeutung erhalten daher Forschungsprojekte, die im Verbund mehrerer Disziplinen durchgeführt werden. Dies wird sich in Zukunft auch verstärkt in Anträgen zeigen. Und dies sollte sich ebenfalls in der Förderungspraxis der Deutschen Forschungsgemeinschaft niederschlagen, was die flexible Handhabung bei der Begutachtung, über die engen Grenzen spezifischer Fachkollegien hinaus, auch bei Einzelanträgen voraussetzt.

Im Sinne einer umfassenden und interdisziplinären Beschäftigung mit unserer eigenen Geschichte ergeben sich spannende Forschungsfragen bezüglich der Konsequenzen für die weltweite Existenz des heutigen *Homo sapiens.* Als Beispiele seien einige dargestellt, die in Kooperation mit dem Zentrum für Interdisziplinäre Afrikaforschung der Universität Frankfurt (ZIAF)

Das Cultural & Museum Centre Karonga (CMCK) in Nord-Malawi bietet Besuchern Einblicke in die Arbeit von Paläoanthropologen und gibt Hintergrundinformationen zu Fossilfunden aus Afrika.

durchgeführt beziehungsweise entwickelt werden und sich auf die Wiege der Menschhheit – Afrika – beziehen.

Bedeutung des Afrikanischen Grabensystems und des Riftflanken-Uplifts für regionales Klima im östlichen Afrika

Ziel der DFG-Forschergruppe 703 (www.riftlink.de) ist die Erforschung der Zusammenhänge zwischen der Veränderung der physischen Umwelt (Klima, Tektonik, Geomorphologie) und der Evolution terrestrischer und aquatischer Faunen sowie der frühen Hominiden und ihrer Biogeographie.

Die Rückkopplung zwischen tektonischer Heraushebung und erosiver Abtragung kann drastische Effekte sowohl beim regionalen als auch globalen Klima bewirken, das wiederum Ökosysteme und das Verteilungsmuster biogeographischer Zonen beeinflusst. RiftLink befasst sich mit den Ursachen der seit dem Miozän stattfindenden Heraushebung der Riftflanken im ostafrikanischen Grabensystem, der daraus resultierenden Effekte auf Klimawechsel im äquatorialen Afrika und den möglichen Folgen für die Evolution der Hominiden. Ziel ist es auch, ein Prozessverständnis der Riftflanken-Heraushebung durch die Untersuchung der Entstehung des über 5000 Meter hohen Rwenzori-Gebirges zu gewinnen, das im ugandischen Teil des ostafrikanischen Rifts liegt. RiftLink integriert Forschungen aus den Bereichen Geophysik, Niedrigtemperatur-Thermochronologie, Petrologie, Strukturgeologie, Geomorphologie, Sedimentologie, Paläontologie, Isotopengeochemie, Klimatologie und numerische Modellierung.

Auswirkungen globaler Klimaveränderungen und veränderter Landnutzung auf terrestrische und aquatische Ökosysteme im tropischen Afrika

Die tropischen Gebiete Afrikas sind seit über 20 Millionen Jahren durch großräumige Klimaveränderungen mit feuchten und trockenen Perioden gekennzeichnet. Dies führte zu hohen Art-Neubildungsraten bei Pflanzen und Tieren und zur Beschleunigung evolutiver Prozesse in den tropischen Bereichen Afrikas. Heute finden in diesen Gebieten gravierende Veränderungen der Diversität sowohl terrestrischer als auch aquatischer Ökosysteme statt, die durch zwei sich gegenseitig verstärkende Prozesse ausgelöst werden: Klima- und Landnutzungswandel.

Die Veränderung von Ökosystemen aufgrund globaler Klimaveränderungen zeigt sich oft nur langsam und zunächst recht unauffällig durch graduelle Reaktion von Organismen bis hin zur Veränderung von Artenzusammensetzung. Bei Änderung der Nutzung durch den Menschen werden diese Prozesse jedoch dramatisch beschleunigt. Der globale Klimawandel durch die Freisetzung klimarelevanter Gase wird sekundär verstärkt durch die Konversion von Habitaten zu Nutzflächen und die zunehmende Ausdehnung von Arealen, die durch Raubbau und unangepasste Bewirtschaftung degradiert werden (zum Beispiel Brandrodung).

Es ist bekannt, dass der anthropogene Einfluss geographisch unterschiedlich ausgeprägt ist. Daher ist ein regionaler Vergleich innerhalb Afrikas von entscheidender Bedeutung für das Verständnis der Auswirkungen des Kli-

ma- und Landnutzungswandels auf die terrestrischen und aquatischen Ökosysteme der Tropen.

Out of Afrika: Die frühe Besiedlung Eurasiens

Um zwei Millionen Jahre vor heute verließen Hominiden erstmals Afrika
und besiedelten Regionen außerhalb der Tropen. Über die Anzahl der Aus-
wanderungsereignisse besteht Uneinigkeit, jedoch hat sich nur unsere eigene Art, *Homo sapiens*, über die gesamte Erde ausgebreitet und alle anderen Menschengruppen verdrängt. Während bei frühen Ausbreitungen bestehende Habitatgrenzen nicht überschritten werden, die Ausbreitung also pas-
siv stattfindet, sind spätere Kolonisierungen nur denkbar in Verbindung mit
kulturellen Neuerungen. Während die allgemeinen raumzeitlichen Parameter dieser frühen Besiedlung recht gut bekannt sind, wissen wir so gut wie
nichts über die geophysischen, umweltbedingten, ökologischen, verhaltens-
bedingten und technologischen Voraussetzungen der ersten Besiedlung Eu-
rasiens.

Spezielle Fragen sind beispielsweise: Welche Voraussetzungen hatten
die frühen Angehörigen der Gattung Homo vor zirka zwei Millionen Jahren, die ihnen eine Ausbreitung nach Eurasien ermöglichte und die geolo-
gisch älteren Hominiden offensichtlich fehlten? Welche Rolle spielten hierbei technologische und kulturelle Neuerungen? Welche potenziellen geographischen Korridore existierten hierbei, welche Rolle spielten die Küstenregionen als Ausbreitungsweg? Wie
waren Lebens- und Ernährungsweise
in unterschiedlichen Bereichen Eurasi-
ens? Welche Faktoren verhindern beziehungsweise verstärken das Migrati-
onspotenzial früher Hominiden?

*Im Forschungscamp nahe einer Grabungsstelle werden junge ma-
lawische Mitarbeiter von einheimischen Präparatoren wie Harrison
Simfukwe (rechts) geschult.*

Public Understanding of Palaeoanthropology

Neben allen übergeordneten Fragestellungen wird die Paläoanthropologie immer auf neue paläontologische
Funde angewiesen sein. Daher sind ein
unverzichtbares Element unserer Forschungen langfristige Geländearbeiten
in Kooperation mit afrikanischen Part-
nerinstitutionen. Um diese Zusammenarbeit langfristig zu sichern, müssen
gemeinsame Forschungsstationen aufgebaut werden, und ganz wesentlich
dazu gehört auch die Unterstützung
unserer dortigen Kooperationspartner.

Gerade in Afrika, am Ausgangspunkt der Vor-, Ur- und modernen
Menschen und der kulturellen Evoluti-

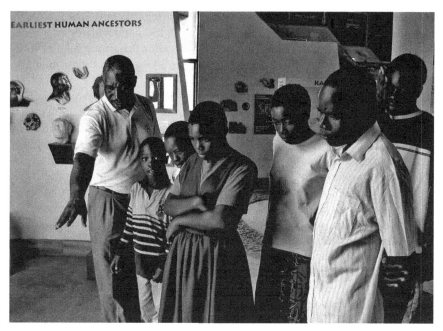

Dem Urahn auf den Zahn gefühlt: Kinder besuchen das Cultural & Museum Centre Karonga.

on ist es nicht nur schlecht bestellt um den Fortschritt durch die Erfindungen des Menschen, sondern auch um das Wissen seiner Herkunft. Wissenschaft hat auch die Aufgabe, Ergebnisse zu vermitteln. So ist es nur angemessen, das Wissen um die Wiege der Menschheit auch in ihr selbst, in Afrika, zu verbreiten.

Nehmen wir das Beispiel Malawi: Um in diesem Land, das 30 Jahre diktatorisch regiert wurde, Wissen zu schaffen, eine regionale, kulturelle und historische Identität aufzubauen, sind paläontologische Funde aus der eigenen Region zwar ein seltenes, aber wirkungsvolles Vehikel. In Nord-Malawi werden Fossilien von Dinosauriern und Hominiden zu Objekten der Demokratie. 240 Millionen Jahre Erdgeschichte vermittelt die Ausstellung „From Dinosaurs to Democracy" im kürzlich eröffneten Kultur- und Museumszentrum Karonga, das von der Uraha Foundation Malawi & Germany und dem Forschungsinstitut Senckenberg errichtet und von der Europäischen Union, der Gesellschaft für Technische Zusammenarbeit, dem Deutschen Entwicklungsdienst und vielen anderen Institutionen und Privatpersonen mit Weitblick finanziell unterstützt wurde.

Achtzig Jahre nach der wissenschaftlichen Etablierung Afrikas als Wiege der Menschheit bietet dieses Zentrum in Karonga nun die Chance zum Anfassen, Erkunden und Hinterfragen der eigenen Natur- und Kulturgeschichte

Kultur und Entwicklung

Kultur- und speziell Museumsarbeit in Afrika kann aber auch bedeutende Impulse für die gesamtgesellschaftliche Auseinandersetzung beziehungsweise Entwicklung bieten. Ein interdisziplinäres Forschungsvorhaben im Zentrum für Interdisziplinäre Afrikaforschung der Universität Frankfurt, das auf einer

innovativen Kooperation zwischen sozialwissenschaftlicher Entwicklungs-
länderforschung und Paläoanthropologie beruht, soll neue Antworten auf die
Frage generieren, wie Kulturförderung im Sinne der Schaffung lokaler Räume, die Natur- und Kulturgeschichte für die Bevölkerung erfahrbar machen,
entwicklungsrelevant werden kann.

Regionale naturhistorische Museen in Afrika, so lassen verschiedene Beispiele aus Malawi, Tansania und Kenia vermuten, eröffnen über die Auseinandersetzung mit der lokalen Geschichte neue Zugänge zu Wissen und Bildung. Unter günstigen Voraussetzungen werden sie dabei als eine Art „öf-
fentlicher Raum" der Aneignung von Kultur genutzt, der weitere kulturelle
Dynamiken hervorbringt. So gründete sich in Karonga/Malawi im naturhis-
torischen Museum eine Umweltgruppe und das örtliche Theatre for Deve-
lopment spielte im Hof des Museums Stücke, die deren Anliegen unterstützten. In Arusha/Tansania wurde das betreffende Museum zum Kristallisations-
punkt eines panafrikanischen Musikfestivals, das Gesundheit und Krankheit
und den Umgang mit HIV/Aids thematisierte.

Ausgehend von der Evolutionsgeschichte des Menschen, über die Einbettung dieser Prozesse in die ganzheitliche Betrachtung der biologischen Evolution und der Umwelt- und Klimaentwicklung bietet die Paläoanthropologie somit auch Perspektiven für innovative, multidisziplinäre Ansätze der Erforschung und Gestaltung von Entwicklungsprozessen des modernen *Homo
sapiens*.

Friedemann Schrenk

1956 geboren ■ 1978 bis 1985 Studium der Geologie, Zoologie und Paläontologie an der TU
Darmstadt und in Johannesburg, Abschluss
als Diplom-Geologe ■ 1982 Bernard Prize, Institute for Palaeontological Research, Johannesburg ■ 1985 bis 1987 Promotion an der
Universität Frankfurt/M., wissenschaftlicher
Mitarbeiter des Zentrums für Morphologie am
Universitätsklinikum ■ 1987 bis 1988 wissenschaftlicher Mitarbeiter am Lehrstuhl für Spezielle Zoologie an der Universität Tübingen ■
1988 bis 2000 Kustos und Abteilungsleiter an

der Geologisch-Paläontologischen und Mineralogischen Abteilung des
Hessischen Landesmuseums Darmstadt ■ 1994 Habilitation an der TU
Darmstadt ■ 1995 Forschungspreis der Wenner-Gren Foundation, New
York ■ 1996 Forschungspreis des Collège de France, Paris ■ 1999 Grü-
ter-Preis für Wissenschaftspublizistik ■ seit 2000 Professor für Paläobiolo-
gie der Wirbeltiere an der Universität Frankfurt/M. und Leiter der Abteilung für Paläoanthropologie und Quartärpaläontologie am Forschungsinstitut und Naturmuseum Senckenberg ■ 2006 Communicator-Preis des
Stifterverbandes für die Deutsche Wissenschaft und der Deutschen Forschungsgemeinschaft

Eis und Klima – Glaziologie

Heinrich Miller, Geophysik

Wir alle kennen Gebirgsgletscher und Eisberge aus Bildern oder eigenem Erleben. Sie sind Zeugen für den relativ kühlen Klimazustand unserer Erde. Wir beobachten, wie sich die Gletscher im gegenwärtig immer wärmer werdenden Klima in immer höhere Regionen zurückziehen und können so erleben, dass es eine Wechselwirkung gibt zwischen Klima und der Menge an Eis auf der Erde. Ebenso können wir an älteren Moränen, die aus dem Schutt aufgebaut sind, den ein vorrückender Gletscher vor sich her schiebt, erkennen, dass in früherer Zeit die Ausdehnung des Eises viel größer war. Die Wissenschaft der Quartärgeologie hat bereits früh aus solchen Zeugen einen mehrfachen Wechsel zwischen Eis- und Zwischeneiszeiten oder besser Kalt- und Warmzeiten abgeleitet.

Die Kälte und die Wärme

Heute wissen wir, nicht zuletzt dank der vermehrten Forschungsarbeiten in den Polargebieten seit dem Internationalen Geophysikalischen Jahr 1957/58, relativ gut, wie viel Eis wir insgesamt auf der Erde haben. Es ist ungleich verteilt: 90 Prozent liegen in der Antarktis, 9 Prozent in Grönland und ein Prozent in allen Gebirgsgletschern, und zusammen macht die Masse etwa 75 Prozent des gesamten Süßwasservorrats der Erde aus.

Neben dieser Menge an landgebundenem Eis haben wir noch das Meereis zu beachten, das in hohen Breiten aus dem Meerwasser gefriert und sich in seiner flächenhaften Ausdehnung saisonal außerordentlich stark verändert. Die Gesamtmenge des Meereises ist klein gegen die des landgebundenen Eises, dennoch kommt ihm im System Erde eine besondere Bedeutung zu. Meereis ist Lebensraum und Brutstätte vieler Organismen, und es steuert den Austausch von Energie und Impuls zwischen Ozean und Atmosphäre.

Sowohl Land- wie Meereis sind gekennzeichnet durch eine besonders in den Polarregionen ganzjährig weiße Oberfläche. Diese Albedo führt zu einer hohen Rückstrahlung des einfallenden Sonnenlichts und im langwelligen Spektralanteil zu einer hohen Ausstrahlung von Energie. Damit beeinflussen die eisbedeckten Gebiete den Strahlungshaushalt der Erde in entscheidender

Im ewigen Eis suchen Glaziologen Antworten auf die inzwischen wohl drängendste globale Menschheitsfrage: die Frage nach der Entwicklung und Veränderung des Klimas.

Weise. Das Eis der Erde ist sowohl ein aktives wie passives Element im Klimasystem. Darüber hinaus stehen Meeresspiegel und Eismassen in enger Beziehung. So war der Meeresspiegel in der letzten Kaltzeit, die vor etwa 18 000 Jahren endete und während der mehr als doppelt so viel Eis wie heute auf der Erde war, um 120 Meter niedriger; heute beträgt der Beitrag zur Erhöhung des Meeresspiegels aus Gletscherschmelze etwa 0,7 bis 1 Millimeter/Jahr.

Die Kälte und die Wärme

Die Form und Größe der Inlandeise und Gletscher ergibt sich aus der Form des Bettes und aus der Verteilung von Niederschlag als Schnee und Abschmelzung beziehungsweise Kalbung von Eisbergen. Unter dem Einfluss der Schwerkraft fließt das Eis bei Gletschern von oben nach unten, bei Inlandeisen ebenso, aber dort auch von innen nach außen. Die Fließgeschwindigkeiten reichen dabei von Zentimetern/Jahr bis zu mehreren Kilometern/ Jahr. Die dabei insbesondere bei rauer Topographie des Untergrundes auftretenden Spannungen führen zur Bildung von Gletscherspalten. Das Fließverhalten ist in hohem Maße von der Temperatur des Eises abhängig. Gletscher befinden sich in der Regel am Druckschmelzpunkt, das heißt, sie enthalten auch immer etwas flüssiges Wasser, die polaren Eiskappen hingegen sind kalt, lediglich bei großer Eismächtigkeit und entsprechend hohem Alter des Eises an der Unterseite kommt es an der Basis zum Schmelzen, sodass auch dort ein gewisser Gleiteffekt auftreten kann, der die Fließgeschwindigkeit mitsteuert. Neueste Erkenntnisse über die Verhältnisse an der Eisbasis der Antarktis ergeben, dass das hydrologische System unter dem Eis nicht nur zur Bildung größerer oder kleinerer isolierter Seen führt, sondern dass diese auch miteinander in Verbindung stehen und Wassermassen austauschen können. Der größte See in der Antarktis, der Vostok-See, hat etwa die Fläche des Lake Ontario und unter Eis, das zwischen 4100 und 3700 Meter dick ist, beträgt die Seetiefe bis zu 1000 Meter.

Die glaziologische Forschung steht vor der großen Herausforderung, die Beiträge der globalen Eismassen zum Meeresspiegelanstieg in einem wärmer werdenden Klima zu quantifizieren. Nach wie vor herrscht hier große Unsicherheit, die nur durch verstärkte Beobachtung von Veränderungen und verbesserte Modellierung verringert werden kann. Während heute insbesondere die zurückgehenden Gebirgsgletscher einen Beitrag zum Meeresspiegelanstieg liefern, wird künftig wahrscheinlich das grönländische Inlandeis mehr Wasser in den Ozean abgeben, was aber nach heutiger Einschätzung zumindest in diesem Jahrhundert durch vermehrten Niederschlag in der Antarktis kompensiert wird. Diese relativ pauschale Abschätzung berücksichtigt aber nicht die sich möglicherweise verändernde Dynamik von Inlandeisen und Eisschelfen. Nicht zuletzt durch die Beobachtung aus dem Weltraum lernen wir heute dynamische Änderungen im Fließverhalten bestimmter Regionen der Antarktis und Grönlands kennen, die kurz- bis mittelfristig die Massenbilanz und damit auch unsere Prognosen über den Meeresspiegelanstieg entscheidend beeinflussen können.

Es ist noch nicht bekannt, inwieweit das subglaziale hydraulische System die Dynamik verändert, gesichert aber scheint, dass die subglaziale Topographie und die Gleiteigenschaften an der Eisbasis eine wichtige Rolle spielen und zur Ausbildung von schnell fließenden Eisströmen führen. Wir sind heute in der Lage, durch speziell adaptierte geophysikalische Verfahren diese Verhältnisse aufzuklären und durch die Abbildung von Isochronen in den Eiskörpern wesentliche Randbedingungen für eine verbesserte eisdynamische Modellierung bereitzustellen. Um aber zu belastbaren Aussagen über die aktuellen Verhältnisse zu gelangen, bedarf es noch erheblicher Anstrengungen. So wissen wir beispielsweise heute für etwa ein Drittel der Fläche der Antarktis nichts Genaues über die Eismächtigkeiten, und nur in ausgewählten kleineren Teilgebieten haben wir Einblick in die inneren Strukturen.

Die Pole als Archive

Neben all den Elementen des Eises der Erde, die mit dem Klima in Wechselwirkung stehen, stellen die polaren Eiskappen ein hervorragendes Archiv des Klimas und der Veränderungen der Umweltbedingungen der Vergangenheit dar. Da der Niederschlag immer als Schnee fällt und nichts schmilzt, lagert sich eine Jahresschicht nach der anderen übereinander, und so erreicht man mit zunehmender Bohrtiefe immer ältere Schichten, die bei geeigneten Fließbedingungen auch ungestört aufeinanderfolgen. Die Analyse der Bohrkerne lässt nun die Bestimmung verschiedener Umweltparameter mit physikalischer und chemischer direkter Analytik zu. Aus dem Verhältnis der stabilen Sauerstoff- und Wasserstoffisotope lässt sich die Temperatur rekonstruieren, die Analyse ionischer Komponenten, die aus der Deposition der Aerosole aus der Atmosphäre stammen, liefert Indikatoren für die Veränderungen der großräumigen Zirkulationssysteme und in den jeweiligen Quellgebieten. Bei entsprechend großer jährlicher Niederschlagsmenge – im zentralen Teil Grönlands beträgt sie heute etwa 23 Zentimeter – kann auch eine jahreszeitliche Auflösung des Temperatursignals erreicht werden. Das Ergebnis einer Bohrung des Greenland Icecore Project (GRIP) hat unsere Sicht des Klimasystems entscheidend verändert. Auffallend sind die schnellen Temperaturschwankungen während der letzten Kaltzeit. Sie sind heute als Dansgaard-Oeschger-Zyklen bekannt. Besonders rasch verläuft der Anstieg der Temperatur (12 Grad in 20 bis 30 Jahren).

Schließlich, und dies ist gerade in der heutigen Klimadiskussion von herausragender Bedeutung, kann aus der im Eis sicher eingeschlossenen Luft ihre gasförmige Zusammensetzung bestimmt werden. Damit haben wir heute eine Referenz zur Verfügung, die uns die Bandbreite und das Niveau der Treibhausgaskonzentrationen in vorindustrieller Zeit angibt und gegen die die anthropogenen Emissionen zu bewerten sind. Es zeigt sich im bislang längsten durch einen Eiskern erfassten Zeitraum von etwa 860 000 Jahren, dass die minimale Konzentration von CO_2 bei etwa 180 ppm in Kaltzeiten und die maximale bei etwa 290 ppm in Warmzeiten lag. Es zeigt sich aber auch, dass der Wechsel von kälteren zu wärmeren Phasen durch andere Faktoren initiiert wird, weil der Beginn des Temperaturanstiegs dem CO_2-Anstieg vorangeht. Nicht aufzulösen ist derzeit eine mögliche nachfolgende positive Rückkopplung des ansteigenden CO_2 auf die Temperatur.

Für unser Verständnis des Klimasystems und des Kohlenstoffkreislaufs ist wohl auch der Befund wichtig, dass es eine klare Korrelation der Veränderungen der globalen Methankonzentration mit den rekonstruierten Temperaturen aus Grönland gibt, während Veränderungen der CO_2-Konzentration viel besser mit den Temperaturänderungen der Antarktis korrelieren. Dies lässt den Schluss zu, dass jeweils nordhemisphärische Feuchtgebiete als Methanquellen in Frage kommen und dass dem südlichen Ozean doch eine besondere Rolle als Kohlenstoffsenke zukommt.

Die Wissenschaft vom Eis, die Glaziologie, erfordert das Zusammenspiel aller naturwissenschaftlichen Fachdisziplinen und ist deshalb nachgerade ein Paradebeispiel für multidisziplinäre Forschung. Dies birgt aber auch Nachteile im üblichen Fördersystem, da oftmals einzelne disziplinäre Forschungsvorhaben, die für das Gesamtergebnis wichtig sind, isoliert und ohne die Gesamtsicht begutachtet werden. Dabei kann es aus der Perspektive der jeweiligen Disziplin zu unbefriedigenden Beurteilungen kommen. Darüber hinaus ist die Glaziologie an keiner Hochschule in Deutschland durch einen Lehr-

Bei eisigen Temperaturen tragen die Wissenschaftler Bohrkerne zum Transportschlitten.

stuhl vertreten. Diese Umstände erschweren eine kontinuierliche Förderung in ausreichendem Maße. Dazu kommt, dass glaziologische Forschung fast immer in langfristigen Projekten erfolgen muss. Wenn man bedenkt, dass eine Eiskerntiefbohrung einen etwa zehnjährigen gesicherten Förderhorizont erfordert, mindestens drei Generationen von Doktoranden beschäftigt und einen erheblichen Mittelaufwand für die Durchführung selbst bedingt, wird die Schwierigkeit deutlich, solche Projekte mit den normalen Förderverfahren der DFG zu realisieren. Man könnte sich die Frage stellen, ob nicht analog zum Integrated Ocean Drilling Program (IODP) oder dem International Continental Scientific Drilling Program (ICDP) ein deutscher Beitrag zu IPICS (International Partnership for Ice Core Sciences), das gerade im Entstehen ist, geleistet werden kann, der dann auch durch ein entsprechendes DFG-Schwerpunktprogramm unterstützt wird.

Die DFG hat immer wieder im Rahmen des Normalverfahrens glaziologische Einzelvorhaben finanziert. Zusammen mit der Förderung im Rahmen des Schwerpunktprogramms „Antarktisforschung" und der institutionellen Förderung durch das BMBF über das Alfred-Wegener-Institut für Polar- und Meeresforschung ist es gelungen, der deutschen glaziologischen Forschung hohe internationale Anerkennung und eine gewisse Kontinuität zu verschaffen. Angesichts der besonderen Rolle der Eisgebiete der Erde für das Klimasystem sollte die Forschungsförderung erhöht und langfristig verstetigt werden, damit die Bewertung der Folgen künftiger Klimaveränderungen verbessert werden können.

Arbeitsgruppe Glaziologie

Sowohl die Forschungsarbeiten als auch deren Vermittlung in die Öffentlichkeit wurden von den mit dem Communicator-Preis 2007 ausgezeichneten 15 Bremerhavener Polar- und Meeresforschern von Beginn an als Team erbracht. Wesentlichen Anteil daran hat der Geophysiker und Stellvertretende Direktor des Alfred-Wegener-Instituts

Heinrich Miller

1944 geboren ■ 1963 bis 1969 Studium der Physik, Geophysik und Meteorologie an der LMU München ■ 1971 Promotion ■ 1969 bis 1985 wissenschaftlicher Mitarbeiter am Institut für Allgemeine und Angewandte Geophysik ■ 1977 bis 1981 wissenschaftlicher Assistent ■ 1981 bis 1985 Akademischer Rat ■ seit 1985 Professor der Geophysik an der Universität Bremen und Leiter der Sektionen Geophysik und Glaziologie am Alfred-Wegener-Institut für Polar- und Meeresforschung (AWI) in Bremerhaven ■ 1987 bis 2000 Vorsitzender des Wissenschaftlichen Rates am AWI ■ seit 2000 Stellvertretender Direktor des AWI ■ 2007 Communicator-Preis des Stifterverbandes für die Deutsche Wissenschaft und der Deutschen Forschungsgemeinschaft

Perspektiven der
Forschungsförderung

Die Ziele der Deutschen Forschungsgemeinschaft

„Die DFG dient der Wissenschaft in allen ihren Zweigen durch die finanzielle Unterstützung von Forschungsaufgaben und durch die Förderung der Zusammenarbeit unter den Forschern. Der Förderung und Ausbildung des wissenschaftlichen Nachwuchses gilt ihre besondere Aufmerksamkeit. Die Deutsche Forschungsgemeinschaft fördert die Gleichstellung von Männern und Frauen in der Wissenschaft. Sie berät Parlamente und Behörden in wissenschaftlichen Fragen und pflegt die Verbindungen der Forschung zur Wirtschaft und zur ausländischen Wissenschaft." (§ 1 der Satzung der DFG)**

Entwicklung der Ziele

Die Art und Weise, in der die Deutsche Forschungsgemeinschaft das Generalziel „der Wissenschaft in allen ihren Zweigen" zu dienen, verfolgt und umgesetzt hat, hat sich über die Jahrzehnte ihrer Arbeit allerdings sehr verändert. Die aufgelisteten Teilziele sind wandelnden Erfordernissen entsprechend angepasst und erweitert worden. Zu fragen ist, ob es in dieser Entwicklung Konstanten gibt und wie sich die DFG vor diesem Hintergrund positionieren muss, um auch in den kommenden Jahren ihre Ziele wirksam verfolgen zu können.

Zu Beginn der 50er-Jahre war die DFG noch ein „Reservat der Ordinarien" (Patrick Wagner). Als Selbstverwaltungsorganisation der Wissenschaft verstand sie sich als eine Einrichtung von Forschern für Forscher (Forscherinnen gab es damals kaum), und sie hielt auch an dieser Einstellung fest, als sie sich in den beiden folgenden Dekaden einem weiteren Kreis von Wissenschaftlern öffnete; 1959 wurde der Passus zur Nachwuchsförderung in die Satzung aufgenommen, 1971 wurde auch Angehörigen des „Mittelbaus" das aktive Wahlrecht für die Fachausschüsse zugesprochen. Die „finanzielle Unterstützung von Forschungsaufgaben" beschränkte sich in dieser Zeit aber auf die Förderung von Einzelvorhaben, wenngleich durch die Einführung der Schwerpunktprogramme (1953) und Forschergruppen (1962) schon frühzeitig strukturelle Komponenten Gewicht bekamen; daneben hat die DFG von Anfang an versucht, durch die Veröffentlichung von Denkschriften stra-

Forschung braucht Zeit und Geld, nicht zuletzt für moderne Geräte: hier der optische Verstärker einer extrem leistungsfähigen Laseranlage im Institut für Optik und Quantenelektronik der Universität Jena. Physiker der Jenaer Universität sind an einem Sonderforschungsbereich/Transregio beteiligt, der den Titel „Realistische Laser-Plasma-Dynamik" trägt .

tegische Anstöße für Forschungsgebiete zu geben, deren Entwicklung sie für notwendig und wichtig hielt. Ausschlaggebend für die Mittelvergabe war jedoch stets die wissenschaftliche Einschätzung der Vorhaben durch die Fachgutachter und -ausschüsse der DFG.

Mit dem Programm „Sonderforschungsbereiche" übernahm die DFG 1968 sichtbar Verantwortung für (und gewann Einfluss auf) die Entwicklung der Universitäten. Zum ersten Mal waren es zudem nicht nur Einzelforscher, sondern auch Institutionen, die bei der DFG als Antragsteller auftraten. Durch die konsequente Priorisierung wissenschaftlicher Kriterien hat die Deutsche Forschungsgemeinschaft erreicht, dass die Sonderforschungsbereiche von den Forschenden als Instrument zur Verfolgung ihrer wissenschaftlichen Ziele angenommen wurden, ohne ihre strukturgestaltende Wirkung einzuschränken. Die DFG gewann dadurch das Vertrauen der Communities, und dieses offenkundige Vertrauen verlieh ihr zunehmend Ansehen und Gewicht auch außerhalb der Wissenschaft.

Als die Graduiertenkollegs – eine Erfindung des Wissenschaftsrats – zur Realisierung anstanden, war es daher folgerichtig, die DFG um die Durchführung dieses Programms zu bitten, und für die DFG war es letztlich selbstverständlich, es zu übernehmen. Rückblickend ist der Widerstand, der in den Gremien der DFG dabei zu verspüren war, erklärbar. In diesem Programm waren auf einmal die gewohnten Fronten – hier Wissenschaft, dort Politik und Administration – verwischt, galt es doch oft, die nicht immer kongruenten Interessen des wissenschaftlichen Nachwuchses und der betreuenden Professorenschaft in Einklang zu bringen. Hier kam es dennoch nicht zum Konflikt, denn auch die Einrichtung der Graduiertenkollegs orientierte sich von Anfang an an Kriterien der Qualität der Forschung und erst in zweiter Linie an der Qualität und dem Innovationsgehalt der Ausbildungskomponente. Das mag die Effektivität und die Reichweite des Programms zunächst eingeschränkt haben; es ermöglichte aber, auf einem hohen und glaubhaften Niveau den Gedanken der strukturierten Promotionsförderung in Deutschland einzuführen und vertraut zu machen, ohne dass der Eindruck eines Oktrois entstand oder Unterschiede zwischen den Fächerkulturen verwischt werden sollten. Große Reformprojekte wie der Bologna-Prozess können von diesen Erfahrungen profitieren.

Blickt man nun auf die Sätze der Satzung, erkennt man die Distanz, die die DFG in der Ausgestaltung ihrer Ziele, den Erfordernissen der Zeiten folgend, in ihrem Dienst an der Wissenschaft zurückgelegt hat. Es geht nicht mehr nur im engeren Sinne um die „finanzielle Unterstützung von Forschungsaufgaben" – mit den Sonderforschungsbereichen geht es auch um die Struktur der Universitäten, mit den Graduiertenkollegs um die Art und Weise, wie der Nachwuchs ausgebildet wird, und mit den Nachwuchsprogrammen, allen voran das Heisenberg-Programm, nimmt die DFG Einfluss auf die personelle Zukunft vieler Disziplinen.

Damit und darüber hinaus ist die DFG Teil des Innovationsprozesses geworden, dem sich die europäischen Staaten verschrieben haben, um ihren Platz in einer kompetitiven Welt zu definieren und zu halten. Sie bemüht sich um die Anwendung der in ihrer Förderung erarbeiteten Projektergebnisse, und sie bemüht sich auch um die Diversität und Originalität der Wissenschaftlerinnen und Wissenschaftler, die gebraucht werden, um den Innovationsprozess in Gang zu halten.

Mit der Einführung der DFG-Forschungszentren, insbesondere aber mit der Übernahme der Exzellenzinitiative, ist die DFG noch deutlicher zu einer systemgestaltenden Einrichtung geworden. Sie ist jetzt nicht nur der Ort des Wettbewerbs der Forscherinnen und Forscher um Fördermittel, sie übernimmt zusätzlich die Aufgabe, den Wettbewerb der Universitäten auszurichten. Mit der Ausgestaltung der Initiative definiert die DFG dabei auch die Randbedingungen, unter denen die deutschen Universitäten sich in der internationalen Konkurrenz um Lehrpersonal, Studenten und Forschungserfolge behaupten sollen.

Dass der Deutschen Forschungsgemeinschaft diese Aufgabe übertragen wurde, unterstreicht das Vertrauen, das Bund und Länder in ihre Kompetenz haben. Dessen Grundlage wiederum ist allerdings das Vertrauen, das die Wissenschaft in die DFG setzt. Noch immer sehen die Mitglieder der DFG und die Communities die DFG als eine Organisation an, die die „ihre" ist, die ihre Interessen verfolgt und mit ihren Maßstäben misst – und die auch die Mühe der Kritik wert ist. Folgerichtig hat die DFG auch in der Exzellenzinitiative die wissenschaftliche Originalität und Substanz zu primären Kriterien der Entscheidung gemacht.

Die DFG gibt den einzelnen Fachgemeinschaften eine Stimme. Mit Denkschriften setzt sie Schwerpunkte oder formuliert Strategien.

Wenn die DFG von heute also den weiten Bogen von der strukturgestalten-
den Großförderung bis zum Einzelprojekt der Nachwuchswissenschaftlerin
schlagen kann, so deswegen, weil sie mit großer Konsequenz an ihrer Grund-
linie festhält: Der Wissenschaft zu dienen, indem sie das Beste und die Besten in der Wissenschaft identifiziert und fördert und ihr Handeln unbeirrbar
an dessen Nutzen für die Wissenschaft ausrichtet.

Perspektiven der Forschungs-förderung

Es ist leicht, hier einen Gegensatz zur Politik zu konstruieren und die Ziele
und Maßstäbe der DFG von den Zielen und Maßstäben der Politik abzugrenzen. Dies wäre zu kurz gegriffen, denn die Regierungen von Bund und Ländern haben durch ihre Mitwirkung in den Gremien und durch ihre konstruktive Beteiligung an der Entwicklung der DFG – erwähnt sei in diesem Zusammenhang beispielsweise die Systemevaluation durch Bund und Länder unter
Beteiligung internationaler Experten aus den Jahren 1998/99 – gezeigt, dass
sie diese Grundhaltung der DFG unterstützen und honorieren. Dass das Prinzip, die Förderung der Grundlagenforschung allein an wissenschaftsinternen
Maßstäben auszurichten, politisch anerkannt und unterstützt wird, zeigt zuletzt auch die Einrichtung des Europäischen Forschungsrats (European Research Council – ERC) durch die Europäische Union, die dazu genau diese
Prinzipien ins Feld führt. (▶ S. 21, 35 ff., 155 f.)

Was den ERC und die meisten anderen Förderorganisationen in Europa dennoch von der DFG unterscheidet, ist die Verankerung der DFG in den
Communities durch die regelmäßige Wahl der für Begutachtung und Bewertung entscheidenden Gremien (Fachkollegien, früher Fachausschüsse). Es
mag eigenartig erscheinen, das Mittel einer allgemeinen Wahl zur Ermitt-

Die DFG dient der Wissenschaft, indem sie das Beste und die Besten identifiziert und fördert. Hier ein Blick ins DFG-Forschungs-zentrum „Funktionelle Nanostrukturen" in Karlsruhe.

lung einer Elite einzusetzen. Das Verfahren rekrutiert aber, so die langjährige Erfahrung, hoch qualifizierte Personen für ein anspruchsvolles Ehrenamt; vor allem aber dient es dazu, das Vertrauen der Wählenden in den Prozess und die Ergebnisse der Begutachtungsverfahren zu erhalten und zu festigen. Dieses Vertrauen führt unter anderem dazu, dass Gutachten für die DFG auch bei nicht gewählten Wissenschaftlerinnen und Wissenschaftlern hohe Anerkennung genießen und somit die Qualität der Begutachtung auch in Zeiten starker Belastung der Hochschulen aufrechtzuerhalten ist.

Die DFG vergibt ihre Mittel im Wettbewerb. Die Organisation dieses Wettbewerbs, einschließlich der allgemeinen Wahrnehmung, ob er tatsächlich nach Grundsätzen der Fairness und Chancengleichheit durchgeführt wird – also die Art der Umsetzung ihrer Prinzipien – sind für die Tätigkeit der DFG und ihre Akzeptanz von vergleichbarer Wichtigkeit wie die Prinzipien selbst.

Rückblickend lässt sich also feststellen, dass die DFG im Laufe ihrer Entwicklung ihre Ziele konsistent mit den gleichen Prinzipien verfolgt – der konsequenten Orientierung an wissenschaftlichen Maßstäben und der Verankerung in den wissenschaftlichen Communities –, dass die Ziele selbst aber deutlich komplexer geworden sind, als die Formulierungen der Satzung es zunächst nahelegen.

Welche Akzente will die DFG in den nächsten Jahren in diese Komplexitäten hineinsetzen? Wie will sie sicherstellen, dass die genannten Prinzipien weiterhin wirksam bleiben? Einige Leitlinien lassen sich hier als Antwort festhalten.

Begutachtung: Die DFG vergibt ihre Mittel im Wettbewerb. Die Organisation dieses Wettbewerbs, einschließlich der allgemeinen Wahrnehmung, ob er tatsächlich nach Grundsätzen der Fairness und Chancengleichheit durchgeführt wird – also die Art der Umsetzung ihrer Prinzipien –, sind für die Tätigkeit der DFG und ihre Akzeptanz von vergleichbarer Wichtigkeit wie die Prinzipien selbst.

Die Auswahl der zu fördernden Projekte nach „wissenschaftlichen Maßstäben" ist, gerade wenn bei knappen Mitteln zwischen guten und sehr guten Projekten unterschieden werden muss, keine Selbstverständlichkeit, sondern das Ergebnis eines sensiblen Prozesses der Begutachtung. Die DFG bekennt sich klar zum Prinzip des „peer review". Sie möchte Vorhaben fördern, die in der Forschung Neuland betreten, und deren Bewertung kann nicht anders als durch das abgewogene und im Verfahren abgesicherte Urteil anderer Forschender erfolgen. Das ist kein Garant für den Erfolg der derart ausgewählten Vorhaben, aber zur Forschung gehört Risiko und zum Risiko gehören Misserfolge – sie sind geradezu ein Indikator dafür, ob das Risiko groß genug war.

Die Fachkollegien der DFG haben in diesem Prozess eine wichtige Rolle zu spielen. Mit der Reform ihres Begutachtungssystems hat die DFG sich bemüht, den Begutachtungsprozess auf eine noch breitere Basis zu stellen, indem sie eine maßgebliche Beteiligung der gewählten Fachkollegien an allen Begutachtungen der DFG vorgegeben und gewährleistet hat. Die in der ersten Wahlperiode der neuen Fachkollegien gewonnenen Erfahrungen müssen noch ausgewertet und Schlussfolgerungen daraus gezogen werden. In diesen Prozess werden sicherlich auch Überlegungen einfließen, ob man im Zuge der Begutachtung bessere Bedingungen für Risiko-Projekte schaffen kann. Absehbar ist auch, dass den von verschiedenen Seiten an die DFG herangetragenen Plädoyers für eine noch größere Transparenz der Begutachtung in geeigneter Form Rechnung getragen wird.

Die Ziele der DFG werden in unterschiedlichen Programmen mit unterschiedlichen Zielkombinationen umgesetzt. Die Organisation des Wettbewerbs wird sich daher in einem bestimmten Ausmaß an den Bedingungen des jeweiligen Programms orientieren müssen. Neben einer vertrauenswürdigen Begutachtung spielen dabei weitere Rahmenbedingungen eine entscheidende Rolle in der Förderung – die Schaffung adäquater Kriterien, Bedarfsgerechtigkeit, Flexibilität und unkomplizierte Verfahren.

Einzelförderung: Untrennbar vom „wie?" der Förderung ist die Frage, auf „wen" sie ausgerichtet sein soll. Man kann sich auf den Standpunkt stellen, dass auch die Zielgruppe der Förderung („Unterstützung") komplexer geworden ist – sie reicht von Promovierenden oder Studierenden, die innerhalb von Projekten oder in Graduiertenkollegs gefördert werden, bis hin zu den herausragenden Universitäten, die in der Exzellenzinitiative konkurrieren. Entsprechend mehrdimensional ist auch das Kriteriengerüst geworden, an dem sich die DFG zu orientieren hat, von den sorgfältig begutachteten Erfolgsaussichten des Einzelprojekts bis zur Abwägung der Kompromisse, die sie zugunsten des langfristigen Nutzens eines riskanten interdisziplinären Projekts, einer gemeinsam mit ausländischen Partnern verantworteten internationalen

Um Lebensgrundlagen (im Bild getrocknetes Wildfleisch, wie es südafrikanische Farmarbeiter essen) geht es in dem Projekt von Stefanie Lemke an der Universität Gießen, das die DFG im Normalverfahren fördert. Hier greifen Lebens- und Geisteswissenschaften ineinander.

Für die Wissenschaft ist der Austausch über Ländergrenzen hinweg überaus fruchtbar. Im Internationalen Graduiertenkolleg „Sustainable Resource Use in North China" arbeiten Doktoranden aus Deutschland und China zusammen.

Kooperation oder der Ausstrahlung und Synergiewirkung eines Forschungszentrums/Exzellenzclusters zu machen bereit ist. Man kann sich ebenso gut auf den Standpunkt stellen, dass die Zielgruppe der Förderung die gleiche ist, die sie immer war: Ausgezeichnete Forschung wird von begabten und engagierten Individuen gemacht, und sie gilt es, in geeigneter Weise zu fördern; Programme kann man nur daran messen, wie gut sie in der Lage sind, diesen Individuen optimale Forschungsbedingungen zu schaffen.

Die Standpunkte umreißen die Herausforderung. Die Differenzierung der Zielgruppen durch verschiedene Programme geht davon aus, dass in der modernen Wissenschaft der Fortschritt immer mehr auf die Kooperation der Individuen, die Interdisziplinarität und Komplementarität der Expertisen angewiesen ist. Der „Einzelforscher" ist hingegen Chiffre für die Risiken, die unorthodoxen Ideen, die unentbehrlich sind, um Durchbrüche in der Forschung zu erzielen.

Die DFG hat sich seit der Einführung der ersten koordinierten Programme bemüht, beide Aspekte komplementär zu sehen. Die Möglichkeit, sich jederzeit mit einer neuen Idee um eine individuelle Förderung bemühen zu können, die alleine nach wissenschaftlichen Gesichtspunkten entschieden wird, ist konstitutives Element der Wertschätzung, die die DFG in der deutschen Wissenschaftlergemeinde genießt. Die über Jahre häufigste an die DFG gerichtete Erwartung aus den wissenschaftlichen Communities ist es, den Spielraum des einzelnen Forschenden zu erhalten. Die Entwicklung der kooperativen Programme ist dementsprechend kontrapunktiert durch die Weiterentwicklung des Angebots für Individuen – bisher mit Betonung des wissenschaftlichen Nachwuchses (Heisenberg-Programm/Professur, Emmy Noether-Programm) oder ganz herausragender Persönlichkeiten (Leibniz-Preis). Dabei hat die DFG sich aber auch bemüht, das paradigmatische Ein-

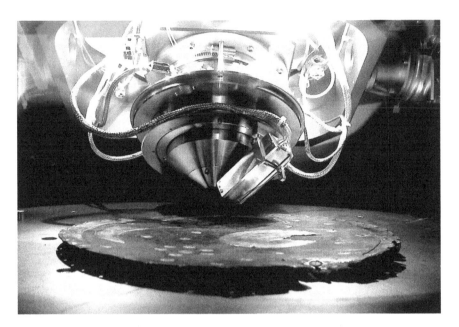

Die Himmelsscheibe von Nebra beschäftigt diverse Fachrichtungen. Dabei kommt den Forschern auch die Großgeräte-Initiative der DFG zugute.

zelprogramm (das einen markanteren Namen als „Normalverfahren" verdient hätte) in seiner Substanz zumindest zu erhalten – in den vergangenen Jahren waren ihm immer über 40 Prozent des Gesamtrahmens gewidmet – und attraktiver zu gestalten, zum Beispiel durch den Übergang zu Dreijahresbewilligungen. Die DFG möchte diesen Weg auch in den kommenden Jahren gehen und die Fördermöglichkeiten für Einzelforschende insbesondere in drei Richtungen ausbauen: (▶ S. 17, 219 ff.)

– Eine Anschub-Förderung für Wissenschaftlerinnen und Wissenschaftler kurz nach der Promotion. Gedacht ist an eine einmalige Bewilligung für ein erstes Projekt ohne Nachweis von Vorarbeiten, auf der Grundlage von begründeten Empfehlungen.
– Eine Leistungsförderung für Wissenschaftlerinnen und Wissenschaftler, die über einen längeren Zeitraum konsistent sehr erfolgreich gearbeitet haben; sie sollen auf der Basis einer Projektskizze die Möglichkeit bekommen, mit hohem Vertrauensvorschuss und viel Spielraum längerfristig gefördert zu werden, um auch risikoreiche Vorhaben in Angriff nehmen zu können.
– Eine Förderung, die die spezifischen Bedürfnisse von Forschenden aufgreift, die auch nach ihrer Emeritierung/Pensionierung wissenschaftlich arbeiten wollen.

Mit diesen Möglichkeiten möchte die DFG auch außerhalb von großen Verbünden mehr Raum für Risiko und neue Ideen schaffen. Begleitet werden diese neuen Elemente durch die Bemühung, die Einzelförderung durch Einführung einer modularen Struktur noch transparenter und bedarfsgerechter zu machen.

Förderung der Kooperation

Kommunikation und, in ihrer Fortentwicklung, Kooperation sind ein Grundmuster und ein Grunderfordernis wissenschaftlichen Arbeitens. Komplexere Probleme machen es notwendig, verschiedene Expertisen und verschiedene Sichtweisen zu ihrer Lösung zusammenzubringen. So beobachtet die DFG eine zunehmende Verflechtung wissenschaftlicher Disziplinen und die Entstehung neuer Arbeitsbereiche zwischen etablierten Disziplinen. Entsprechend verzeichnet sie eine Zunahme von Vorhaben, an denen mehrere Forschende beteiligt sind, nicht nur in den koordinierten Verfahren, sondern ebenso im Einzelverfahren. Auch die Zusammenarbeit ist vielfältiger geworden: Zu der Kooperation zwischen erfahrenen und jungen Forschenden haben sich immer komplexere Partnerschaften und Netzwerke gesellt, die die Grenzen von Fächern und Ländern überschreiten. Um diese Zusammenarbeit angemessen zu fördern, anzuregen und dafür geeignete Strukturen zu schaffen, hat die DFG ein vielfältiges Instrumentarium entwickelt.

Allgemeine Kooperation

Mit ihrem Spektrum an Förderprogrammen will die DFG für jedes gute wissenschaftliche Projekt und jeden guten strukturellen Ansatz eine Möglichkeit der Unterstützung anbieten. Das Angebot beginnt mit der Finanzierung von Rundgesprächen und Kolloquien, die sich gut zur Vorbereitung koordinierter Forschungsaufgaben eignen.

Im Rahmen der Einzelförderung bieten gemeinsame Vorhaben mehrerer Antragsteller oder Paketanträge, in denen mehrere Anträge zu einem Thema gemeinsam eingereicht, zusammen begutachtet und nach Bewilligung koordiniert werden, eine tragfähige Basis für die Zusammenarbeit kleinerer Gruppen von Forschenden.

Das Anfang 2006 neu ausgerichtete Programm „Forschergruppe" geht darüber hinaus und schafft einen Rahmen für die mittelfristige Kooperation qualifizierter Wissenschaftlerinnen und Wissenschaftler an einem anspruchsvollen Thema. Durch eine modulare Struktur ist das Instrument sehr vielseitig

*Das DFG-Förderprogramm der Forschergruppe – hier eine Beobachtungsstation der Forschergruppe „Biodi-
versity and Sustainable Management of a Megadiverse Mountain Ecosystem in Southern Ecuador" – dient
der DFG auch als Modell zur weiteren Modularisierung ihres Angebots.*

geworden, der Verzicht auf strukturelle Vorgaben wie das Ortsprinzip sorgt
für eine größtmögliche Flexibilität. So ist eine Forschergruppe auf jeweils
spezielle Bedürfnisse konfigurierbar – sei es als Klinische Forschergruppe,
um die strukturelle Entwicklung einer medizinischen Fakultät voranzutreiben, sei es als Geisteswissenschaftliches Forschungskolleg, das den beteiligten Gelehrten Freiraum für eigene Arbeit und Gestaltungsmöglichkeit für ein
anspruchsvolles Gäste- und Kollegprogramm gibt, oder auch als Zusammen-
schluss von mehr als 25 Arbeitsgruppen, die gemeinsam an einer Forschungs-
station in Ecuador über Biodiversität arbeiten.

Die Forschergruppe neuen Typs ist damit eine universelle Förderungsform
für selbst initiierte Kooperationen; strukturbildende Elemente sind optional
einzubeziehen, desgleichen die Möglichkeiten der Graduierten- oder Nachwuchsförderung. Die Kooperation zwischen Universität und außeruniversitären Institutionen ist ebenso möglich wie die Einbeziehung von Partnern im
Ausland. In dieser Form ist das Programm bereits ein Modell für die weitere
Modularisierung des DFG-Angebots. Eine Weiterentwicklung ist eventuell
durch längere Laufzeiten denkbar.

Strategische Kooperation

So wichtig es ist (und so langwierig die Entwicklung war), ein Angebot für
selbst initiierte Kooperationen zu haben – dieses Angebot alleine reicht nicht
aus. Auch eine so entschlossen dem „Bottom-up-Prinzip" verpflichtete Organisation wie die DFG braucht die Möglichkeit, für die Forschung auf neuen

oder (wichtigen) vernachlässigten Gebieten und in ungewohnter Zusammenarbeit Anreize zu setzen und Kräfte zu mobilisieren und zu bündeln.

Auch hier ist die Forschergruppe ein geeigneter Weg, um in einem bestimmten Gebiet, nach den Erfordernissen und Prioritäten eines oder mehrerer Einzelfächer, einer beschränkten Zahl von Arbeitsgruppen den Anreiz zu geben, Neuland zu erschließen und Kapazität aufzubauen – als Beispiel sei die Ausschreibung in der Empirischen Bildungsforschung genannt.

Das Hauptinstrument zur gezielten Förderung neuer Gebiete bleibt jedoch das Schwerpunktprogramm. Es bietet die Möglichkeit, in der Konkurrenz aller Disziplinen Prioritäten zu setzen. Über sechs Jahre hinweg kann hier die (vorzugsweise interdisziplinäre) bundesweite Zusammenarbeit zu einem speziellen Thema akzentuiert gefördert werden – wenn erforderlich auch unter Einbeziehung von Gruppen im Ausland. Die Themen werden aus den wissenschaftlichen Communities vorgeschlagen, aber es ist der Senat, das wissenschaftspolitische Gremium der DFG, der die Auswahl trifft. Einhergehend mit der Anpassung der Forschergruppen an variable Bedürfnisse hat der Senat das Schwerpunktprogramm fokussiert: Es soll jetzt interdisziplinären Gebieten vorbehalten bleiben, denen eine neue Qualität in Thematik, Kooperation oder Methodik eigen ist (emerging fields), also solchen, in denen eine besondere Anstrengung sowohl besonders notwendig als auch besonders lohnend ist. Konsequenterweise sind strategische Kooperationen anderen Typs – solche, die im Rahmen großer internationaler Programme wie des International Continental Drilling Program (ICDP) stattfinden oder die sich um eine aufwändige Infrastruktur wie etwa Forschungsschiffe gruppieren – aus dieser engeren Konkurrenz herausgenommen worden; sie werden

Das Hauptinstrument zur gezielten Förderung neuer Gebiete bleibt jedoch das Schwerpunktprogramm. Es bietet die Möglichkeit, in der Konkurrenz aller Disziplinen Prioritäten zu setzen.

in einem besonderen „Infrastruktur"-Bereich des Programms geführt. Mit dieser Justierung und der ebenfalls beschlossenen Ermöglichung von dreijährigen Förderzeiträumen für Projekte ist auch das Schwerpunktprogramm ein klar definiertes Instrument, dessen Weiterentwicklung – über den Rahmen der vorgesehenen Modularisierung aller Programme hinaus – zunächst abgeschlossen erscheint.

Als hervorragendes Instrument zur fokussierten Entwicklung definierter Forschungsgebiete hat sich die Ausschreibung und Förderung von DFG-Forschungszentren erwiesen. Dieses Programm ist vorübergehend ein „Opfer" seines eigenen Erfolgs als Modell für die Exzellenzcluster der Exzellenzinitiative des Bundes und der Länder – mit der Einrichtung von etwa 30 Clustern (darunter auch einige der Forschungszentren selbst) ist augenblicklich der Raum für neue Zentren eingeschränkt. Die DFG hat jedoch die Absicht, das hohe strategische Potenzial dieses Verfahrens in absehbarer Zeit gezielt zu nutzen und dann neue Ausschreibungen auf den Weg zu bringen.

Neben dem International Continental Drilling Program (ICDP) unterstützt die DFG auch das Integrated Ocean Drilling Program (IQDP), das unter anderem den Klimawandel in der Arktis untersucht.

Strukturbildung an Universitäten

Schon lange bemüht sich die DFG, Forschenden an Universitäten die Möglichkeit zu geben, komplexe und aufwändige Vorhaben in Angriff zu nehmen und durchzuführen, die eine kritische Masse an (personellen und sachlichen) Ressourcen und Investitionen erfordern. Mit diesem Ziel unterstützt sie die Universitäten dabei, entsprechende Strukturen und Schwerpunkte einzurichten und zu betreiben. So soll Forschenden an den Universitäten auch die Möglichkeit zu einer gleichberechtigten Partnerschaft mit außeruniversitären Forschungseinrichtungen gegeben werden. Zunächst über Forschergruppen, dann durch Sonderforschungsbereiche, Graduiertenkollegs und Forschungszentren hat die DFG dies nachdrücklich gefördert; zuletzt hat die Exzellenzinitiative die Möglichkeit geboten, deutliche Akzente in der Kooperation an einem Ort zu setzen.

Diese Form der Förderung läuft immer Gefahr, als Bevormundung der Universitäten durch den Förderer angesehen zu werden, falls die Vorgaben des Programms und die Auflagen der Gutachtergruppen zu präskriptiv werden. Es ist wichtig, dass die DFG dabei nicht das Ziel aus den Augen verliert, das mit derartigen Maßnahmen eigentlich erreicht werden soll: Die Eigenverantwortung und Autonomie der Universitäten – die selbstständig über ihr Forschungsprofil entscheiden und auf die Ideen und die Initiative der an ihnen tätigen Wissenschaftlerinnen und Wissenschaftler aufbauen – im Wettbewerb zu ermutigen und zu unterstützen.

Sonderforschungsbereiche und Graduiertenkollegs sind in den vergangenen Jahren kontinuierlich den sich ändernden Erfordernissen angepasst worden. Um den Preis schmerzlicher Entscheidungen ist es gelungen, Sonderforschungsbereiche wieder größer werden zu lassen und längere Förderperioden einzuführen – damit sinkt der Detaillierungsgrad in Antragstellung, Begutachtung und Bewilligung, erhöht sich die Flexibilität im Umgang mit den bewilligten Mitteln und vergrößert sich die Aufmerksamkeit für den Bericht. Gleichzeitig steigt die Verantwortung der für das Gesamtprogramm federführenden Wissenschaftlerinnen und Wissenschaftler (auch die Verantwortung der Universität), die Selbstverwaltung der Wissenschaft findet also zunehmend in den geförderten Projekten selbst statt. SFB-Transregios eröffnen die Chance, notwendige Kooperationen auf bis zu drei Universitäten – auch im Ausland – auszudehnen, Transferprojekte unterstützen die Kooperation mit Wirtschaft und Industrie, die Zusammenarbeit mit außeruniversitären Forschungseinrichtungen ist in Sonderforschungsbereichen gelebter Alltag; die Einbeziehung von Graduiertenprogrammen ist auch in diesem Programm ein wichtiger Schritt in Richtung Modularisierung. Diesen Weg wird die DFG weiter beschreiten.

Das Reformprogramm Graduiertenkollegs hat ein wesentliches Ziel erreicht: Mit der Einführung der Graduiertenschulen im Rahmen der Exzellenzinitiative ist der Wert der strukturierten Promotionsförderung unstreitig. (▶ S. 165 ff.) Die Internationalen Graduiertenkollegs haben darüber hinaus in der internationalen Kooperation ganz neue Wege beschritten. Mit der Profilschärfung und der Erweiterung der Bewilligungsmöglichkeiten ist das Programm deut-

Förderung der Kooperation

SFB-Transregios eröffnen die Chance, notwendige Kooperationen auf bis zu drei Universitäten – auch im Ausland – auszudehnen, Transferprojekte unterstützen die Kooperation mit Wirtschaft und Industrie, die Zusammenarbeit mit außeruniversitären Forschungseinrichtungen ist in Sonderforschungsbereichen gelebter Alltag.

lich attraktiver geworden; als anspruchsvolles Programm soll es in der Graduiertenförderung weiterhin richtungweisend bleiben. Beim Ausbau der internationalen Kooperation stößt gerade das Modell der gemeinsamen Ausbildung von Promovierenden auf großes Interesse bei vielen Partnerländern; die DFG rechnet daher mit einer deutlichen Zunahme der Zahl der Internationalen Graduiertenkollegs.

An der Spitze der Pyramide steht die Exzellenzinitiative mit Clustern, Graduiertenschulen und Zukunftskonzepten. Ein wichtiges Element in der wünschenswerten Verstetigung dieses Förderprogramms wäre die Option, turnusmäßig neue Initiativen annehmen und bewilligen zu können, wodurch es im Fließgleichgewicht möglich wäre, kontinuierlich 10 bis 20 Prozent der geförderten Einrichtungen zu erneuern. Dazu wäre es für eine Übergangszeit – bis zur Erreichung des „steady state" – notwendig, zusätzliche Vorhaben einzurichten.

Interdisziplinarität

Es besteht Konsens darüber, dass der Fortschritt der Wissenschaft sich oft an der Grenze zwischen Disziplinen entwickelt. (▶ S. 17 f., 205 ff.) Ebenso wünschenswert wie schwierig ist die Kooperation zwischen Wissenschaftlerinnen und Wissenschaftlern aus verschiedenen Disziplinen – eine große Herausforderung für Forschende und Förderer zugleich.

Die DFG als Förderer aller Wissensgebiete kann bei der Beurteilung und Förderung interdisziplinärer Forschung von guten Voraussetzungen ausgehen und auf reichhaltige Erfahrungen zurückgreifen, da ihr Expertise in allen Bereichen zur Verfügung steht und in ihren Entscheidungsgremien Wissenschaftlerinnen und Wissenschaftler aller Fachrichtungen vertreten sind. Alle ihre Instrumente sind auf die Förderung der Kooperation zwischen Disziplinen eingerichtet, wenn nicht sogar angelegt.

Gerade deswegen ist es wichtig zu betonen, dass Interdisziplinarität kein Wert an sich ist. Wie bei allen Vorhaben muss auch hier geprüft werden, ob

Die Ludwig-Maximilians-Universität München, die sich seit der ersten Runde der Exzellenzinitiative 2006 mit dem inoffiziellen Titel der „Spitzenuni" schmücken darf.

Ansatz und Methoden problemadäquat gewählt worden sind und ob die beteiligten Forschenden für die geplanten Arbeiten qualifiziert sind. Dazu müssen Begutachtende aus den beteiligten Disziplinen herangezogen werden. Die Herausforderung besteht darin, bei der Begutachtung die Diskussions- und Abstimmungsprozesse nachzuvollziehen, die dem Entwurf eines Vorhabens vorangegangen sind. Der geeignete Weg dazu ist erfahrungsgemäß das direkte Gespräch in der Prüfungsgruppe, in der alle beteiligten Disziplinen vertreten sein sollten. Eine Diskussion der Gutachtergruppe mit den Antragstellenden sollte nach Möglichkeit Bestandteil der Begutachtung sein. Dieses Vorgehen ist in allen koordinierten Verfahren die Regel und wird auch bei größeren Vorhaben der Einzelförderung praktiziert. Im Falle einer schriftlichen Begutachtung wird darauf zu achten sein, dass in ähnlichen Kooperationen erfahrene Gutachtende gehört werden und, wo notwendig, die Expertise der Fachkollegien bei der Entscheidung ergänzt wird.

Interdisziplinäre Forschung zu ermutigen und sorgfältig, aber risikobereit zu beurteilen und zu fördern, ist nach wie vor ein zentrales Ziel der Kooperationsförderung der DFG.

Wettbewerb

Auch die Förderung der Kooperation kann nicht auf den Wettbewerb verzichten. Er ist Bestandteil aller Verfahren der DFG, und sie wird im Veränderungsprozess der nächsten Jahre sorgfältig darauf achten, dass keine Schutzzonen entstehen, in denen der Wettbewerb reduziert ist. So wurde bei der Reform des Begutachtungswesens die Vorgabe festgeschrieben, die gewählten Fachkollegiaten an jeder Begutachtung zu beteiligen, um sicherzustellen, dass die Anforderungen an die wissenschaftliche Qualität in allen Programmen vergleichbar hoch sind.

Die DFG wird auch weiterhin größten Wert darauf legen, dass die von ihr Geförderten die allgemeinen Regeln des Wettbewerbs in der Wissenschaft – die Regeln guter wissenschaftlicher Praxis – einhalten. Sie wird die Arbeit des Ombudsmans unterstützen und seine Bemühungen, das Regelwerk an den Hochschulen und beim wissenschaftlichen Nachwuchs zum selbstverständlichen Wissen werden zu lassen, aktiv begleiten. Ebenso wird sie Fälle wissenschaftlichen Fehlverhaltens im Zusammenhang mit ihrer Förderung gewissenhaft untersuchen und bei nachgewiesenem Fehlverhalten angemessene Sanktionen verhängen.

Internationale Zusammenarbeit

Die Pflege der „Verbindungen der Forschung […] zur ausländischen Wissenschaft" (§ 1 der Satzung der DFG) unterstützt die Hauptaufgabe der DFG, der Wissenschaft in Deutschland in allen ihren Zweigen zu dienen, und berücksichtigt dabei die in der Satzung genannten weiteren Teilziele, insbesondere die Förderung und Ausbildung des wissenschaftlichen Nachwuchses. Die Pflege internationaler Beziehungen ist damit kein Selbstzweck, sondern soll einen Mehrwert für die Wissenschaft in Deutschland bewirken. (▶ S. 19 ff., 194 ff.)

Internationale Ziele und Aufgaben der DFG

Um diesen Mehrwert zu erreichen, verfolgt die DFG je nach Land oder Region unterschiedlich gewichtete Ziele und Aufgaben, wobei die folgenden Leitgedanken im Vordergrund des internationalen strategischen Handelns der DFG stehen:

Kooperation funktioniert primär über Wissenschaftlerinnen und Wissenschaftler, nicht über Institutionen. Basis der Internationalität ist daher die bilaterale Kooperation auf Projektebene. Internationale Aktivitäten der DFG sind im tatsächlichen (wissenschaftlichen) Bedarf begründet, der auch die internationalen Interessen der DFG als Förderorganisation definiert. Alle wissenschaftlich interessanten und wichtigen, aber nur oder besser in internationaler Kooperation durchführbaren Projekte sollen ermöglicht werden. Internationale Kooperation kann daher in allen Verfahren der DFG gefördert werden, gegebenenfalls auch mit Mitteln für Kooperationspartner im Ausland.

Diese Leitlinien sind für die DFG maßgeblich, wenn es darum geht, für die Forschung in Deutschland den Mehrwert internationaler Zusammenarbeit zu realisieren. Dabei lässt sich der erwartete Mehrwert in verschiedene Aspekte auffächern.

Kooperation mit den Besten der Welt: Die Komplexität wissenschaftlicher Fragestellungen nimmt in den meisten Fachgebieten mit hoher Geschwindigkeit zu. Oft sind zu ihrer Bearbeitung Kooperationen von Spezialisten unter-

Das tibetanische Hochplateau bietet Forschenden in einem von der DFG geförderten deutsch-chinesischen Projekt neue Einblicke in geologische Entwicklungen.

schiedlicher Fachrichtungen notwendig, wobei die richtigen Partner weltweit gesucht werden. Aufgabe der DFG ist es, solche Kooperationen auf höchstem wissenschaftlichem Niveau zu ermöglichen.

Qualitätssicherung durch Wettbewerb: Exzellente Forschung braucht zur ständigen Qualitätssicherung und -steigerung den selbstkritischen Wettbewerb (um die besten Köpfe, um Fördermittel, um Ergebnisse und Publikationen). Das jeweils nationale Fördersystem kann dabei aber im zunehmend komplexen und globalen Umfeld von wissenschaftlichen Problemen und Lösungen nicht der alleinige Maßstab sein. Vielmehr müssen sich die besten Forscherinnen und Forscher Deutschlands auch an ihresgleichen in der Welt messen und messen lassen.

Förderung des wissenschaftlichen Nachwuchses: (▶ S. 163 ff.) Die Innovations- und Selbsterneuerungskraft eines jeden Wissenschaftssystems ist weitgehend abhängig davon, dass es sich kontinuierlich um exzellente, sehr gut ausgebildete und hoch motivierte junge Leute ergänzt. Dabei ist es wichtig, dass im deutschen System ausgebildeter Nachwuchs wertvolle Erfahrung im Ausland erwerben kann und dass das deutsche System durch junge ausländische Forschende mit anderem Kultur- und Ausbildungshintergrund bereichert wird.

Ressourcenzugang: Neben den „Humanressourcen" (geeignete Kooperationspartner, Nachwuchs) braucht die Wissenschaft in Deutschland Zugang zu ausländischer Infrastruktur (Großgeräte, Bibliotheken und Fachinformation, Studienobjekte wie Regenwald, Meer oder Grabungsstätten), der einerseits durch Mobilitäts- und Nutzungskosten, andererseits durch internationale Nutzungskooperationen und -verträge unterstützt wird.

Forschungsstandort Deutschland: Trotz aller Internationalität der Wissenschaft folgen Ausbildungsgänge und Kooperationsmuster immer auch kultu-

153

rellen und traditionellen Pfaden. Deutschland ist dabei nicht (mehr) selbstverständlich ein bevorzugtes Zielland. Neben den Bemühungen der einzelnen Wissenschaftlerinnen und Wissenschaftler um individuelle Beziehungen ist es daher eine wichtige Aufgabe aller deutschen Wissenschaftsorganisationen, arbeitsteilig die Vorzüge des deutschen Wissenschaftssystems im Ausland bekannt zu machen.

Anschluss an sich entwickelnde Systeme: Weltweit gibt es große Bemühungen, den Herausforderungen der Zeit mit dem Aufbau oder der Ausdifferenzierung von Wissenschafts- und Innovationssystemen zu begegnen. Hierbei sind erfolgreiche Organisationen wie die DFG oft Vorbild und Partner. Der Wissenschaft in Deutschland kann so von Beginn an der Zugang zu wertvollen Partnerschaften und Ressourcen gesichert werden.

Globale Verantwortung: Als eine der weltweit bedeutendsten regierungsunabhängigen Forschungsförderorganisationen hat die DFG die Verantwortung, im Rahmen ihrer Aufgaben und im Einklang mit den Interessen der Wissenschaft in Deutschland und den Qualitätsprinzipien der DFG auch international dem Wohlergehen der Menschen und der Natur zu dienen. Dies kann durch Mitarbeit (oder Unterstützung der Mitarbeit) in entsprechenden Gremien oder Organisationen geschehen, aber auch durch Forschungsförderung, die den Zielregionen direkt zugutekommt.

Nutzung wirtschaftlichen Potenzials: Auch wenn die DFG im Wesentlichen erkenntnisorientierte Forschung fördert, gibt es in vielerlei Hinsicht die Möglichkeit, im Ausland für wissenschaftsbasierte Produkte und Technologien den Marktzugang zu erschließen und die Bindung von (künftigen) Entscheidungsträgern an den Wirtschaftsstandort Deutschland zu erleichtern.

Erfahrungsaustausch: Nicht zuletzt muss ein internationales Referenzsystem genutzt werden, um die eigenen Förderprogramme stets zu verbessern und zu aktualisieren. Viele Herausforderungen findet man im deutschen wie auch in ausländischen Systemen wieder – Nachwuchsprobleme, mangelhafte Tenure-track-Verfahren, Benachteiligung interdisziplinärer Vorhaben oder Schwierigkeiten der internationalen Begutachtung sind nur einige Stichworte, mit denen sich Förderorganisationen in aller Welt beschäftigen.

Instrumente der DFG zur Unterstützung der internationalen Zusammenarbeit

Die Förderinstrumente der DFG unterscheiden prinzipiell nicht zwischen „nationalen" oder „internationalen" Forschungskosten, wenn auch fast ausschließlich Kooperationspartner in Deutschland finanziell gefördert werden. Allerdings erhalten diese in der direkten Förderung die Mittel, die für die internationale Zusammenarbeit notwendig sind (Kommunikations- und Reisekosten oder die Kosten für die Aufenthalte wissenschaftlicher Gäste). Hinzu kommen eine Reihe indirekter Maßnahmen, mit denen die DFG die internationale Zusammenarbeit unterstützt, von denen einige mit Blick auf die kommenden Jahre hier beschrieben werden.

Kooperationsabkommen und gemeinsame Ausschreibungen: Im Ausland müssen Mittel zur Deckung von Kooperationskosten häufig gesondert und nachträglich zur nationalen Grundförderung beantragt werden. Kooperationsabkommen mit befreundeten Partnerorganisationen stellen sicher, dass den ausländischen Partnern verlässlich und rechtzeitig die zur Kooperation notwendigen Gelder zur Verfügung stehen. Manche Abkommen resultieren in gemeinsamen Ausschreibungen, weil nur wenige Partnerorganisationen die fristenfreie Bottom-up-Antragstellung kennen. In einigen Ländern entsteht so ein rechtlicher Rahmen, der eine gemeinsame Projektförderung erst erlaubt. Die Flexibilität des DFG-Regelwerks lässt solche Ausschreibungen zu, ohne dabei vom Prinzip der bedarfsorientierten Förderung abzugehen. Kooperationsabkommen sollen künftig nur aufgrund konkreten wissenschaftlichen Bedarfs beschlossen werden, und viele Abkommen „der ersten Generation" werden derzeit unter diesem Gesichtspunkt geprüft und überarbeitet. Ein wichtiges Ziel bei der Umsetzung gemeinsamer Ausschreibungen und Abkommen ist es, die jeweiligen Begutachtungsverfahren sinnvoll zu verschränken sowie die Möglichkeiten einer grenzüberschreitenden Finanzierung bedarfsgerecht auszubauen (Money Follows Researcher und Common-pot-Verfahren).

Eine wichtige Herausforderung wird es für die DFG in den nächsten Jahren sein, geeignete Maßnahmen zur weiter reichenden Internationalisierung ihrer Begutachtungs- und Entscheidungsverfahren zu entwickeln.

Internationale Begutachtung: Der Qualitätssicherung dient es, wenn nationale Programme ihre Förderentscheidungen im Lichte internationaler Maßstäbe fällen. Hierzu ist es sinnvoll, angemessen internationale Expertise in die Auswahlverfahren einzubeziehen. Nicht zuletzt die Erfahrungen mit der Exzellenzinitiative (etwa 85 Prozent Gutachterinnen und Gutachter kamen aus dem Ausland) haben gezeigt, dass dies erfolgreich möglich ist. Dabei sind jedoch auch die Grenzen einer solchen Internationalisierung deutlich geworden: Gerade bei strukturwirksamen Förderprogrammen sind neben dem internationalen Qualitätsmaßstab genauso fundierte Kenntnisse des Wissenschaftssystems in Deutschland unerlässlich. Darüber hinaus zeigt sich, dass die Verfügbarkeit von ausländischer Expertise in einem ehrenamtlichen und auf Gegenseitigkeit beruhenden Begutachtungssystem begrenzt ist. Eine wichtige Herausforderung wird es für die DFG daher in den nächsten Jahren sein, geeignete Maßnahmen zur weiter reichenden Internationalisierung ihrer Begutachtungs- und Entscheidungsverfahren zu entwickeln.

Supranationaler Wettbewerb durch den ERC: (▶ S. 21, 37) Gerade hat der European Research Council (ERC), an dessen Entwicklung die DFG im Konzert mit den Europäischen Partnerorganisationen wesentlich Anteil hatte, mit einem ersten Förderinstrument seine Arbeit aufgenommen, das weitgehend dem Emmy Noether-Programm der DFG entspricht. Es erlaubt Nachwuchswissenschaftlerinnen und Nachwuchswissenschaftlern im Wettbewerb mit den Besten Europas Mittel für den nächsten Schritt ihrer wissenschaftlichen Karriere einzuwerben. Darüber hinaus bietet das Programm auch Bewerberinnen und Bewerbern aus Drittstaaten die Möglichkeit, nach Europa zu kommen, das sich so im Wettbewerb um die besten Köpfe weltweit neu positioniert. Schließlich stellt sich die DFG damit selbstbewusst in den Wettbewerb um die attraktivsten und effizientesten Förderinstrumente für Nachwuchsgruppen. Um deutschen Interessenten an den Programmen des ERC bestmögliche Entscheidungshilfen zwischen DFG-Förderung und europäischer Förderung bieten zu können, richtet die DFG-Geschäftsstelle eine Beratungseinheit ein. Diese wird gemeinsam mit dem EU-Büro des Bundesforschungsministeriums und der Koordinierungsstelle EG der Wissenschaftsorganisationen (KoWi) den ERC für die Wissenschaft in Deutschland erschließen.

Perspektiven der Forschungs- förderung

Selbstverwaltung der Wissenschaft in Europa: Ebenfalls dem supranationalen Wettbewerb dienen die sogenannten EUROCORES (European Collaborative Research Programmes), ein von der European Science Foundation im Jahr 2000 geschaffenes Instrument zur Förderung europaweiter thematischer Zusammenarbeit. Einzelne EUROCORES sind von der Programmstruktur her mit DFG-Schwerpunktprogrammen vergleichbar. Sie tragen dazu bei, die europäische Wissenschaft durch gemeinsame Programmausschreibungen zu stärken und die europäische Kooperation zu verbessern. Das Programm soll komplementär zum ERC weitergeführt werden; die DFG beteiligt sich derzeit (2007) an fünfzehn EUROCORES. In Zukunft soll diese Beteiligung weiter verstärkt werden, sofern die Verwaltungsprozeduren in Richtung „common-pot" und einem europäisch anerkannten „peer review" angepasst werden.

Wissenschaftlicher Nachwuchs: (▶ S. 163 ff.) Auslandsaufenthalte, insbesondere in der Postdoc-Phase, sind längst unerlässlicher Bestandteil einer Wissenschaftskarriere. Die DFG ermöglicht, in Ergänzung der Instrumente insbesondere der Partnerorganisationen Deutscher Akademischer Austauschdienst (DAAD) und Alexander von Humboldt-Stiftung (AvH), kürzere und längere Auslandsaufenthalte zu Forschungszwecken. Allerdings ist festzustellen, dass Geförderte im Ausland bisweilen eine geringe Motivation verspüren, nach Deutschland zurückzukehren. Dies beruht häufig auf fehlenden oder falschen Informationen über die Berufs- und Karrieremöglichkeiten in Deutschland. Die DFG wird daher ihre Bemühungen verstärken, gezielt und in Kooperation mit dem DAAD,

Manche Grabungsstätte – hier Baureste aus dem ersten Jahrhundert in der Oasenstadt Tayma in Saudi-Arabien – bliebe deutschen Archäologinnen und Archäologen ohne die Kooperation mit ausländischen Forschenden unzugänglich.

der AvH und insbesondere den deutschen Universitäten und Forschungseinrichtungen, über den Wissenschaftsstandort Deutschland zu informieren und zu beraten.

Parallel zur Information und Beratung Deutscher im Ausland ist es nötig und sinnvoll, verstärkt weltweit (junge) Wissenschaftlerinnen und Wissenschaftler davon zu überzeugen, wenigstens einen Teil ihrer wissenschaftlichen Karriere in Deutschland zu absolvieren. Dies geschieht einerseits durch die Veranstaltung von oder Teilnahme an Stipendiatentreffen und Karriere-Messen oder ähnlichen Ereignissen weltweit. Deutsche wie ausländische Wissenschaftlerinnen und Wissenschaftler im Ausland erreicht man jedoch besonders gut durch regelmäßige Informations- und Stellenangebote direkt an den Forschungsstätten. In Ländern beziehungsweise Regionen mit

> *Die DFG wird ihre Bemühungen verstärken, gezielt und in Kooperation mit DAAD, AvH und insbesondere den deutschen Universitäten und Forschungseinrichtungen, über den Wissenschaftsstandort Deutschland zu informieren und zu beraten.*

diesbezüglich besonders hohem Potenzial wird die DFG daher ihre Präsenz vor Ort erhöhen. Schließlich sollen verstärkt Maßnahmen gefördert werden, die jungen Wissenschaftlerinnen und Wissenschaftlern kurze „Schnupperaufenthalte" in Deutschland anbieten.

Wahrnehmung globaler Verantwortung: Seit jeher hat sich die DFG bemüht, mit speziellen Förderinstrumenten den Aufbau von Forschungskapazitäten in benachteiligten oder sich entwickelnden Regionen der Welt zu unterstützen, ohne dabei die Prinzipien der Transparenz und wissenschaftlichen Qualität aufzugeben. Seit 1995 fördert die DFG etwa die Zusammenarbeit mit Israel und Palästina auf trilateraler Basis. Der koordinierende Wissenschaftler in Deutschland soll dabei auch Mittel zur direkten Weiterleitung an seine israelischen und palästinensischen Kooperationspartner beantragen. Das gemeinsam vom Bundesministerium für wirtschaftliche Zusammenarbeit und Entwicklung (BMZ) und der DFG geförderte Programm zur Forschungskooperation mit Entwicklungsländern stellt speziell Mittel zur Verfügung, um die Forschungskapazität und die wissenschaftliche Leistungsfähigkeit der beteiligten Wissenschaftler in den Partnerländern zu erhöhen. Deutsche Wissenschaftlerinnen oder Wissenschaftler beantragen ein Projekt mit einem Anteil (aus dem Sonderprogramm), der dem ausländischen Kooperationspartner zugutekommt. Allerdings hat sich in den vergangenen Jahren gezeigt, dass der Bedarf für solche unterstützenden Maßnahmen nicht ausreichend gedeckt werden kann.

Mit der ersten Sitzung einer Expertenkommission im Februar 2007 beginnt die DFG eine neue Initiative mit Elementen der oben beschriebenen Programme. Die Projektförderung von Forschung zur Infektionsbiologie und -medizin in Afrika soll helfen, nachhaltig Forschungs- und Forscherkarrierestrukturen in afrikanischen Staaten auszubauen und zu stützen. Das Vorhaben könnte beispielhaft für Programme mit grenzüberschreitender Mitfinanzierung werden: Wenn es den Interessen eines wohl definierten und im DFG-

Das DFG-Verbindungsbüro in Moskau soll die Zusammenarbeit mit der Russischen Föderation und der Gemeinschaft Unabhängiger Staaten (GUS) intensivieren.

Rahmen qualitätsgesicherten Programms entspricht und dessen Ziele anders nicht wirksam zu erreichen sind, sollte eine projektbezogene Mitfinanzierung von ausländischen Kooperationspartnern auf Augenhöhe zulässig sein.

DFG-Präsenz im Ausland

Die internationalen Aktivitäten der DFG sind grundsätzlich nicht auf bestimmte Länder begrenzt. Vielmehr sind sie überall dort sinnvoll und notwendig, wo sie die Wissenschaft in Deutschland und – zunehmend – in Europa unterstützen. Sie sind einerseits anlassbezogen, um einen jeweils aktuellen Bedarf zu decken, andererseits vorsorglich in Ländern, für die großes Interesse beziehungsweise großer Bedarf seitens der deutschen Wissenschaft bestehen. Zu den vorsorglichen Maßnahmen gehört eine DFG-Präsenz in unterschiedlicher Ausprägung.

Eine Präsenz erleichtert den Aufbau vertrauensvoller Beziehungen zu den Partnerorganisationen der DFG, gegebenenfalls regional über die jeweiligen Ländergrenzen hinaus; sorgt vor Ort für Information und Beratung für an Deutschland interessierte Kooperationspartner oder wissenschaftlichen Nachwuchs; hilft, Informationsmaßnahmen durchzuführen, inklusive der wichtigen Veranstaltungen und Kontaktgespräche mit Wissenschaftlerinnen und Wissenschaftlern an Universitäten und Forschungseinrichtungen; bietet Interessierten, die von Deutschland aus Kontakte suchen oder verstärken wollen, allgemeine Unterstützung und hilft bei der projektspezifischen Kontaktaufnahme zu Universitäten und Forschungseinrichtungen vor Ort; spielt Informationen zum Gastland zurück ins deutsche Wissenschaftssystem.

Modellhaft wurden 2006 in Brasilien, Chile, Indien und Polen einheimische Wissenschaftlerinnen und Wissenschaftler gebeten, vor Ort im Namen und Auftrag der DFG als „Botschafter" für das deutsche Wissenschaftssystem, als Erstanlaufstellen für Interessierte und als Beobachter der heimischen Wissenschaftslandschaft zu fungieren (Vertrauenswissenschaftler). Diese mit den jeweiligen Partnerorganisationen abgesprochenen Pilotprojekte werden in den kommenden zwei Jahren auf ihre Wirksamkeit und Übertragbarkeit in andere Länder hin überprüft.

In einigen wenigen Ländern ist eine starke Präsenz der DFG besonders wichtig, sodass hier Verbindungsbüros eröffnet wurden oder werden sollen. Die DFG strebt dabei die intensive Zusammenarbeit mit deutschen Partnerorganisationen vor Ort an. In Delhi wurde so mit AvH und DAAD das German Center for Research and Higher Education gegründet, ein Konzept, das auch an anderen Standorten denkbar ist.

USA und Kanada: Universitäten und Forschungszentren in den USA und Kanada suchen in jüngster Zeit weltweit verstärkt nach Kooperationspartnern. Auch wenn die Förderinstrumente zur internationalen Kooperation der Partnerorganisationen der DFG noch Entwicklungspotenzial haben, ist gerade den Spitzenuniversitäten spätestens nach den Ereignissen des 11. September 2001 deutlich geworden, dass sie ihre Internationalisierungsbemühungen nicht auf die Anwerbung ausländischen Nachwuchses konzentrieren dürfen. Individuelle Kontakte zwischen deutschen und amerikanischen Forscherinnen und Forschern sind traditionell ausgezeichnet, die neueren Entwicklungen eröffnen nun darüber hinaus die Chance intensiver institutioneller und damit langfristiger Kooperationen. Dies wird die DFG in den kommenden Jahren durch verstärkte Präsenz, themenbezogen und in enger Kooperation mit ihren Mitgliedern und deutschen Partnerorganisationen, unterstützen.

Japan: Diese große und erfolgreiche Industrienation tat sich bisher mit der Internationalisierung ihres Wissenschafts- und Innovationssystems schwer. In jüngster Zeit wurden verschiedene staatliche Programme aufgelegt, die systematischere Kooperationen japanischer Universitäten und Forschungseinrichtungen mit dem Ausland befördern, den Ausländeranteil im System erhöhen und die Mobilität des wissenschaftlichen Nachwuchses verstärken sollen. Der Blick der Japaner geht dabei insbesondere in Richtung China und Süd-Korea, nach Nordamerika und in die Europäische Union. Hiervon kann die

2006 weihte Ernst-Ludwig Winnacker (l.) – der damalige Präsident – das jüngste DFG-Verbindungsbüro in New Delhi ein.

Wissenschaft in Deutschland profitieren, wenn sie Anschluss an die rasante Entwicklung in Japan findet und hält. Die DFG erachtet daher eine sichtbare Präsenz in Japan für unabdingbar und plant in Tokio ein Verbindungsbüro einzurichten, vorzugsweise in einem von der Bundesregierung projektierten Deutschen Haus der Wissenschaft.

BRIC-Staaten: Brasilien, Russland, Indien und China werden gerne in einem Atemzug genannt, wenn es darum geht, die großen und erfolgreichen Volkswirtschaften der Zukunft aufzuzeigen. In den vier BRIC-Staaten leben zirka 40 Prozent der Weltbevölkerung, die derzeit einen Anteil von 10 Prozent am weltweiten Bruttoinlandsprodukt erwirtschaften, jedoch mit Zuwachsraten von 5 bis 10 Prozent pro Jahr. Prognosen sagen voraus, dass die BRIC-Staaten 2050 die G-7-Staaten überflügeln werden. Alle vier Staaten zeichnen sich durch hohe Investitionen in ihre Innovationssysteme aus und verfügen sektorenweise schon jetzt über Wissenschaft auf Weltniveau. Sie gehen zunehmend selbstbewusst mit dem Problem des „brain drain" um; sie akzeptieren, dass ihr Nachwuchs einen Teil der Karriere im Ausland verbringt, dann aber gerne wieder zurückkommt. Für Deutschland eröffnen sich hier wichtige Partnerschaften für wissenschaftliche Kooperationen und Quellen für hoch motivierten und sehr gut ausgebildeten wissenschaftlichen Nachwuchs. Deshalb hat die DFG in den letzten Jahren besonders in die Zusammenarbeit mit den dortigen Wissenschaftssystemen investiert. In Beijing hat sich seit Okto-

In der mexikanischen Sierra Madre Oriental wurden weltweit einzigartige Fossilien von Pliosauriern gefunden, die jetzt von deutschen Forschenden mit DFG-Förderung untersucht werden.

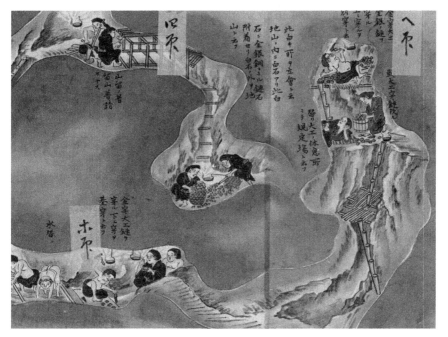

Mit dem klassischen Bergbau und der Kupferverhüttung in Asien beschäftigt sich die DFG-Forschergruppe „Monies, Markets and Finance in China and East Asia".

ber 2000 das Chinesisch-Deutsche Zentrum als Joint Venture mit der National Natural Science Foundation of China (NSFC) zum viel beachteten Erfolgsmodell entwickelt. In Moskau (seit 2003) und in Delhi (seit 2006) sind Verbindungsbüros der DFG aktiv. Die Präsenz der DFG in Brasilien soll künftig mit dort engagierten Vertrauenswissenschaftlern besonders gestärkt werden.

Das Verbindungsbüro in Moskau ist ein gutes Beispiel für das Wirken in eine ganze Weltregion, da es Kontakte in verschiedene Staaten der ehemaligen Sowjetunion hinein aufbaut und pflegt. Für diese Staaten gilt allgemein, dass sich ihre Wissenschaftssysteme in einer Reform- beziehungsweise Umbruchphase befinden, einhergehend mit einem rasanten Aufwuchs der Wissenschaftshaushalte (20 bis 25 Prozent pro Jahr). Bei diesen Veränderungen nehmen sich viele Staaten das deutsche Wissenschaftssystem als Vorbild, sodass hier interessante Kooperationspartner mit ähnlichen Förderverfahren entstehen. In Russland wurde in den 1990er-Jahren eine DFG-ähnliche Organisation etabliert, in der Ukraine und in Georgien findet derzeit eine vergleichbare Entwicklung statt.

Europa: Als DFG-finanzierte Hilfseinrichtung der Forschung ermöglicht die Koordinierungsstelle EU der Wissenschaftsorganisationen (KoWi) deutschen Wissenschaftlerinnen und Wissenschaftlern durch Information, Schulung und Beratung, sich erfolgreich am Wettbewerb um die Fördermittel des Europäischen Forschungsrahmenprogramms zu beteiligen. KoWi trägt auf diese Weise gezielt zur Sichtbarkeit und Konkurrenzfähigkeit der deutschen Forschungseinrichtungen in Europa bei. Darüber hinaus unterstützt KoWi neben der DFG insbesondere die Hochschulrektorenkonferenz (HRK), AvH und DAAD bei der Vertretung der Interessen der deutschen Hochschulforschung gegenüber den europäischen Institutionen. KoWi unterhält Büros in Brüssel und Bonn und steht in engem Kontakt mit der DFG-Geschäftsstelle in Bonn. KoWi nimmt für die DFG gegenüber den Institutionen der EU die Funktion eines DFG-Verbindungsbüros wahr.

Kopernikus-Preis

Die Deutsche Forschungsgemeinschaft und die Stiftung für die polnische Wissenschaft (FNP) vergeben alle zwei Jahre den deutsch-polnischen Kopernikus-Preis. Mit dem Preis zeichnen die beiden Organisationen je- weils einen deutschen und einen polnischen Wissenschaftler aus für ihr Engagement in der wissenschaftlichen Zusammenarbeit.

Benannt ist der Preis nach dem berühmten Astronomen Nikolaus Ko- pernikus (1473-1543). Das Preisgeld von insgesamt 50 000 Euro kommt zu gleichen Teilen von der DFG und der FNP. Die Preisträger erhalten je 25 000 Euro und können das Geld für alle wissenschaftlichen Zwecke verwenden, die die beiden Organisationen mit ihren Programmen för- dern. Dabei sollte der Schwerpunkt auf der Intensivierung der gemein- samen Nachwuchsförderung liegen.

Der Preis wird 2008 zum zweiten Mal verliehen.

Einklang im Duett: Mit dem Kopernikus-Preis – hier das musikalische Rahmenprogramm der ersten Verleihung 2006 in Berlin – zeichnen DFG und FNP polnisch-deutsche Kooperationen aus.

Förderung von Karrieren in der Wissenschaft

Zwei große Trends werden die Förderung wissenschaftlicher Karrieren in den nächsten Jahren prägen: die nachlassende „Pfadabhängigkeit" der Karrieremodelle sowie die Wirkungen der Globalisierung auf die Bereiche Wissenschaft, Forschung, Bildung und Technologieentwicklung. Beide Aspekte erfordern, dass die Deutsche Forschungsgemeinschaft ihr Förderangebot noch stärker flexibilisiert und modularisiert. In dem Maße, in dem Karriereentwicklungen sich der Diversifizierung der Lebenswelt anpassen, braucht es Programme, die die Mobilität zwischen Themen, Orten und Sektoren gleichermaßen ermöglichen. Damit einhergeht, dass die Förderung grundsätzlich die Weiterqualifizierung über die Phase des „Nachwuchses" hinaus und ebenso die Frühförderung in Betracht ziehen sollte. Dies geht nicht ohne den ständigen Abgleich mit den Entwicklungen, die sich im internationalen Raum vollziehen. (▶ S. 153 ff., 208 ff.)

Die Basis für die Spitze

Wie in einer Reihe anderer führender Industrieländer wachsen hierzulande die Unterschiede zwischen Arm und Reich und vertiefen damit die Unterschiede in den Bildungschancen, die die jetzigen Kinder und zukünftigen Generationen haben werden. Die DFG ergreift bereits seit einigen Jahren die Initiative, eigene Aktivitäten in Gang zu setzen, um modellbildend Möglichkeiten des Brückenschlags zwischen Schulen und Hochschulen zu schaffen. Für die Zukunft stellt sich angesichts der wachsenden Herausforderungen die Frage, wie die Wissenschaft noch systematischer angeregt werden kann, kreative Modelle für den Transfer ihrer Ergebnisse in den Bildungsbereich zu entwickeln. Ein Ansatz könnte darin bestehen, dass DFG-geförderte Projekte noch stärker als bisher ermutigt werden, sogenannte Science-outreach-Modelle zu entwickeln. Dafür sollten – wie schon jetzt beispielsweise bei Sonderforschungsbereichen oder Forschungszentren – in allen Programmen Mittel zusätzlich zur Verfügung gestellt werden können. Damit könnten etwa Personen finanziert werden, die an der Schnittstelle zwischen Fachwissenschaft, Didaktik und Öffentlichkeitsarbeit tätig sind.

Neugier auf die Wissenschaft

Nach wie vor ist in Deutschland der Anteil von Personen, die gemessen an der Gesamterwerbsbevölkerung in Forschung und Entwicklung arbeiten, sowie die Zahl der Studienabsolventen im OECD-Vergleich zu gering. Dem gegenüber steht das Phänomen der Massenuniversität, das in den nächsten Jahren durch die rasante Zunahme der Studienanfängerzahlen weiter verschärft wird. Dies stellt Hochschulen, Politik und Forschungsförderung gleichermaßen vor Herausforderungen: Wie können in Zukunft noch mehr qualifizierte Arbeitskräfte für Wissenschaft, Forschung und Entwicklung gewonnen werden? Wodurch können Begabungen identifiziert und die Besten zu einer wissenschaftlichen Karriere ermutigt werden?

Eine wesentliche Stärke des englischen und des amerikanischen Universitätssystems besteht darin, dass insbesondere die ausgewiesensten Standorte ihren Studierenden ein sehr individuelles Betreuungs- und Tutorensystem anbieten. Auf diese Weise können früh wissenschaftliche Talente gesichtet und gezielt auf eine akademische Karriere vorbereitet werden. Auf diesem Gebiet erfolgreich und erfahren sind hierzulande unbestritten die Begabtenförderungswerke. Prospektiv eröffnet sich hier eine Möglichkeit der Interaktion mit der DFG: Sie fördert in ihren Programmen eine Vielzahl ausgezeichneter Wissenschaftlerinnen und Wissenschaftler, die nicht nur in der Forschung namhaft sind, sondern auch in der Betreuung des Nachwuchses hervorstechen. Insofern ist zu fragen, ob die DFG die Bildung von Tandems unterstützen sollte, in deren Rahmen herausragende Wissenschaftler erwiesenermaßen begabte Studierende über einen definierten Zeitraum an ihren

Perspektiven der Forschungs- förderung

Das jährliche Emmy Noether-Treffen in Potsdam bringt von der DFG geförderte Nachwuchsgruppenleiterinnen und -leiter mitsamt den dazugehörigen Kindern zusammen.

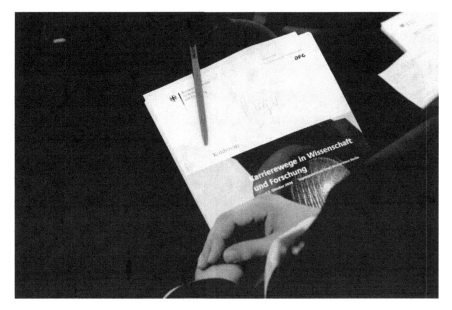

Veranstaltungen wie die gemeinsam mit dem Bundesforschungsministerium ausgerichtete Konferenz „Karrierewege" in Berlin 2006 geben dem wissenschaftlichen Nachwuchs die Gelegenheit, seine Wünsche und Hoffnungen zu formulieren.

Forschungen teilhaben lassen. Zudem sollten interessierte Studierende noch mehr als bisher nach dem Modell der Forschungsstudenten in Graduiertenkollegs frühestmöglich qualifiziert in Forschungsprojekten mitwirken können. Zu denken wäre auch an die Unterstützung von forschungsorientierten Masterstudiengängen durch die Förderung der entsprechenden Forschungsumgebung etwa in Graduiertenschulen.

Promotionsförderung mit Fokus und Strukturwirkung

Durch ihre Programme zur strukturierten Promotionsförderung trägt die DFG wesentlich dazu bei, Doktorandinnen und Doktoranden zügig auf der Basis einer eigenständigen Forschungsarbeit innerhalb eines größeren internationalen wissenschaftlichen Kontexts für ein breiteres Berufsfeld auszubilden. (▶ S. 149) Dies geschieht zweifellos vor allem im Rahmen der primär projektorientierten Förderung durch die DFG. Einen zusätzlichen Mehrwert schaffen Graduiertenkollegs und Graduiertenschulen aber dadurch, dass sie die dort betriebene Forschung systematisch mit Elementen zur Karriereförderung in der Wissenschaft kombinieren. Hier wird insofern das traditionell bestehende Spannungsverhältnis zwischen der Dienstleistung für ein Projekt und der eigenen wissenschaftlichen Qualifizierung aufgelöst. Mit der Einführung des Moduls „Graduiertenkollegs in Sonderforschungsbereichen" hat die DFG der Entwicklung Rechnung getragen, dass sich strukturiertes Promovieren faktisch in den Programmen der Projektförderung etabliert hat. Diesen Prozess gilt es, konsequent fortzusetzen, indem solche integrierten Graduiertenkollegs auch im Rahmen anderer Forschungsverbünde, wie Forschergruppen, eingerichtet werden können.

Arbeit im Team ist eines der Leitziele der DFG-Graduiertenkollegs. Im Bild: Forscherinnen und Forscher der International Research Training Group (IRTG) "Cell-based characterization of disease mechanisms in tissue destruction and repair".

Weitere Entwicklungen im Bereich der Promotionsförderung sollten dem Gesichtspunkt „Modularisierung" ebenso Rechnung tragen wie den Aspekten „disziplinspezifische Vielfalt", konsequente „Internationalisierung" und „Risikoorientierung". Internationale Vorbildwirkung haben in den letzten Jahren besonders die Internationalen Graduiertenkollegs erzielt, bei denen zusätzlicher Mehrwert durch das enge Zusammenwirken von Partnereinrichtungen im In- und Ausland entsteht. Diese Programmkomponente sollte konsequent ausgebaut werden und somit zur Entwicklung internationaler Promotionsstandards beitragen. Um im nationalen Kontext ihre modellbildende Funktion beizubehalten, sollten Kollegs, deren Forschungs- und Studienprogramm besonders innovativ und deshalb in seinem Potenzial unmittelbar schwerer einzuschätzen ist, zunächst als Anschub in einer Experimentierphase gefördert werden können, bevor sie mit einer längerfristigen Förderperspektive eingerichtet werden.

Durch die Exzellenzinitiative ist deutlich geworden: Deutschland verfügt jenseits des Kontexts eines Graduiertenkollegs über Strukturen der Doktorandenqualifizierung, die Spitzenforschung mit Nachwuchsförderung auf höchstem Niveau verbinden. Es erscheint auch künftig denkbar, in regelmäßigen Abständen besonders vielversprechende Graduiertenzentren durch Förderung zu prämieren und somit ihren Modellcharakter entfalten zu helfen. Besonderes Augenmerk sollte dabei den Forschungs- und Betreuungsleistungen der beteiligten Wissenschaftler sowie der Wissenschafts- und Nachwuchskultur am Standort – gemessen an internationalen Maßstäben – gelten.

Ein Garant für exzellente Forschung ist das größtmögliche Maß an wissenschaftlicher Freiheit und Flexibilität. Dieses Prinzip, das in besonderem Maße die Einzelprojektförderung kennzeichnet, sollte künftig auch Bestandteil der Promotionsförderung durch die DFG werden. Insofern wäre es wünschenswert, künftig über die bisherigen Möglichkeiten hinaus forschungsorientierte und qualitätsbasierte Promotionsangebote zu unterstützten, die eine modellbildende Ausstrahlung auf das Wissenschaftssystem erwarten lassen. Vorstellbar ist etwa die Entstehung nationaler Promotionsnetzwerke, die Doktoranden ortsverteilt unter dem Dach eines gemeinsamen wissenschaftlichen Oberthemas zusammenführen.

Lebenslange Attraktivität einer wissenschaftlichen Karriere

Eine wichtige Voraussetzung, um besonders qualifizierte Personen für eine Karriere in Wissenschaft und Forschung zu gewinnen, ist die Attraktivität einer wissenschaftlichen Karriere im weltweiten Wettbewerb mit konkurrierenden Berufsfeldern insbesondere in der Industrie und anderen Wissenschaftssystemen. Wissenschaftlerinnen und Wissenschaftler in der Phase nach der Promotion beklagen allerdings oft das weitgehende Fehlen längerfristiger, belastbarer Karriereperspektiven und die zu geringe Durchlässigkeit zwischen dem öffentlich finanzierten und dem privatwirtschaftlichen Sektor. Die DFG sollte auch weiterhin modellbildend dazu beitragen, dass die Strukturen innerhalb des deutschen Wissenschaftssystems noch flexibler und kar-

Seit seiner Einrichtung im Jahr 1999 hat sich das Emmy Noether-Programm zu einem herausragenden Element der DFG-Nachwuchsförderung entwickelt. Bei mehreren Programmanpassungen hat die DFG gemeinsam mit den Geförderten Desiderate identifiziert und berücksichtigt.

riereförderlicher werden. Bei ihren Programmentwicklungen sollte sie selbst weitgehend auf formale Anforderungen verzichten und ermöglichen, dass Forschungsvorhaben – im Rahmen der gesetzlichen Möglichkeiten und geltenden Transfergrundsätze – auch im Kontext eines Unternehmens durchgeführt werden können.

Seit seiner Einrichtung im Jahr 1999 hat sich das Emmy Noether-Programm zu einem herausragenden Element der DFG-Nachwuchsförderung entwickelt. Bei mehreren Programmanpassungen hat die DFG gemeinsam mit den Geförderten Desiderate identifiziert und berücksichtigt. Weiterer Handlungsbedarf zeichnet sich jedoch in zweierlei Hinsicht ab: Um eine größere Bandbreite an Karriereverläufen zu ermöglichen, sollte weitestgehend auf formale Zeitvorgaben als Bewerbungsvoraussetzung verzichtet und der Begutachtung überlassen werden, die wissenschaftlichen Leistungen der Bewerberinnen und Bewerber auf den Prüfstand zu stellen. Da die geförderten Nachwuchsgruppenleiterinnen und -leiter statusrechtlich zur Gruppe der wissenschaftlichen Mitarbeiter gehören, sind sie oft schlechter gestellt als Juniorprofessorinnen und -professoren. Dies gilt insbesondere für das Recht zur Lehre und das Prüfungsrecht sowie die Möglichkeit einer Anschlussberufung am gleichen Standort. Die DFG ermutigt die Hochschulen, hier Abhilfe zu schaffen, indem sie Wege finden, die Geförderten im Rahmen ihrer (landes-) rechtlichen Vorgaben der Statusgruppe der Hochschullehrer gleichzustellen. Auf besonders zukunftsweisende Modelle könnte die DFG gezielt hinweisen, damit diese zu Orientierungspunkten für andere Standorte werden.

Heisenberg-Professur

Mit der Schaffung der Heisenberg-Professur hat die DFG erstmals ein Tenure-track-Modell verwirklicht. Das heißt: Nach der Begutachtung durch die DFG und der Berufung durch die aufnehmende Hochschule als Fördervoraussetzung erhalten Geförderte auf der Grundlage einer erfolgreichen Zwischenevaluation ohne weiteres Berufungsverfahren am Standort eine dauerhafte Professur.

Der Leipziger Herzchirurg Torsten Doenst macht vor, wie Klinik und Forschung zusammenpassen. Er hat sich für eine Karriere als Wissenschaftler und Arzt entschieden. Seit 2007 ist er Heisenberg-Professor.

Die bisherigen Erfahrungen mit dem Programm zeigen das Interesse sowohl seitens der berufbaren Wissenschaftlerinnen und Wissenschaftler als auch seitens der Universitäten, die darin die Möglichkeit sehen, neue Forschungsschwerpunkte um herausragende Wissenschaftlerinnen und Wissenschaftler aufzubauen. Im Bedarfsfall sollte über eine Ausweitung des Programms nachgedacht werden, um die Strukturwirkung der Heisenberg-Professur weiter zu erhöhen. Zu berücksichtigen werden in dieser Diskussion allerdings die unterschiedlichen Perspektiven der einzelnen Hochschulen und die Vielzahl der unter dem Begriff des „tenure track" gehandelten Modelle sein; die DFG setzt sich in Zusammenarbeit mit den Hochschulen dafür ein, hier zu deutlicher konturierten Konzepten zu kommen.

Gleichstellung von Männern und Frauen in der Wissenschaft

Im Rahmen einer umfassenden Satzungsänderung hat die Deutsche Forschungsgemeinschaft 2002 ihre Aufgabenbeschreibung ergänzt und erstmals ausdrücklich festgestellt, dass die DFG die Gleichstellung von Männern und Frauen in der Wissenschaft fördert. Auf diese Weise macht die DFG deutlich, dass sie mit ihrem Fördersystem anstrebt, Wissenschaftlerinnen und Wissenschaftlern gleichermaßen attraktive Förderoptionen anzubieten. Damit die Wissenschaft in Deutschland international konkurrenzfähig bleibt, müssen wissenschaftliche Talente, unabhängig von ihrem Geschlecht, für einen Verbleib im Wissenschaftsbereich gewonnen werden. Hier besteht im Hinblick auf Wissenschaftlerinnen deutlicher Handlungsbedarf. (▶ S. 16)

Ausgangslage

Trotz vielfältiger Bemühungen ist der Anteil von Wissenschaftlerinnen an den verschiedenen Qualifikationsstufen und beruflichen Positionen in Hochschulen und außeruniversitären Forschungseinrichtungen in den vergangenen Jahren zwar gestiegen, dies aber nur in einem sehr geringen Umfang. Während 2004 fast 50 Prozent der Studienabschlüsse von Studentinnen erzielt wurden, lag der Anteil des weiblichen Nachwuchses bei den Promotionen bei zirka 40 Prozent. Der Anteil der Wissenschaftlerinnen an den Habilitationen betrug 23 Prozent. Von den Professuren wurden 13,6 Prozent von Frauen wahrgenommen.

Der Frauenanteil bei den C 4- und vergleichbaren Professuren betrug im Jahr 2004 in Deutschland lediglich 9,2 Prozent. Damit liegt Deutschland im europäischen Vergleich auf einem der hintersten Plätze, während in einigen anderen Ländern (an der Spitze Finnland) Anteile von etwa 20 Prozent erreicht werden. Ein erstes positives Signal in Deutschland geht allerdings von den Neuberufungen im Jahr 2005 aus: Hier betrug der Frauenanteil immerhin 22 Prozent.

Um mehr Frauen nach dem erfolgreichen Abschluss ihrer wissenschaftlichen Ausbildung auf Dauer für die Wissenschaft zu gewinnen, haben die großen Wissenschaftsorganisationen im November 2006 eine Offensive für Chancengleichheit von Wissenschaftlerinnen und Wissenschaftlern beschlossen. In diesem Rahmen hat sich auch die DFG verpflichtet, verstärkt darauf hinzuarbeiten, dass der Frauenanteil bei der Neubesetzung von Entscheidungs- oder Führungspositionen dem jeweiligen Anteil an habilitierten oder entsprechend hoch qualifizierten Wissenschaftlerinnen in den verschiedenen Fächergruppen angeglichen wird. Ferner hat die DFG zugesagt, den Anteil des weiblichen wissenschaftlichen Nachwuchses in ihren Förderprogrammen deutlich anzuheben. Hierbei müssen natürlich die unterschiedlichen Gegebenheiten in den einzelnen Fächergruppen berücksichtigt werden. Insbesondere im Bereich der Natur- und Ingenieurwissenschaften wird die DFG diskutieren müssen, wie der Anteil des weiblichen Nachwuchses gesteigert werden kann. Ferner hat sich die DFG verpflichtet, in fünf Jahren über den Erfolg ihrer Maßnahmen zu berichten.

Im Rahmen der Offensive für Chancengleichheit hat der Senat im Herbst 2006 eine Arbeitsgruppe eingesetzt, die sich mit der Entwicklung geeigneter Instrumente beschäftigt. In der Diskussion ist unter anderem das Angebot, durch entsprechende Schulungen für Entscheider zur Sensibilisierung für das Thema „Gender Equality" beizutragen. Außerdem hat der Senat als signifikante Maßnahme zur Steigerung der Beteiligung von Frauen in den Gremien der DFG beschlossen, bei der Aufstellung der Kandidierendenliste für die anstehende Wahl der Mitglieder der Fachkollegien einen Anteil von 18 Prozent im Mittel über alle Fächer Kandidatinnen anzustreben. Um den Gegebenheiten in den einzelnen Fächern Rechnung zu tragen, wurde für jedes Fach eine fachspezifisch angestrebte Repräsentanz von Frauen ermittelt, sodass den Vorschlagsberechtigten eine konkrete Zielvorgabe mitgeteilt werden konnte.

Die Vorschlagsberechtigten (Fachgesellschaften, die Mitglieder der DFG, die Leibniz-Preisträgerinnen und -Preisträger sowie der Stifterverband für die Deutsche Wissenschaft) haben im Rahmen ihrer Vorschläge einen Frauenanteil in Höhe von 16,5 Prozent erreicht. Der Senat hat auf der Basis dieser Vorschläge eine Kandidierendenliste verabschiedet, auf der Wissenschaftlerinnen mit einem Anteil von 17,15 Prozent vertreten sind. Damit ist es nicht gelungen, die Zielvorgabe zu erreichen.

Der Senat hat aber zumindest gute Voraussetzungen geschaffen, um den Frauenanteil in den Fachkollegien in deutlich sichtbarer Weise zu steigern: Derzeit sind 12 Prozent der Mitglieder der Fachkollegien Wissenschaftlerinnen. Unter den Kandidierenden waren die Frauen bei der Wahl 2003 mit 10,6 Prozent vertreten. Sie haben also im Vergleich zu den Männern eine etwas höhere Akzeptanz bei den Wählerinnen und Wählern gefunden. Wenn man davon ausgeht, dass dieses Mal in ähnlicher Weise die Wahlentscheidungen getroffen werden, könnte der Anteil von Wissenschaftlerinnen sogar über 17,15 Prozent hinausgehen.

Rahmenbedingungen und flankierende Maßnahmen

Die vom Senat eingesetzte Arbeitsgruppe kann bei ihrer Arbeit auf die Ergebnisse einer Studie zurückgreifen, die an der Universität Konstanz im Auftrag der DFG durchgeführt wurde. Im Rahmen dieser Studie wurde untersucht, inwieweit es geschlechtsspezifische Unterschiede in Antragsaktivität und Förderchancen gibt und in welchem Umfang Wissenschaftlerinnen in den Gremien und in den Begutachtungsprozessen mitwirken. Basis der Studie war Datenmaterial aus den Jahren 1991 bis 2004; im Wesentlichen wurden die Einzelförderung und einzelne Instrumente der Nachwuchsförderung untersucht. In der Studie wurde festgestellt, dass sich der Frauenanteil bei Antragstellungen über den Untersuchungszeitraum (1991 bis 2004) hinweg von 6 auf knapp 14 Prozent gesteigert hat, über alle Förderjahre hinweg beträgt er etwa 10 Prozent. Die steigende Tendenz an Antragstellungen von Wissenschaftlerinnen entspricht in etwa dem allgemeinen Anstieg des Frauenanteils im Wissenschaftssystem. So war in den Geistes- und Sozialwissenschaften wie auch in den Lebenswissenschaften der Frauenanteil am höchsten, in den Ingenieur- und Naturwissenschaften war er am geringsten. Auffallend ist, dass die Antragstellerinnen im gesamten Zeitraum jünger als die Antragsteller waren, ihre Anträge also weit häufiger als Männer in frühen Karrierephasen (und auch vor der Berufung auf eine Professur) stellten.

Zu den Förderquoten wurde zunächst festgestellt, dass sie bei der Einzelförderung im Zeitraum von 1991 bis 2004 deutlich sanken. Außerdem konnte ermittelt werden, dass mit zunehmendem Lebensalter der Antragstellenden die Bewilligungschancen zunächst schlechter wurden, dann aber für ältere Antragsteller wieder anstiegen. Die Förderquote aller entschiedenen Anträge fällt um 3,9 Prozentpunkte zuungunsten von Wissenschaftlerinnen aus. Dies liegt vor allem an zwei Entwicklungen: Die Zahl der von Frauen gestellten Anträge nimmt im Zeitverlauf zu, während die Förderquoten aufgrund stark gestiegener Antragszahlen insgesamt für beide Geschlechter sinken. Der Unterschied zwischen den Geschlechtern reduziert sich daher bei Berücksichtigung weiterer Merkmale wie zum Beispiel dem Jahr der Förderentscheidung oder den Wissenschaftsbereichen auf ein bis zwei Prozentpunkte zuungunsten von Wissenschaftlerinnen. Einen großen Geschlechtsunterschied

Damit Frauen und Männer in der Forschung gleichberechtigt zusammenarbeiten können, engagiert sich die DFG aktiv für Chancengleichheit im deutschen Wissenschaftssystem.

gibt es im Hinblick auf die Einschätzung, ob Frauen und Männer von Gutachtern gleich behandelt werden. In einer Befragung im Jahr 2004 zufolge waren 72,1 Prozent der Stipendiaten der Meinung, das Geschlecht spiele bei der Begutachtung keine Rolle. Von den Stipendiatinnen vertraten allerdings nur 38,2 Prozent diese Auffassung. Tatsächlich sind im Bereich der Stipendienförderung im Untersuchungszeitraum die Förderquoten von Frauen etwa 5 Prozentpunkte ungünstiger als bei Männern.

Perspektiven der Forschungs-förderung

In den Jahren 2005 und 2006 ist eine weitere Angleichung der Förderquoten von Wissenschaftlerinnen und Wissenschaftlern im Einzelverfahren und im Wesentlichen auch in den Nachwuchsprogrammen zu verzeichnen. Die Ergebnisse der Studie ermutigen daher, durch eine gezielte Informationspolitik verstärkt Wissenschaftlerinnen zu einer Antragstellung zu motivieren. Angestrebt wird auch, bei geplanten Forschungsverbünden bereits in der Beratungsphase auf eine angemessene Beteiligung von ausgewiesenen Projektleiterinnen zu achten. Dabei ist die erwünschte Repräsentanz von Wissenschaftlerinnen stets unter fachspezifischen Aspekten zu definieren. Geplant ist zudem, insbesondere Forschungsverbünden zusätzliche Mittel zur Verfügung zu stellen, um den dort tätigen weiblichen Nachwuchs intensiver, zum Beispiel im Rahmen von Mentoring- Programmen oder in Netzwerken, zu fördern.

Als eine wichtige Grundlage für die gemeinsamen Anstrengungen betrachtet die Deutsche Forschungsgemeinschaft die Empfehlungen der Hochschulrektorenkonferenz vom 14. November 2006. Darin heißt es: Gleichstellungspolitik ist eine Leitungsaufgabe der Hochschulen. Die gleichberechtigte Beteiligung von Männern und Frauen, vor dem Hintergrund eines streng qualitätsgeleiteten Auswahlprozesses, muss integraler Bestandteil des Selbststeuerungskonzepts jeder Hochschule sein. Die DFG beabsichtigt, dazu forschungsorientierte Gleichstellungsstandards zu erarbeiten und diese bei Begutachtungen und Entscheidungen in strukturwirksamen Förderprogrammen zur Geltung zu bringen.

Die DFG begrüßt ferner nachdrücklich die in vielen Hochschulen und Forschungseinrichtungen eingeleiteten Prozesse, um den Arbeitsplatz „Wissenschaft" familienfreundlicher zu gestalten. Die DFG wird auch in diesem Bereich mit flankierenden Maßnahmen die Entwicklung unterstützen.

Diversity – Vielfalt im Wissenschaftssystem

Exzellente Wissenschaft braucht Diversität und Originalität. (▶ S. 16) Um langfristig die Auseinandersetzung mit allen gesellschaftlich relevanten Bereichen zu sichern, ist es erforderlich, dass die Wissenschaft auch alle diese Bereiche angemessen repräsentiert. Dies geschieht nicht nur abstrakt über die in der Wissenschaft entwickelte Fächerstruktur, sondern auch über die Menschen, die in diesen Fächern forschen und lehren. Die DFG betrachtet es als Selbstverständlichkeit, dass niemand wegen wissenschaftsfremder Fakten wie beispielsweise dem Geschlecht, der ethnischen Herkunft, dem Alter oder dem Gesundheitszustand von einer wissenschaftlichen Karriere ausgeschlossen werden darf. Dementsprechend engagiert sich die DFG in allen Förderverfahren aktiv für Vielfalt und Chancengleichheit im deutschen Wissenschaftssystem.

Zusammenarbeit mit der Wirtschaft

Die Deutsche Forschungsgemeinschaft begreift den Satzungsauftrag, die Kontakte zur Wirtschaft zu pflegen, als Aufforderung zur Kooperation mit dem privaten Sektor im Bereich der Forschung. Dabei muss die Zusammenarbeit, soll sie von der DFG unterstützt werden, auch einen Mehrwert für die Wissenschaft erzielen. Dieses Erfordernis stellt in der Praxis oftmals eine Hürde dar, weil der Grundlagenforschung wegen der unterschiedlichen Ausgangslagen in Wirtschaft und Wissenschaft ein Mehrwert nicht immer einsichtig scheint; zudem macht der private Sektor seinerseits ein Zusammenwirken verständlicherweise von wirtschaftlichen Vorteilen abhängig. Tatsächlich ist Bedingung für eine Kooperation, dass erkennbar ein beiderseitiger Nutzen („win-win"-Situation) entsteht. (▶ S. 18 f., 31 ff.)

Vorteile für alle Seiten

In der Sache lassen sich die jeweiligen Vorteile leicht beschreiben: Während die Wissenschaft Zugang zu anwendungsorientiertem Know-how, entsprechenden Netzwerken, apparativer und personeller Ausstattung, praxisnahen Spitzenkräften und privatem Kapital erhält, profitiert die Wirtschaft vor allem von den entstehenden Erkenntnissen, der Expertise der Grundlagenforschung und dem Kontakt zu exzellentem wissenschaftlichem Nachwuchs; beide Partner lernen aus der innovativen Wechselwirkung von Anwendung und Grundlage.

Vor diesem Hintergrund hat die DFG im Lauf der Zeit eine Reihe von Angeboten entwickelt, die die Vorteile einer Kooperation von Wirtschaft und Wissenschaft verdeutlichen und die Durchführung gemeinsamer Projekte erleichtern sollen. Das Portfolio dieser Maßnahmen deckt eine große Bandbreite ab und trägt so dem Bedürfnis der Partner nach Flexibilität und Reaktionsfähigkeit Rechnung. Auch wenn die verschiedenen Kooperationsformen in der Regel mehrere Aspekte von Zusammenarbeit ansprechen, so lassen sich doch jeweils Schwerpunkte benennen.

*Seite an Seite für die Forschung – Transferbereiche ermöglichen es, Erkenntnisse aus Sonderforschungsbe-
reichen in die wirtschaftliche Anwendung zu überführen. Ein Beispiel ist die Entwicklung von Simulations-
werkzeugen zur virtuellen Herstellung neuer Werkstoffe an der RWTH Aachen: Das Projekt ist Teil des Trans-
ferbereichs „Praxisrelevante Modellierungswerkzeuge", in dem zehn RWTH-Institute und 16 Industriepart-
ner zusammenarbeiten.*

Evaluation und Transfer

Bereits seit längerem besteht die Möglichkeit, die Ergebnisse der Forschung
in Sonderforschungsbereichen in Form von einzelnen Transferprojekten oder
im Verbund (Transferbereiche) in den Kontext der Anwendung zu stellen. Diese Programmerweiterung hat sich gut entwickelt und 2007 einen Stand von
etwa 150 Transferprojekten mit einem Volumen von fast 10 Millionen Euro/
Jahr erreicht. Die DFG verfolgt dabei einen doppelten Zweck, der den wech-
selseitigen Nutzen der Zusammenarbeit illustriert: So soll zwar der Transfer
von anwendungsrelevanten Forschungsergebnissen und damit ein Beitrag zu
einer potenziellen gewerblichen Wertschöpfung geleistet werden; zugleich
aber prüft die Wissenschaft, ob ihre Resultate den Bedingungen der Praxis
prinzipiell standhalten.

Im Zuge der anhaltenden Diskussion um die Optimierung des deutschen
Innovationssystems ist der Mangel an Langfristigkeit in der Zusammenarbeit
zwischen öffentlich geförderter und privatwirtschaftlicher Forschung als ein
zentrales Problem identifiziert worden. Die DFG hat deshalb im Rahmen der
Transferprojekte neben die skizzierten, auch kurzfristig wirksamen Effekte
die Perspektive einer längeren Zusammenarbeit gestellt. Unter der Überschrift „Gemeinsam Forschen" soll zukünftig eine Kooperation während der
gesamten Laufzeit eines Sonderforschungsbereichs oder in anderen, spezifischen Projekten möglich sein. Die DFG wird in der näheren Zukunft die entsprechenden Bedingungen definieren und damit einen Weg weisen, der Anreize für eine gleichsam institutionalisierte Zusammenarbeit gibt. Dies sollte die bestehenden Möglichkeiten des Transfers aus anderen Verfahren der
DFG wirkungsvoll ergänzen.

Integrierte Komplexität: Cluster

Die internationale Debatte um die Innovationsfähigkeit marktwirtschaftlicher Systeme setzt stark auf die Leistungsfähigkeit von Clustern, die die verschiedenen Interessen der Beteiligten zusammenführen und die komplexen Wechselwirkungen fruchtbar machen sollen. Mit den „Exzellenzclustern" im Rahmen der Exzellenzinitiative von Bund und Ländern ist das Modell des wissenschaftsgeleiteten, für die Integration von Anwendungsinteressen prinzipiell offenen Clusters in die Fläche gebracht worden. Bis zu diesem Stadium der Entwicklung waren allerdings eine Reihe von Vorarbeiten nötig. Dabei hat sich die DFG dem Gedanken des Clusters von zwei Seiten genähert.

Zusammenarbeit mit der Wirtschaft

Aufbauend auf einem Gemeinschaftsprojekt von Arbeitsgruppen aus verschiedenen Hochschulen und Wissenschaftlern der Firma Degussa entstand das Konzept der Degussa-Projekthäuser, das eine enge örtliche Verzahnung und die wechselseitige Ressourcennutzung von Wirtschaft und Wissenschaft kennzeichnet. Mit Unterstützung durch DFG und BMBF ist es modellbildend geworden und hat sich zur Idee des Science to Business Center fortentwickelt. Hier kooperieren Hochschule, Unternehmen, Kunde und Zulieferer entlang der Wertschöpfungskette und erreichen auf diese Weise eine rasche Umsetzung von wissenschaftlichem Know-how in marktfähige Produkte. Die DFG konnte den Rahmen für das Zusammenwirken von Hochschule und Unternehmen in diesen Projekten jeweils maßgeblich beeinflussen. Die dort gemachten Erfahrungen mit dem Modell eines wirtschaftsgeleiteten Clusters hat sie bei der Definition der Schnittstellen im Rahmen der Exzellenzinitiative eingebracht.

Direktes Vorbild für die Exzellenzcluster sind die DFG-Forschungszentren. Hier gibt die DFG dem Gedanken einer massiven lokalen Konzentration von wissenschaftlicher Expertise unter Federführung der Universitäten Raum. Die auf diese Weise geschaffene Plattform ist nicht nur wegen ihrer Kapazität zur Lösung komplexer Probleme, sondern auch wegen ihrer offenen und flexiblen Struktur gerade für den privaten Sektor attraktiv. Das DFG-Forschungszentrum „Matheon" steht exemplarisch für eine erfolgreiche Umsetzung des Konzepts: Gestützt auf die drei Berliner Universitäten, führt das Zentrum die örtliche, auch außeruniversitäre Kompetenz im Bereich der Angewandten Mathematik zusammen. Die innere Organisation des „Matheon" folgt einer Matrix, die zentrale fachliche Kategorien mit relevanten Anwendungsfeldern kombiniert. So entsteht ein Kern hochkarätiger Grundlagenforschung, der Ansatzpunkte für ganz unterschiedliche, unmittelbar nutzeninspirierte Fragestellungen bietet. Entsprechend groß ist das Interesse von Institutionen und Unternehmen aus dem privaten und

Mathematische Vision – das DFG-Forschungszentrum „Matheon" in Berlin beschäftigt sich unter anderem mit den Schnittstellen von Grundlagenforschung und Anwendung. Hier ein Tetranoid mit einer Trennfläche zwischen Gasen.

Im Projekt „DigiZeit" unterstützt die DFG die Zusammenarbeit von neun Sondersammelgebietsbibliotheken mit 18 Wissenschaftsverlagen, um einen kostengünstigen digitalen Zugang zu Zeitschriften zu ermöglichen. Während die Bibliotheken so ihren Service für Kunden erweitern, profitieren die Verlage von einer größeren und internationalen Sichtbarkeit durch einen gemeinsamen Auftritt im Internet.

öffentlichen Sektor im In- und Ausland.Exzellenzcluster könnten für die Zusammenarbeit von Wissenschaft und Wirtschaft langfristig modellbildend werden, bisherige Erfahrungen weisen allerdings in Teilen Nachsteuerungsbedarf aus. Die DFG wird bei der Verstetigung der Exzellenzinitiative der Frage der Kooperation höheres Gewicht beilegen und dabei die Erkenntnisse aus der Evaluation der Exzellenzinitiative und der sich gerade entwickelnden systematischen Untersuchung der Erfolgsbedingungen von Clustern berücksichtigen. Sie bleibt allerdings darauf angewiesen, dass Wissenschaft und Wirtschaft bereit sind, die Einsicht in den Mehrwert gemeinsamen Forschens in Handlung umzusetzen.

Gute Startbedingungen

Um schon die Entstehung der kulturellen Differenzen zu vermeiden, die als eine wesentliche Ursache für Schwächen in der Zusammenarbeit von Wirtschaft und Wissenschaft diagnostiziert werden, hat die DFG zuletzt ein Konzept vorgelegt, das auf die Basis der Kooperation zielt. Vor allem junge Forschende als zentrale Ressource des Wissenschaftssystems und kleinere Unternehmen als Rückgrat und Zukunft der deutschen Wirtschaft sollen hier angesprochen werden. Dabei haben Antragsteller in allen Verfahren der DFG die Möglichkeit, Verwertungspotenziale zu identifizieren und bei einem Partner aus dem privaten Sektor bis zum „Prototypen" zu entwickeln. Die DFG macht diese „Förderung bis zum Prototypen" durch die Finanzierung der Eigenen Stelle vor Ort noch interessanter: Das Unternehmen bringt Infrastruktur und Eigenbeteiligung auf und hält sein Risiko kalkulierbar, der Forschende kann praxisnah arbeiten. Auf diese Weise entsteht eine Situation, die Unabhängigkeit und Nähe für beide Seiten profitabel kombiniert.

Politikberatung

Kann es eine Rolle der Wissenschaften in der politischen Entscheidungsfindung geben? Diese Frage wird international und auch in Deutschland sicherlich nur selten verneint. Aber wie kann eine solche Politikberatung zielführend, kompetent und für beide Teile, nämlich Politik und Wissenschaft, zufriedenstellend ablaufen? In einigen Ländern gibt es die Nationalen Akademien der Wissenschaften oder die Einrichtung des Chief Scientific Advisors, der ein gewichtiges beratendes Wort bei den politischen Entscheidungen mitzusprechen hat. Eine solche Position existiert gegenwärtig im deutschen System nicht.

Herausforderungen

In der Satzung der Deutschen Forschungsgemeinschaft heißt es: „Sie berät Parlamente und Behörden in wissenschaftlichen Fragen", somit gehört die Politikberatung zu ihren Aufgaben. In der Tat verfügt die DFG mit ihren Gremien – von den Fachkollegien bis zum Präsidium, vom Apparateausschuss bis zum Senatsausschuss für Perspektiven der Forschung – und mit der Möglichkeit, zu jeder Zeit über alle Fachgebiete hinweg wissenschaftliche Expertise zu erreichen, über ein kompetentes System der forschungsbasierten Beratung, das sehr schnell auch auf entsprechende Fragen und Probleme der Politik reagieren kann. (▶ S. 14)

Die Herausforderungen der Politikberatung haben sich in den letzten Jahren deutlich verändert. Zum einen sind dies die Bewertung wissenschaftlicher Entwicklungen im Hinblick auf die Nutzbarkeit für gesellschaftliche Belange, politische Entscheidungen, auch die Gesetzgebung, zum anderen sind es wissenschaftsstrukturelle Fragen, zum Beispiel zur wissenschaftlichen Informationsversorgung, zum Einsatz von Großgeräten – auch Forschungsschiffen –, zur Differenzierung des Hochschulsystems oder zur Veränderung der wissenschaftlichen Fortbildung nach den berufsqualifizierenden Abschlüssen. Hierzu ist auch die Mitwirkung der Wissenschaft in Deutschland im europäischen und internationalen Kon-

DEUTSCHER BUNDESTAG
Ausschuss für Bildung, Forschung und
Technikfolgenabschätzung

A-Drs. 16(18)185 neu

Deutsche Forschungsgemeinschaft

Stammzellforschung in Deutschland – Möglichkeiten und Perspektiven

Stellungnahme der Deutschen Forschungsgemeinschaft
Oktober 2006

Nicht immer zieht die Politikberatung der DFG so viel öffentliche Aufmerksamkeit auf sich wie bei der Stellungnahme zur Stammzellforschung aus dem Jahr 2006. Dennoch gilt überall der gleiche Grundsatz: Wissenschaftlich fundierte Fakten bilden die Basis für umsichtige Empfehlungen.

zert zu zählen. Mit welchen Mechanismen kann sich die DFG auf diese Erfordernisse vorbereiten, um relativ schnell einen guten Rat zu erteilen?

Einige Fragestellungen haben eine kontinuierliche Aktualität im Sinne von ständiger Beratungsnotwendigkeit. Hier sei als ein Beispiel der Arbeitsschutz angeführt. Dazu kommen auf der anderen Seite die akuten Notsituationen wie das erstmalige Auftreten der AIDS-Krankheit in den frühen und die BSE-Problematik in den späteren 80er-Jahren. Ein weiteres Beispiel sind eventuell entstehende Grippeepidemien durch die genetische Veränderung ursprünglich für den Menschen ungefährlicher Influenza-Viren (H5N1) oder die Reaktion auf die Tsunami-Katastrophe Ende 2005.

Aktualität und Nachhaltigkeit

Für beide Aspekte, also sowohl für längerfristige Aufgaben als auch für Ad-hoc-Fragen, wurde in der DFG ein flexibles System von Senatskommissionen und Senatsausschüssen entwickelt. Hier ist insbesondere die Senatskommission zur Prüfung gesundheitsschädlicher Arbeitsstoffe zu nennen, deren Aufgabe es ist, durch die toxikologisch-arbeitsmedizinische Bewertung von Arbeitsstoffen auf der Basis des neuesten wissenschaftlichen Erkenntnisstandes die Grundlage für eine behördliche oder politische Entscheidung zur Regelung von Arbeitsstoffen zu schaffen. Ihr wird sich eine neue Aufgabe stellen, da unter der jüngsten EU-Chemikaliengesetzgebung (REACH) die Verantwortung für die Chemikaliensicherheit weitgehend der chemischen Industrie übertragen wird, auch die Sicherheit am Arbeitsplatz betreffend. Dabei ist abzusehen, dass die Vorschläge der Industrie durch eine unabhängige Expertenkommission zu überprüfen sind, insbesondere bei unterschiedlicher Bewertung der Datenlage durch Behörde und Wirtschaft. Auch zu nennen ist die Senatskommission zur Beurteilung der gesundheitlichen Unbedenklichkeit von Lebensmitteln, die mit den Grundsatzpapieren „Kriterien zur Beurteilung funktioneller Lebensmittel" sowie „Stellungnahme zur Beurteilung von Nahrungsergänzungsmitteln mit anderen Stoffen als Vitaminen und Mineralstoffen" im europäischen Maßstab eine Vorreiterrolle eingenommen hat. Die wissenschaftlich fundierte Risiko-Nutzen-Bewertung bei unterschiedlichen Zielpopulationen wird die Senatskommission auch in Zukunft beschäftigen. Dies gilt auch für neue Entwicklungen in der Lebensmitteltechnologie, zum Beispiel die Sicherheitsbewertung der Nanotechnologie im Lebensmittelbereich. Das Aufgabenspektrum der Senatskommission zur Beurteilung von Stoffen in der Landwirtschaft sieht in naher Zukunft Stellungnahmen vor zu Fragen des Ressourcenmanagements des Agrarökosystems, des Einsatzes der Biotechnologie in der Landwirtschaft (Grüne Gentechnik), des ökologischen Landbaus für nachhaltige Entwicklungsstrategien und epidemiologische und stoffliche Fragestellungen in der Tierhaltung. Ferner ist beabsichtigt, Strategien zur Risikobewertung mit einem ganzheitlichen Blick auf den landwirtschaftlichen Produktionsprozess zu entwickeln.

Die Kommissionen verfassen also anlassbezogen, in der Regel aber proaktiv Stellungnahmen und Denkschriften, die der Wissenschaftspolitik, der Politik allgemein, aber auch den Akteuren in der Wissenschaftslandschaft wie Universitäten, außeruniversitären Forschungseinrichtungen und der Wirtschaft zu aktuellen und kommenden Problemen Lösungsvorschläge anbieten und oftmals hohe Wirksamkeit entfalten. Hier sind beispielhaft zu nennen die Denkschriften zur Agrarforschung, zur Antarktisforschung, zur Wasserforschung und zur Umfrageforschung. Die Stellungnahme etwa zum Umgang mit embryonalen Stammzellen hat eine breite Diskussion in Deutschland ausgelöst, und die Argumente sind in das Gesetzgebungsverfahren eingeflossen. Die Senatskommission für Klinische Forschung hat auf die Lage der Klinischen Forschung in Deutschland aufmerksam gemacht und Vorschläge entwickelt, um eine bessere Forschung und somit eine verbesserte medizinische Versorgung zu erreichen. Die Durchführung von Kli-

Seit über 50 Jahren übergibt die Senatskommission zur Prüfung gesundheitsschädlicher Arbeitsstoffe der DFG jedes Jahr dem Arbeitsminister die MAK-und BAT-Werte-Liste und schafft damit eine Grundlage für die Gesetzgebung.

nischen Studien zusammen mit dem Bundesministerium für Bildung und Forschung resultiert nicht zuletzt aus diesen Vorschlägen und ist ein Beispiel für eine Politikberatung, die zu gemeinsamen Aktionen führt.

Entwicklung der Infrastruktur

Die wissenschaftliche Beratungsaktivität zur Infrastruktur ist ebenfalls Aufgabe von Kommissionen und Ausschüssen und in letzter Zeit besonders in den Vordergrund getreten. So äußert sich etwa der Ausschuss für Wissenschaftliche Bibliotheken und Informationssysteme (AWBI) zu strategischen Entwicklungen des wissenschaftlichen Informationswesens wie dem elektronischen Publizieren, dem freien Zugang zur wissenschaftlichen Information, der Digitalisierung der wissenschaftlichen Bibliotheken und Archive sowie der Modernisierung der informationstechnischen Infrastrukturen. Die Positionen des Ausschusses werden durch die Mitwirkung von Ausschussmitgliedern in Beratungsgremien der Kultusministerkonferenz, Bund-Länder-Kommission und Hochschulrektorenkonferenz sowie in Beiräten von Fachverbänden und zentralen Informationseinrichtungen aktiv vermittelt und umgesetzt. Durch die Beteiligung der DFG an einem internationalen Verbund der Fördereinrichtungen für wissenschaftliche Informationsstrukturen tragen die Planungs- und Beratungsaktivitäten des Ausschusses wesentlich zur Einbettung deutscher Entwicklungen in den internationalen Kontext bei.

Alte Schriften und ihre Zugänglichkeit für die Wissenschaft durch Digitalisierung liegen der DFG genauso am Herzen ...

Im Zusammenhang mit den eingeleiteten Maßnahmen zur Verbesserung der Leistungsfähigkeit der deutschen Hochschulen werden standortübergreifende Informationsinfrastrukturen noch wichtiger werden als bisher, etwa zum Zugriff auf digitale Informationen, für virtuelle Lehr- und Forschungsumgebungen oder die Verbreitung elektronisch publizierter Forschungsergebnisse. Die Einbettung der in Deutschland aufgebauten Strukturen in das international definierte Qualitätsniveau wird für den Erfolg entscheidend sein. Im Gleichklang mit dem Ausbau der Förderaktivitäten in diesem Bereich sollten daher die politikberatenden und konzeptionellen Aufgaben des AWBI gestärkt werden.

Zur Investitionsplanung der apparativen Infrastruktur an den Hochschulen beraten Apparateausschuss und Kommission für

... wie die Ausstattung der Forschungseinrichtungen mit modernsten Computern und Geräten. Hier der Supercomputer im Leibniz-Rechenzentrum in Garching bei München, der rund 26 Billionen Rechenschritte in der Sekunde schafft.

Rechenanlagen die Länder. Die Empfehlungen enthalten Vorschläge für zukünftige Versorgungsstrukturen und zur sinnvollen Anzahl, Leistungsklasse und Verteilung von Großgeräten. Darüber hinaus helfen sie unter Berücksichtigung der beobachteten und erwarteten technischen Entwicklung Fehlinvestitionen zu vermeiden. Eine länderübergreifende Beratung findet zum Beispiel bei der Begutachtung von Hochleistungsrechnern statt. Auch nach der Föderalismusreform, die zu einer tiefgreifenden Veränderung im Bereich des Hochschulbauförderungsgesetzes geführt hat, wird diese Beratungtätigkeit weiter nachgefragt und im Rahmen der neuen Regelungen nach den Artikeln 91b und 143c Grundgesetz erfolgen.

Differenzierung der Hochschullandschaft

Die Exzellenzinitiative ist ein wirkungsvolles Förderprogramm für die Hochschulen in Deutschland. Bereits bei der Vorbereitung dieses Programms ist die Deutsche Forschungsgemeinschaft ihrem Beratungsauftrag nachgekommen und hat zusammen mit der Politik die Weichen für die Programmlinien stellen können. Mit diesem Förderprogramm sind zahlreiche Aspekte verbunden, die die Basis für Diskussionsprozesse in Bund und Ländern bilden. Die Differenzierung der Hochschullandschaft, die Schwerpunktsetzung besonders an den Universitäten und deren Profilbildung spielen für Entscheidungsprozesse auf politischer Ebene eine große Rolle. Durch die Förderung von Graduiertenschulen, Exzellenzclustern und den Zukunftskonzepten für einen projektbezogenen Ausbau der universitären Spitzenforschung (letzteres zusammen mit dem Wissenschaftsrat) werden Signale in diese Richtung gesetzt, die die bislang durch die Maßnahmen der Forschungsförderung bewirkten Schwerpunktsetzungen, wie zum Beispiel durch Sonderforschungsbereiche, bei weitem übersteigen. Der DFG fällt hier im Entscheidungsprozess eine große Verantwortung für die weitere Entwicklung des Wissenschaftssystems in Deutschland zu. Mit der Exzellenzinitiative werden die Grenzen zwischen universitärer und außeruniversitärer Forschung überwunden und die Kooperationen mit der industriellen Forschung und im interdisziplinären und internationalen Rahmen verstärkt. Damit soll die Exzellenzinitiative nicht zuletzt einen substanziellen Beitrag zur Konkurrenzfähigkeit der deutschen Hochschulen in Europa und der Welt leisten.

Kommunikation und Konsultation

Es gibt noch eine andere Seite der Politikberatung, die mehr informellen Charakter hat. Viele wissenschaftliche Themen sind von außerordentlicher gesellschaftlicher Relevanz und von entsprechenden Auseinandersetzungen begleitet. Oftmals sind hier Missstände nur durch weitere wissenschaftliche Untersuchungen zu beheben. Diese Tatsache bekannt zu machen und Ängsten vorzubeugen, ist eine politik- oder öffentlichkeitsinformierende Tätigkeit, der die DFG zukünftig verstärkt nachkommen muss, will sie nicht auch zur „Wissenschaftsfeindlichkeit" beitragen. Dazu gehört die Darstellung von Sachverhal-

---

Schwerpunktinitiative „Digitale Information"

Mit der Schwerpunktinitiative „Digitale Information" (▶ S. 244) unterstützt die Deutsche Forschungsgemeinschaft eine Neuausrichtung der Infrastrukturen für die wissenschaftliche Informationsversorgung in Deutschland. Ziel ist die Implementierung einer integrierten digitalen Umgebung zur Informationsversorgung für alle Fächer und Disziplinen. Die Fördermaßnahmen richten sich auf die Schwerpunkte:

- Digitalisierung kompletter Bibliotheken
- umfassende Zugänglichkeit von elektronischen Zeitschriften und Büchern in den deutschen Hochschulen und Forschungseinrichtungen durch nationale und internationale Lizenzabkommen mit Verlagen
- neue Formen der wissenschaftlichen Kommunikation und Publikation in Open-Access-Netzwerken und netzbasierten Virtuellen Arbeitsumgebungen für die Forschung

Leitbild ist der umfassende, komfortable und für den Nutzer entgeltfreie Zugang zu den publizierten Daten und Ergebnissen öffentlich geförderter Forschung entsprechend den Zielsetzungen der von der Deutschen Forschungsgemeinschaft mitunterzeichneten „Berliner Erklärung" zum Open Access. Mit den Partnern der Allianz der deutschen Wissenschaftseinrichtungen ist ein enges Zusammengehen bei der Umsetzung der Initiative vereinbart.

ten in allgemein verständlichen Worten, dazu gehört auch, sich als Forschender in den Medien unbequemen Fragen zu stellen und gerade bei der Jugend Verständnis, besser noch Begeisterung für die Wissenschaft zu wecken.

Häufig holen Bund und Länder Informationen und Rat bei der DFG, wenn sie eigene Programme der Forschungs- oder der Nachwuchsförderung auf-

*Politik-
beratung*

> *Viele wissenschaftliche Themen sind von außerordentlicher gesellschaftlicher Relevanz und von entsprechenden Auseinandersetzungen begleitet. Oftmals sind hier Missstände nur durch weitere wissenschaftliche Untersuchungen zu beheben. Diese Tatsache bekannt zu machen und Ängsten vorzubeugen, ist eine politik- oder öffentlichkeitsinformierende Tätigkeit, der die DFG zukünftig verstärkt nachkommen muss, will sie nicht auch zur „Wissenschaftsfeindlichkeit" beitragen.*

legen wollen. Das DFG-Ranking gibt den handelnden Personen in Bund und Ländern Hinweise auf Stärken und Schwächen an den Universitäten. Die Teilnahme von Vertreterinnen und Vertretern des Bundes und der Länder an den Entscheidungssitzungen für die Förderprogramme ermöglicht einen tiefen Einblick in die Leistungsfähigkeit der Wissenschaft in Deutschland und vermittelt somit auch Informationen, die für politische Entscheidungen von Bedeutung sind.

Eine Hochschule, die in der zweiten Runde der Exzellenzinitiative hervorragend abgeschnitten hat, ist die Freie Universität Berlin. Hier ein Blick in die futuristische Philologische Bibliothek.

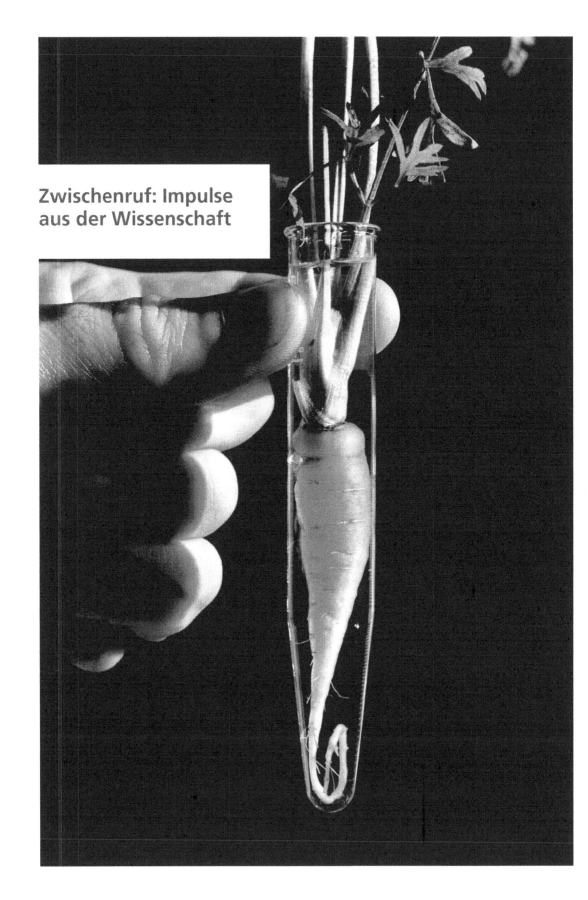

Zwischenruf: Impulse aus der Wissenschaft

Thesen zum Wissenstransfer

Anke Pyzalla, Werkstoffwissenschaften

Aktuelle „Claims" wie „wissen schafft nutzen", „Wissen schafft Wirkung" über „Wissen schafft Arbeit" und „Wissen schafft Märkte" bis hin zu „Wissen schafft Wohlstand" zeigen, dass sehr weitgehender gesellschaftlicher Konsens darüber besteht, dass in Deutschland derzeit die Bereitstellung und Verfügbarkeit von Wissen und die Fähigkeit, dieses Wissen anzuwenden, als grundlegend für die Entwicklung der Gesellschaft und den wirtschaftlichen Erfolg im globalen Wettbewerb angesehen werden. Der Anspruch, das häufig auch mit DFG-Förderung an den Hochschulen und außeruniversitären Forschungseinrichtungen generierte neue Wissen für die Gesellschaft und Wirtschaft nutzen zu wollen, führt auf eine Reihe grundlegender Fragen: Welches Wissen ist für die Gesellschaft relevant? Wie kann dieses Wissen in die Gesellschaft und Wirtschaft transferiert werden? Was sind notwendige und mögliche Inhalte, Zielgruppen, Methoden des Wissenstransfers? Und als direkte Rationale der Notwendigkeit: Wie kann der Erfolg von Wissenstransfer bestimmt und bewertet werden? (▶ S. 19, 31 ff., 173 ff.)

Definition

Antworten auf diese Fragen sind notwendigerweise komplex und aus meiner Sicht abhängig von der betrachteten Wissenschaftsdisziplin. Jeder Beitrag zur Diskussion erscheint subjektiv gefärbt. Als Ausgangspunkt habe ich, ebenfalls subjektiv, aus den vielfältigen Definitionen des Wissenstransfers eine kurze und prägnante Definition ausgesucht. In einer Studie des Departments of Education, Science and Training Australiens (PhilipsKPA: Knowledge Transfer and Australian Universities and Publicly Funded Research Agencies, Research Specific Definitions of Knowledge Transfer Applicable to Universities and PFRAs, März 2006) wurde erarbeitet: „Wissenstransfer ist der für beide Seiten nutzbringende Dialog der Hochschulen und außeruniversitären Forschungseinrichtungen mit Unternehmen und staatlichen Einrichtungen, mit dem Ziel vorhandene Forschungsergebnisse nutzbar zu machen und neue Forschungsergebnisse zu erarbeiten, welche die materiellen, huma-

Wie wichtig der Transfer von Wissen in die Industrie sein kann, belegt unter anderem der Stahl-Innovationspreis, hier ein Bild der Preisverleihung 2006.

nitären, sozialen Verhältnisse und die Umweltbedingungen der Gesellschaft verbessern." Eine ähnliche Definition gibt zum Beispiel der National Environment Research Council, UK, www.nerc.ac.uk/. Der Technologietransfer zwischen Hochschulen, außeruniversitären Forschungseinrichtungen und Wirtschaftsunternehmen ist nach dieser Definition ein Teil des Wissenstransfers.

Thesen zum Wissenstransfer

Zur Diskussion über Möglichkeiten des Wissenstransfers möchte ich durch die Formulierung einiger Thesen und aus deren Kontext abgeleiteten Handlungsoptionen beitragen, die auf einer Auswahl an Fachliteratur und meiner eigenen Erfahrung aus der Tätigkeit an zwei Technischen Universitäten, einem Institut der Helmholtz-Gemeinschaft und jetzt an einem Institut der Max-Planck-Gesellschaft aufbauen.

These 1: Wissenstransfer hat zunehmende Bedeutung für die Gesellschaft und Wirtschaft und ist daher eine Kernaufgabe der Hochschulen, außeruniversitären Forschungseinrichtungen und Forschungsförderorganisationen. Der viel beschworene Übergang von der Industriegesellschaft in die sogenannte Wissensgesellschaft führt zu einer verstärkten Einbindung der Forschung und der Forschungsergebnisse in die jeweiligen gesellschaftlichen Kontexte. Hieraus erwächst die Erwartung, dass die Forschung gesichertes Wissen für die Gesellschaft bereitstellt und durch die Produktion neuen Wissens zur Lösung drängender gesellschaftlicher Probleme beiträgt.

Für Hochschulen und außeruniversitäre Forschungseinrichtungen, die durch öffentliche Mittel finanziert werden, aber auch für Forschungsförderorganisationen wie die DFG, die durch die Vergabe von öffentlichen Mitteln

Steuerungsfunktionen ausüben, entsteht zunehmend die Notwendigkeit, die Relevanz der Forschungsansätze und -ergebnisse nachhaltig darzustellen. Zusätzlich erwächst die Forderung, die Ergebnisse wissenschaftlicher Forschung nicht nur dem Fachpublikum, sondern auch Entscheidungsträgern aus Politik und Wirtschaft sowie Interessierten in der Öffentlichkeit zugänglich und in ihrer wirtschaftlich-gesellschaftlichen Bedeutung verständlich zu machen.

Wissenstransfer ist damit heute eine der Kernaufgaben der öffentlich finanzierten Hochschulen, außeruniversitären Forschungsinstitute und Forschungsförderorganisationen. Der Wissenstransfer ist in diesem Kontext nicht mehr auf Disziplinen beschränkt, in denen die Umsetzung von Erkenntnissen aus der Grundlagenforschung in die Anwendung eine lange Tradition hat (Lebens-, Sozial- und Ingenieurwissenschaften), sondern wird zunehmend auch für andere Disziplinen, wie zum Beispiel die Geisteswissenschaften, relevant. Aktuell haben im Rahmen des DFG-Sonderforschungsbereichs „Mehrsprachigkeit" mehrere Transferprojekte mit der praktischen Umsetzung der Ergebnisse linguistischer Grundlagenforschung begonnen. Wissenstransfer aus den Geisteswissenschaften in die Öffentlichkeit wird zum Beispiel im Rahmen des Projekts „Geisteswissenschaft im Dialog" intensiviert, das von der Union der deutschen Akademien der Wissenschaften und der Leibniz-Gemeinschaft gemeinsam ausgestaltet und durch das BMBF finanziert wird.

These 2: Erfolgreicher Wissenstransfer braucht Dialog. Wissenstransfer findet seit Jahrtausenden im Dialog statt. Der Wissenstransfer – und noch mehr der Technologietransfer – über die wissenschaftliche Community hinaus wird häufig als Einbahnstraße verstanden. Wissenstransfer wird so wahrgenommen, dass er ausschließlich von den Wissenschaftlern in die Wirtschaft, Politik oder Öffentlichkeit hinein stattfindet. Zunehmend wird jedoch der gegenseitige Nutzen sichtbar, der durch die Interaktion von Wissenschaftlern, Entscheidungsträgern aus Politik und Wirtschaft sowie der Öffentlichkeit entsteht.

So versteht sich das „Norddeutsche Klimabüro" einerseits als Kommunikationsplattform für Wirtschaft (Landwirtschaft, Tourismus), staatliche Einrichtungen (Küstenschutz, Schifffahrtsbehörden) sowie zahlreiche weitere Interessengruppen mit Klimaforschern. Aus dem Dialog mit der Praxis ergeben sich andererseits konkrete Forschungsfragen für die Klimaforscher, deren Beantwortung dazu beiträgt, dass mit geeigneten Anpassungsstrategien auf den Klimawandel reagiert werden kann.

Durch die Interaktion mit dem Anwender entsteht auch im Bereich des Technologietransfers beidseitiger Nutzen. Am Max-Planck-Institut für Eisenforschung GmbH (MPIE) in Düsseldorf erforsche ich die Zusammenhänge zwischen der Mikrostruktur und den Eigenschaften von Stählen. In meiner Abteilung werden darauf aufbauend Konzepte zur Herstellung innovativer Stähle mit neuen Eigenschaftsprofilen abgeleitet. Der Kontakt mit Forschungsleitern und Vorständen aus den Stahlunternehmen, zum Beispiel im Rahmen regelmäßig stattfindender Strategiekreise, informiert die Anwender über neue Forschungsergebnisse und uns am MPIE über Entwicklungen auf dem Weltmarkt, die Rückwirkungen auf die Relevanz unterschiedlicher Stahlsorten für die europäische Stahlindustrie und damit auf die Anforderungen an das Design von Stählen mit neuen Eigenschaften oder die Anforderungen an Methoden zur Charakterisierung der Stahlmikrostruktur haben. Auch empirische Studien aus den USA zeigen, dass in Hochschulen durch „umgekehrten Transfer" neue Forschungsideen entstanden und dass insbesondere die Qualität der Lehre im Bereich der Hochtechnologien verbessert wurde.

Zwischenruf:
Impulse aus
der Wissen-
schaft

These 3: Zum Wissenstransfer sind vielfältige zielgruppenorientierte Ansätze notwendig. Wissenstransfer fand traditionell wesentlich innerhalb einer bestimmten wissenschaftlichen Community statt. Indem Forschung zunehmend Entscheidungsgrundlage und -rechtfertigung in Wirtschaft, Politik und Kultur wird, entstehen für den Wissenstransfer neue Adressatenkreise mit Bedürfnissen, die durch die traditionelle Form des Transfers nicht befriedigt werden. So erwarten Entscheidungsträger aus Wirtschaft und Politik häufig ein handlungsweisendes Ergebnis oder die Vermittlung einer Idee, die es ihnen erlaubt, wissensbasierte Entscheidungen zu treffen. Die Erweiterung des Adressatenkreises erfordert daher auch neue Wissenstransferansätze und -aktivitäten.

Im traditionellen Wissenstransfer sind sogenannte „Wissensträger" innerhalb der Fachdisziplin im Wesentlichen Dokumente, zum Beispiel wissenschaftliche Beiträge in nationalen und internationalen Fachzeitschriften, in Datenbanken, Fachbüchern, Nachschlagewerken. Über die Fachdisziplin hinaus wird der Wissenstransfer über Personen („Transfer über Köpfe") bei deren Wechsel in Wirtschaft, Politik und andere Bereiche der Gesellschaft als bedeutendster Weg angesehen. Dieser Transfer über Köpfe erfolgt meist durch die Migration von Wissenschaftlern in die Wirtschaft, Politik und alle anderen Bereiche der Gesellschaft. Transferiert wird dabei weniger spezifisches Wissen als vielmehr breites wissenschaftliches Verständnis gekoppelt mit Kompetenzen und Fähigkeiten zur Problemlösung.

Zum Wissenstransfer in die Öffentlichkeit werden weitere Wege des Transfers benötigt und begangen. Beispielsweise verleiht der Stifterverband für die Deutsche Wissenschaft gemeinsam mit der DFG den Communicator-Preis an Wissenschaftlerinnen und Wissenschaftler, die sich in hervorragender Weise um die Vermittlung ihrer wissenschaftlichen Ergebnisse in die Öffentlichkeit bemüht haben. Um exzellente Forschung auszuzeichnen und gleichzeitig bereits Nachwuchswissenschaftler für die Notwendigkeit des Wissenstransfers zu sensibilisieren, hat das GKSS-Forschungszentrum den bundesweiten Wettbewerb „Verständliche Wissenschaft" initiiert. Dabei präsentieren Doktoranden aus unterschiedlichen Disziplinen ihre Promotion einer Jury aus Wissenschaft, Politik und Wirtschaft sowie der interessierten Öffentlichkeit. Um bereits Schülern ein vertieftes Verständnis von Wissenschaft zu ermöglichen, hat die Max-Planck-Gesellschaft unter anderem das Schüler-Lehrer-Portal „Max-Wissen. de" aufgebaut.

Soll Wissenstransfer heute als Dialog erfolgen, dann müssen zusätzlich auch Wege für den Transfer aus der Praxis in die Wissenschaft geschaffen werden, zum Beispiel werden Verfahren benötigt für die Weiterbildung der lehrenden Wissenschaftler durch die Praktiker oder für den Transfer von Praxiswissen zurück an die Hochschulen und außeruniversitären Forschungseinrichtungen über deren Absolventennetzwerke. In diesem Sinne muss auch der Transfer über Köpfe in beiden Richtungen möglich sein, im einfachsten Falle über Gastvorlesungen oder bis hin zur Migration von Praktikern an die Hochschulen mit entsprechenden finanziellen Voraussetzungen.

Aufgrund der steigenden Relevanz der Forschungsergebnisse stellt sich darüber hinaus die Frage, bis zu welchem Maße und wie die Rückwirkung der Anforderungen aus Politik, Wirtschaft und Gesellschaft an die Wissenschaft zukünftig zurückgekoppelt werden kann. Gesellschaftliche Problemlagen müssen zunächst in wissenschaftliche, problemadäquate Fragestellungen übersetzt werden, die dann durch problemorientierte, interdisziplinäre Forschung gelöst werden. Die problemorientierte Forschung, wie sie zum Beispiel zur Abschätzung der Risiken aus Klimaänderungen von der Politik nachgefragt wird, benötigt aufgrund der Komplexität der Fragestellungen meist die Bildung von Forschungsverbünden, in denen eine enge Zusammenarbeit zwischen Natur-, Sozial- und Ingenieurwissenschaftlern erfolgt. Die Notwendigkeit der Organisation in solchen großen Strukturen hat Auswirkungen auf die Kultur der Forschung in den unterschiedlichen Disziplinen.

These 4: Voraussetzung für erfolgreichen Wissenstransfer ist exzellente Grundlagenforschung. Wissenstransfer kann auf Dauer nur dann flächendeckend erfolgreich sein, wenn die Qualität und Quantität der übertragbaren Erkenntnisse und Erfindungen hoch ist. Die Substituierung von hochrisikoreicher Grundlagenforschung durch weniger risikoreiche angewandte Forschung würde mittelfristig als Konsequenz eine Verringerung der Zahl kommerziell verfügbarer Erfindungen haben. Damit bleibt und verstärkt sich sogar die Bedeutung der Grundlagenforschung. Für einen erfolgreichen Wissenstransfer spielt die Glaubwürdigkeit des Botschafters, sei es eine Gruppe

Die Welt begreifen lernen. Um die Welt verständlich zu machen, brauchen verschiedene Zielgruppen unterschiedliche Formen der Vermittlung.

oder ein Einzelwissenschaftler, eine besondere Rolle. Die verstärkte Interaktion zwischen Wissenschaft und Politik führt zu dem Risiko, dass ursprünglich politische Kontroversen in die wissenschaftliche Diskussion zurückverlagert werden, um die Botschafter unglaubwürdig zu machen. Ein Beispiel hierfür ist die Kontroverse um die wissenschaftliche Evidenz des anthropogenen Klimawandels. Wissenschaftliche Glaubwürdigkeit ist Voraussetzung für die politische Glaubwürdigkeit. Voraussetzung für den Wissenstransfer in die Politik ist damit exzellente Grundlagenforschung und eine hervorragende Kommunikation der Ergebnisse in die Politik.

These 5: Erfolgreicher Wissenstransfer ist Teil der wissenschaftlichen Leistung. Die Zeit, die für den Wissenstransfer benötigt wird, geht den beteiligten Wissenschaftlern für ihre Arbeit verloren. Wissenstransfer braucht daher Anreize, beispielsweise eine stärkere Anerkennung von Öffentlichkeitsarbeit als Transferleistung in die Gesellschaft, die finanzielle Förderung von Kooperationen und transdisziplinären Projekten, zum Beispiel zwischen Hochschulen, außeruniversitären Forschungseinrichtungen und gesellschaftlichen Einrichtungen oder Unternehmen, und die Anerkennung von Erfindungsmeldungen und Patenten als Leistung. Insbesondere für jüngere Wissenschaftler mit zeitlich befristeten Verträgen ist die Berücksichtigung von Wissenstransferleistungen in Hinblick auf ihre Karriere von essenzieller Bedeutung. Wenn der Wissenstransfer nachhaltig gestärkt werden soll, dann müssen solche Leistungen bei der Beurteilung sowie bei Einstellungen, Habilitationen und Berufungen mehr Berücksichtigung finden. Dieses impliziert die zukünftige Notwendigkeit von Kriterien zur Beurteilung der Wissenstransferleistungen in den unterschiedlichen Wissenschaftsdisziplinen.

These 6: Technologietransfer stellt einen extra-kommerziellen Mehrwert für die Hochschulen und außeruniversitären Forschungseinrichtungen dar. Durch die Notwendigkeit, zunehmend in innovative Produkte und Technologien zu investieren, erhält der Technologietransfer heute steigende Bedeutung als Beitrag der Hochschulen und außeruniversitären Forschungseinrichtungen zur wirtschaftlichen Entwicklung. Der unmittelbar kommerziell relevante Technologietransfer aus der Grundlagenforschung ist zur Zeit teilweise noch erschwert, etwa durch die sogenannte „Validierungslücke" (insbesondere in den Lebenswissenschaften) oder durch hinderliche Regelungen im Patentrecht, wie dem Fehlen einer Neuheitsschonfrist. Gleichwohl darf nicht übersehen werden, dass in Europa gerade die Technologietransferstellen der Grundlagenforschungsorganisationen CNRS und Max-Planck-Gesellschaft zu den erfolgreichsten gehören und spürbare Gewinne für ihre Organisationen einbringen.

Empirische Studien zeigen aber auch, dass der Technologietransfer Mehrwert für die Hochschulen und außeruniversitären Forschungseinrichtungen erzeugt. Dieser Mehrwert liegt im materiellen Bereich auf der Hand. Schwieriger zu quantifizieren ist der nicht kommerzielle Mehrwert des Transfers, zum Beispiel die Erhöhung des Ansehens der betreffenden Einrichtung in der Wirtschaft, eine verbesserte Rekrutierung von Studenten und Doktoranden durch die Technologietransfer-Partner sowie Förderungen bis hin zur Einrichtung von Stiftungsprofessuren und langfristiger Finanzierung ganzer Institute. Vor Kurzem hat zum Beispiel ein Industriekonsortium unter Federführung von ThyssenKrupp und Beteiligung der Salzgitter AG, der Robert Bosch AG und der Bayer AG gemeinsam mit dem Land Nordrhein-Westfalen und unter Beteiligung des MPIE das Interdisciplinary Centre for Advanced Materials Simulations (ICAMS) mit drei Stiftungsprofessuren an der Ruhr-Universität Bochum gegründet (www.ruhr-uni-bochum.de/aktuell/2006-11/ICAMS/index.htm).

Ein häufiges Argument gegen eine Verstärkung des Wissens- und insbesondere des Technologietransfers ist eine Verschiebung der Forschung von der Grundlagenforschung hin zur anwendungsorientierten Forschung. Die Aussagen empirischer Studien sind in diesem Bereich widersprüchlich. Wesentlich für einen erfolgreichen Technologietransfer halte ich, dass dafür ein gesicherter Kontext und eine Umgebung geschaffen werden, die den Technologietransfer umsetzbar machen. Dazu gehören die Anerkennung von Technologietransfer als wissenschaftliche Leistung sowie zum Beispiel Arbeitsgemeinschaften und Fachausschüsse, in denen regelmäßiger Erfahrungsaustausch zwischen Wissenschaftlern und F&E Mitarbeitern aus der Industrie stattfindet. Im Bereich Werkstofftechnik sind das beispielsweise die Fachausschüsse des Stahlinstituts VDEh (Verein Deutscher Eisenhüttenleute), des VDI (Verein deutscher Ingenieure), der AWT (Arbeitsgemeinschaft Wärmebehandlung und Werkstofftechnik), der DGM (Deutsche Gesellschaft für Materialkunde) sowie die AiF (Arbeitsgemeinschaft industrieller Forschungsvereinigungen).

Ein Beispiel für eine besonders attraktive Umgebung für den Technologietransfer ist das Max-Planck-Institut für Eisenforschung GmbH (MPIE). Seit 90 Jahren finanzieren es deutsche – heute europäische – Stahlunternehmen über das Stahlinstitut VDEh zu gleichen Teilen mit der MPG-Grundlagenforschung. Durch Investitionen in die Grundlagenforschung besteht in Deutschland Zukunft für das Hightech-Produkt Stahl: durch die gezielte Entwicklung neuer Stahlsorten und durch neue Methoden zur Charakterisierung komplexer Stahl-Mikrostrukturen.

These 7: Technologietransfer braucht öffentliche Förderung. Der 1945 formulierten These von Vannevar Bush (Science the Endless Frontier: A report to the President for a Program for Postwar Scientific Research, U.S. Government Printing Office, Washington D.C., 1945) folgend wurde der Innovationsprozess sequenziell, als Abfolge von Grundlagenforschung, angewandter Forschung, Entwicklung und schließlich Kommerzialisierung gesehen. Folgt man diesem Modell, so sind zur Stärkung der Innovation im Wesentlichen Investitionen in die Grundlagenforschung erforderlich, die unabhängig von technologischen Entwicklungen rein erkenntnisgetrieben forscht. Erst seit etwa 1980 wird der Innovationsprozess als interaktive Beziehung zu wechselnden Adressaten wahrgenommen, die eine langfristige Bindung von Ressourcen an den Technologietransferprozess erfordert.

Es bleibt die Frage, wie die entsprechenden Ressourcen bereitgestellt werden können. Die Bereitstellung entsprechender Mittel aus den heutigen Budgets der Hochschulen und außeruniversitären Forschungseinrichtungen ist nur durch eine drastische Änderung der Aufgabengebiete und nachfolgende Verschiebungen in der Ressourcenallokation möglich. Angesichts der angespannten Haushalte sind die Spielräume dafür äußerst gering. Ein signifikanter Finanzierungsbeitrag für den Technologietransfer aus Lizenzgebühren ist nur in wenigen Fällen zu erwarten. Nur sehr wenige Patente sind durch hohe Lizenzeinnahmen gekennzeichnet.

Eine Studie an drei Universitäten in den USA in 1995 zeigte, dass nur fünf Prozent der Patente zwischen 66 und 94 Prozent der Patenteinnahmen erbrachten (D.C.Mowery, R.R. Nelson, B.N. Sampat, A.A. Ziedonis: The growth of patenting and licensing by US universities, an assessment of the effects of the Bayh-Dole-Act of 1980, Research Policy 30 (2001) 99-119). Auf der Basis vergleichender Studien zu Patentanmeldungen von Universitäten in den USA, Australien und Kanada identifiziert A.D. Heher (Return on investment in innovation: Implications for institutions and national agencies, J. of Technology Transfer 31 (2006) 403-414), dass je \$2.0m - \$2.5m ATRE (adjusted total research expenditure) eine Erfindung zu erwarten ist, 30 bis 50 Prozent dieser Erfindungen werden in ein Patent oder eine Lizenz konvertiert. Bis signifikantes Einkommen aus einem Patent oder einer Lizenz generiert wird, vergehen sechs bis zehn Jahre. Zurückgeführt werden die meist geringen und späten Lizenzerlöse darauf, dass in den Universitäten maximal ein Prototyp zum Zeitpunkt der Lizensierung vorhanden war. Für die einzelne Technologietransfer treibende Organisationen wird der Technologietransfer daher bei Berücksichtigung des Aufwands zum Beispiel für eine Transferstelle im Regelfall über lange Jahre defizitär sein.

Unbestritten ist jedoch, dass der Technologietransfer gesamtwirtschaftlich gesicherten Gewinn erbringt. Aus der Kombination des Nutzens für das Gemeinwohl und des Risikos für den Einzelvorgang ergeben sich die Rechtfertigung und Notwendigkeit für eine öffentliche Förderung von Technologietransferaktivitäten. Die Anforderungen an die Art der Förderung sind dabei sicherlich unterschiedlich. Insbesondere für die Lebenswissenschaften ist auf die „Validierungslücke" hingewiesen worden: Gerade wegen der Nähe von Grundlagenforschung und Anwendung fehlt es an Instrumenten, die die Ergebnisse der Grundlagenforschung für die Anwendung so weit validieren, dass privates Kapital zur Weiterentwicklung mobilisiert werden kann. Hierfür ist wiederholt die Einrichtung eines speziellen Fonds vorgeschlagen worden, der klar an wirtschaftlichen Erfolgsaussichten orientiert solche Projekte fördert (jüngst auch durch den Wissenschaftsrat: Empfehlungen zur Interaktion von Wissenschaft und Wirtschaft, Mai 2007 (Drs. 7865-07)). Um nachhaltig den Wissenstransfer und Innovationen zu unterstützen, reichen finanzielle Interventionen durch Projektförderung alleine nicht aus, sie wirken nur zusammen mit einem indirekten, aber zuverlässig finanzierten Ansatz der „Kooperations-Induktion", der etwa in Cluster-Bildungen Politikinstrumente der Kommunikation und Koordination nutzt.

Handlungsoptionen:

Zur Stärkung des Wissenstransfers und Technologietransfers schlage ich vor:

1. Evaluationen sollten Beurteilungen der Wissenstransferaktivitäten einschließen. Dies betrifft sowohl große Gruppen wie Schwerpunktprogramme, Exzellenzcluster, Sonderforschungsbereiche, Forschergruppen, deren Forschungsergebnisse in der Wirtschaft, Politik und Öffentlichkeit besonders

sichtbar werden können, als auch die persönliche Ebene bei Einstellungen, Berufungen und leistungsbezogener Vergütung. Hierzu ist die Formulierung von Kriterien für relevante Wissenstransferleistungen für die Wissenschaftsdisziplinen notwendig.

2. Schließung der „Validierungslücke", die heute zu oft den Transfer aus der Grundlagenforschung in die privat finanzierte Entwicklung verhindert, etwa durch eine „Fonds"-Lösung, wie sie jüngst der Wissenschaftsrat vorgeschlagen hat.

3. Verlässliche finanzielle Förderung beim Aufbau eines umfassenden Technologietransfers. Obwohl die große Mehrzahl der Technologietransferstellen in Deutschland mit Defizit und teilweise noch inadäquaten Strukturen arbeitet, zeigen Beispiele, dass mit langem Atem auch betriebswirtschaftlich erfolgreicher Transfer möglich ist. An diesen Beispielen gilt es, sich zu orientieren.

4. Schaffung förderlicher rechtlicher Rahmenbedingungen, etwa einer „Neuheitsschonfrist" bei der Patentanmeldung.

5. Förderung inter- und transdisziplinärer Forschung, die Methoden des Wissenstransfers untersucht und Kriterien für die Bewertung von Wissenstransferleistungen erarbeitet. Da derzeit die Mehrzahl der Veröffentlichungen zum Wissens- und Technologietransfer aus den USA stammt, erscheinen mir dabei auch Studien hinsichtlich des Einflusses der grundsätzlichen Unterschiede im Wissenschaftssystem auf den Wissenstransfer von besonderer Bedeutung.

Anke Pyzalla

1966 geboren ▪ 1986 bis 1988 Studium des Maschinenbaus an der Universität Bochum ▪ 1988 bis 1990 Studium der Mechanik an der TH Darmstadt ▪ 1990 bis 1995 wissenschaftliche Mitarbeiterin am Lehrstuhl für Werkstofftechnik an der Universität Bochum ▪ 1995 Promotion ▪ 1995 bis 2001 stellvertretende Leiterin des Zentrums für Eigenspannungsanalyse des Hahn-Meitner-Instituts Berlin ▪ 1996 Gebr.-Eickhoff-Preis ▪ 2001 Habilitation an der Universität Bochum ▪ 2001 bis 2003 wissenschaftliche Angestellte am Institut für Werkstoffwissenschaften und -technologien an der TU Berlin ▪ 2003 bis 2005 Professorin am Institut für Werkstoffwissenschaft und Werkstofftechnologie der TU Wien ▪ seit 2005 wissenschaftliches Mitglied der Max-Planck-Gesellschaft, Direktorin und Geschäftsführerin am Max-Planck-Institut für Eisenforschung in Düsseldorf; Mitglied der Fachkommission der DFG und des Bewilligungsausschusses zur Exzellenzinitiative ▪ 2006 Ernennung zur apl. Professorin mit dem Lehrstuhl „Werkstoffanalyse" an der Universität Bochum

Internationalisierung: Schlagwort oder Problem?

Ute Frevert, Geschichte

„Internationalisierung" gehört zweifellos zu den Lieblingsworten unserer Zeit. Die Google-Suchmaschine weist dazu im Mai 2007 1 320 000 Einträge aus. Der BDI informiert online über die Internationalisierung des Mittelstandes, die Leipziger Nationalbibliothek betreibt die Internationalisierung der Formate und Katalogisierungscodes, der Landesverband Vorarlberg Tourismus geht „mit geballter Kraft weiter in Richtung Internationalisierung". Selbstverständlich schwimmt auch das Wissenschaftssystem auf der I-Welle. Internationalisierung des Studiums und der Weiterbildung, Internationalisierung der Forschung, internationale Zusammenarbeit – all das hat derzeit einen guten Klang. (▶ S. 19, 35 ff., 150 ff.)

Der Drang nach Internationalem

Was steckt dahinter, wenn Wissenschaftler samt Verwaltern und Politikern den Drang nach Internationalem verspüren? Ist es mehr als das allfällige Geraune und Gerede über Globalisierung, ihre Risiken, Chancen und Herausforderungen? Gibt es ein wirkliches Problem, ein klares Ziel? Oder gar mehrere? Um diese Fragen zu beantworten, nehme ich drei Perspektiven ein: die der Historikerin, die die Entwicklung der deutschen und europäischen Wissenschaftslandschaft seit dem 18. Jahrhundert im Auge hat; die einer Wissenschaftlerin, die seit den 1960er-Jahren im westdeutschen Bildungssystem sozialisiert worden ist und seit den 1980er-Jahren, zunächst als wissenschaftliche Assistentin und später als Hochschullehrerin, Teil dieses Systems geworden ist; und schließlich die Perspektive einer Deutschen, die seit 2003 an einer US-amerikanischen Universität lehrt und forscht.

Aus der Geschichte lernen

In meiner Grundvorlesung zur modernen deutschen Geschichte, die ich jedes zweite Semester in Yale halte, reserviere ich 50 Minuten für die Entwicklung der deutschen Universitäten. Weil ich zu Amerikanern spreche, die an einer privaten Universität studieren und vorher vielfach private Schulen besucht haben, betone ich die aktive Rolle, die der kontinentaleuropäische Staat in der Bildungs- und Wissenschaftspolitik gespielt hat. Da die meisten Studenten ein Bild der deutschen Geschichte mitbringen, in dem außer Hitler nur noch ein autokratischer Bismarck Platz hat, erkläre ich ihnen, dass Wissenschaft im autoritären Kaiserreich ein hohes Maß an Freiheit genoss und dass nicht alle Professoren und Studenten Antisemiten waren.

Internatio-
nalisierung

Als nächstes mache ich die jungen Amerikaner mit dem liberalen Historiker Theodor Mommsen bekannt, der 1902 den Nobelpreis für Literatur erhielt und dessen Bücher zur römischen Geschichte sofort ins Englische und viele andere Sprachen übersetzt wurden (und sich selbstverständlich alle in der Bibliothek von Yale befinden). Er gehörte mehreren ausländischen Gelehrtenvereinigungen an, darunter auch der Société nationale des Antiquaires de France (die ihn ausschloss, nachdem er 1870 für die Annexion Elsass-Lothringens an das Deutsche Reich plädierte). Ich erwähne die Anekdote über den Physiker Hermann Helmholtz, dessen Frau Anna 1869 klagte, sie komme sich vor „wie ein Hotel": „Ich werde meinen Laden [ihr Heidelberger Haus, d. Verf.] für einen Monat schließen. Ich weiß mir nicht mehr zu helfen vor Besuchen aller Art, von denen getrennt ein Jeder äußerst angenehm sein würde; wenn aber alle Tage von morgens elf Uhr ab Menschen erscheinen, endet es damit, dass es Einem über den Kopf steigt. Es kommen zu uns Menschen von allen Seiten Europas, ohne die Amerikaner zu zählen. Das wäre auch alles gut und schön, wenn nicht die Naturforscher meistens etwas schweigsam wären; da mein Mann auch nicht gerade schwatzhaft ist, fällt die Aufgabe, die Conversation flüssig zu halten, wesentlich auf mich – welches zuweilen schwer lastet." Anna Helmholtz' Unmut in Ehren – natürlich war sie auch und vor allem stolz auf ihren berühmten Mann, der schon vor seinem Wechsel nach Berlin als internationale wissenschaftliche Koryphäe galt.

Davon gab es im Deutschland des späten 19. und frühen 20. Jahrhunderts eine Menge. Ich erzähle den Studenten, dass ein Drittel aller naturwissenschaftlichen Nobelpreise, die zwischen 1901 und 1914 vergeben wurden, an deutsche Forscher ging. Als Erklärung biete ich nicht den Genpool an, sondern die bildungs- und forschungsfreundlichen Strukturen: das Humboldt'sche Prinzip der Einheit von Forschung und Lehre, die großzügige staatliche Finanzierung der Universitäten und Technischen Hochschulen, die Freiheit der Forschung. Ich lasse auch nicht unerwähnt,

International vernetzter Gelehrter: Theodor Mommsen (hier sein Denkmal auf dem Campus der Humboldt-Universität zu Berlin) gehörte mehreren ausländischen Gelehrtenvereinigungen an.

dass dieses Modell im Ausland Schule machte. 1876 übernahm es die (private) Johns-Hopkins-Universität in Baltimore als erste amerikanische Einrichtung.

Die Studenten sind beeindruckt. Ich beende die Stunde mit einem Ausblick und zwei Fragen: Woran es wohl liege, dass Deutschland seine internationale wissenschaftliche Führungsrolle im Verlauf des 20. Jahrhunderts verloren habe? Und was die USA befähigt habe, diese Rolle einzunehmen und über viele Jahrzehnte zu halten?

Von Amerika lernen?

Auf diese Fragen gibt es selbstverständlich keine einfachen Antworten. Unverkennbar ist, dass die USA heute Studenten und (junge) Wissenschaftler aus aller Welt ähnlich magnetisch anziehen, wie es Deutschland vor hundert Jahren getan hat. Manche führen diese Attraktivität auf Amerikas Rolle als imperiale Großmacht zurück. Macht, heißt es, sei sexy und verführerisch – besonders dann, wenn sie sich so optimistisch-selbstgewiss präsentiere. Daran ist etwas Wahres. Das gelassene Selbstbewusstsein, mit dem amerikanische Hochschullehrer und Wissenschaftler in der Regel auftreten, und ihre heitere Großzügigkeit wirken ansteckend. Sie schaffen eine einladende Atmosphäre, in der man sich sofort wohl fühlt, der man sich gern zugesellen möchte. (Wie anders stellen sich demgegenüber viele ihrer deutschen Kollegen dar – ewig klagend, angespannt, unzufrieden.)

Dieser amerikanische Habitus aber spiegelt nicht nur „hard power" wider. Er ist integraler Bestandteil jener „soft power", mit der die USA seit etwa hundert Jahren – und vor allem nach 1945 – für sich werben. Selbstverständlich hat auch „soft power" ein hartes strukturelles Fundament. Der Wissenschaft geht es in Amerika nicht nur deshalb gut, weil die Wissenschaftler freundlich sind und zukunftsoffen-positiv denken. Sie tun das, weil sie Bedingungen vorfinden, die ihnen ihre Arbeit angenehm gestalten.

Dazu gehört eine Ausbildung, die gut strukturiert und finanziert wird. Ph.D.-Programme an den großen Universitäten, privaten ebenso wie staatlichen, wetteifern um die besten Doktoranden. Sie bieten ihnen ein hohes Maß intensiver persönlicher Betreuung, einen klar gegliederten Ablaufplan mit präzisen Erwartungen und oft langjährige finanzielle Förderung. Wenn sich die Absolventen dieser Programme auf den akademischen Arbeitsmarkt begeben, bekommen sie großzügige Hilfestellungen, die „mock interviews" ebenso einschließen wie ausführliche Empfehlungsschreiben. Haben sie es geschafft, eine Stelle als „assistant professor" zu ergattern, ist dies meist mit der Perspektive dauerhafter Beschäftigung verbunden.

In diesem Frühjahr hat die Yale University – als letzte in den USA – beschlossen, ein Tenure-track-System einzuführen. Sie hat damit auf eine Entwicklung reagiert, die ihre Nachwuchsförderung zunehmend behindert hat: Vor allem in den Naturwissenschaften war es in den letzten Jahren immer schwerer geworden, exzellente Juniorprofessoren zu gewinnen. Warum sollten sie sich in Yale auf eine ungewisse Zukunft einlassen, wenn ihnen Harvard, Columbia, Duke und alle anderen eine reelle Chance auf eine Dauerstelle boten? Diesem Druck hat schlussendlich auch Yale nachgeben müssen – ein schönes Beispiel dafür, wie die Konkurrenz um beste Köpfe traditionelle Strukturen verändern kann (übrigens wurde der Beschluss einstimmig gefasst).

Selbstverständlich ist die wissenschaftliche Laufbahn auch mit „tenure track" kein Zuckerschlecken. Die Konkurrenz ist groß, nicht jeder wird es schaffen. Zugleich aber ist der amerikanische Bildungsmarkt so riesig, dass sich die meisten eine Chance auf eine Stelle ausrechnen können, wenn auch nicht immer in Toplagen und -institutionen.

Hinzu kommt, dass der Umgangsstil deutlich offener, konstruktiver und egalitärer ist als in Deutschland. Sicher gibt es auch an amerikanischen Departments feine Rangunterschiede zwischen Professoren. Aber insgesamt ist die Kollegialität höher. Bereits die „graduate students" werden als künftige Kollegen behandelt und geschätzt. Assistant professors werden nach Möglichkeit von administrativen Aufgaben ferngehalten und bekommen (in Yale) mehrere Forschungsfreijahre. Es gibt ein Mentorensystem, aber vor allem viele informelle Gespräche zwischen „senior" und „junior faculty". Man will, so mein Eindruck, dass die Jüngeren Erfolg haben, und unterstützt sie darin nach Kräften.

Wen wundert es, dass dieses System attraktiv ist? Jahr für Jahr kommen mehr Ausländer in die USA – nicht nur zum Studieren, sondern auch, um sich auf eine wissenschaftliche Laufbahn vorzubereiten. Und das, obwohl nach dem 11. September 2001 die Homeland-Security-Behörde alles tut, um Interessenten durch entwürdigende Visaverfahren abzuschrecken. Das hat zwar kurzfristig einen massiven Einbruch der Ausländerzahlen an amerikanischen Universitäten bewirkt, mittlerweile aber ist das vormalige Niveau wieder erreicht. Unter den diesjährigen Bewerbern für das Graduiertenstudium in Yale waren 42 Prozent Ausländer. Von denjenigen, die angenom-

In Amerika lernen – und von Amerika lernen? Studentin im Säulengang der Harvard University.

men wurden, ist jeder dritte kein Amerikaner. Die Konkurrenz war hart: Unter 8528 Bewerbern wurden nur 526 ausgewählt, was einer Zulassungsquote von 6 Prozent entspricht (sie lag bei den ausländischen Bewerbern noch deutlich niedriger). Interessant ist die disziplinäre Verteilung: Während unter den Studenten, die in den Sozialwissenschaften (Ökonomie, Soziologie, Politikwissenschaften, Psychologie, Anthropologie) promoviert werden, fast jeder zweite aus dem Ausland stammt, ist es in den Geisteswissenschaften nur jeder vierte. Die Naturwissenschaften halten mit 29 Prozent Ausländeranteil eine mittlere Position.

Nun ist Yale nicht Amerika, und das gilt ebenso für die anderen großen Privaten, die man in Deutschland vor Augen hat, wenn man bewundernd-ehrerbietig von US-amerikanischen Hochschulen spricht. Aber auch exzellente staatliche Universitäten wie Michigan, Wisconsin oder Berkeley können sich über einen Mangel an ausländischen Interessenten nicht beklagen. Und sie müssen sich nicht einmal anstrengen. Sie brauchen kein aggressives Marketing, keine ausländischen Verbindungsbüros, keine Good-will-Botschafter. Internationalisierung findet auch ohne dies alles statt, fast wie von selbst. Und, wie gesagt, sie findet nicht in erster Linie in den „professional schools" (Medizin, Recht, Business) statt, deren Absolventen äußerst lukrative Karrieren winken. Auch und vor allem diejenigen, die mit dem Ph.D. eine wissenschaftliche Laufbahn anstreben, zieht es mit Macht in die USA.

Was tun?

Mit dieser Macht kann es derzeit kein anderes Land ernsthaft aufnehmen. Ihre weichen und harten Anteile sind so perfekt ineinander verzahnt, dass man ihr nicht entkommen kann. Aber das ist weder ein Grund zur Verzweiflung noch zur Selbstaufgabe. Selbst wenn man die Lage realistisch einschätzt, gibt es Handlungsbedarf und Erfolgschancen.

Herunterschrauben sollte man den Anspruch, mit den USA um die besten Köpfe konkurrieren zu wollen. Das ist, schon allein aus sprachlichen und kulturellen Gründen, derzeit nur Großbritannien möglich. Alle anderen europäischen Länder haben hier deutliche Standortnachteile, die man nicht mit einem Willensakt aus der Welt schaffen kann. Auch wenn in deutschen Forschungslabors und Graduiertenschulen demnächst nur noch Englisch gesprochen werden sollte, auch wenn deutsche Ausländerbehörden sich flexibler und freundlicher zeigen würden, ist Deutschland (oder Frankreich, Italien, Belgien, Spanien usw.) für (Nachwuchs-)Wissenschaftler aus Indien, China oder Brasilien keine erste Adresse. Wie es eine indische Freundin formulierte: Sie fühle sich in den ethnisch relativ homogenen Gesellschaften Kontinentaleuropas sofort als Ausländerin, in der Einwanderergesellschaft der USA hingegen nicht. Das ist, wie gesagt, ein kultureller Standortnachteil, den ein noch so gutes Marketing nicht wettmachen kann.

Trotzdem lohnt es sich, Strukturen zu schaffen, die die Nachteile vermindern. Dazu gehört aus meiner Sicht vor allem zweierlei: Zum einen gilt es, eine gut strukturierte und ausreichend finanzierte Graduiertenausbildung zu schaffen, die ausländische Doktoranden anzieht. Die Graduiertenkollegs, die in den letzten Jahren entstanden sind, tun das nur bedingt. Das mag für Doktoranden, die im deutschen Bildungs- und Universitätssystem sozialisiert wurden, akzeptabel sein. Ausländischen Studierenden aber bietet es wenig Hilfestellung. Als ich noch in Bielefeld lehrte, hatte ich zahlreiche Doktorandinnen aus asiatischen Ländern (Japan und Südkorea). Sie waren nicht nur klug und hoch motiviert, sondern auch enttäuschungsfest, und das war gut so. Denn sie fanden sich mit Strukturen konfrontiert, die auf ihre Vorkenntnisse und Bedürfnisse keinerlei Rücksichten nahmen. Anstatt, wie in den USA üblich, in den ersten zwei Jahren Seminare zu besuchen, in denen sie sich unter Anleitung verschiedener Professoren und gemeinsam mit anderen „graduate students" einen methodischen und empirischen Kanon erarbeiteten, blieben sie im Wesentlichen sich selbst überlassen und auf die bilaterale Kommunikation mit der Doktormutter angewiesen. Dass sie das hingenommen und trotz aller Widernisse gute Arbeiten geschrieben haben, grenzt an ein Wunder. In den USA wären sie auf jeden Fall besser und breiter auf eine akademische Laufbahn vorbereitet worden.

Ein zweites Monitum bezieht sich auf die Phase nach der Promotion. Immer wieder hört man, dass Deutschland Wissenschaftler, die ihre Ausbildung im Ausland erworben haben, nicht unbedingt mit offenen Armen empfängt. Postdoc- und Assistentenstellen sowie Juniorprofessuren werden vorzugsweise mit Leuten besetzt, die man bereits kennt, die aus dem eigenen (oder benachbarten) „Stall" kommen und den entsprechenden Geruch mitbringen. Selbst Deutsche, die außerhalb Deutschlands studiert haben und dort auch promoviert worden sind, machen häufig die Erfahrung, dass sie im eigenen Land keine „Hausmacht" besitzen. Das führt dann dazu, dass ihnen Kollegen vorgezogen werden, die sich nah am jeweiligen Lehrstuhlinhaber gehalten haben. Hier wünschte man deutschen Fakultäten, Professoren und Berufungskommissionen einen weiteren und offeneren Blick.

Wo hingegen wenig Handlungsbedarf besteht, ist – wieder aus meiner Sicht – der Bereich des internationalen Austauschs. Dass Wissenschaft auf diesen Austausch angewiesen ist, weiß man, seit es sie gibt. Selbst im Zeitalter der Nationalstaaten und ihrer oft mörderischen Rivalität fand er statt – man denke an Helmholtz und seine europäischen Besucher („ohne die Amerikaner zu zählen"), an Mommsen und seine Übersetzungen und Mitgliedschaften. Nie aber waren internationale Kooperation und, neudeutsch, „networking" so dicht und flächendeckend wie heute. Sie funktionieren vor allem auch deshalb so gut, weil die DFG und andere Stiftungen sie großzügig finanzieren. An internationalen Konferenzen, Gastwissenschaftlerprogrammen und Sommerschulen herrscht kein Mangel, im Gegenteil. Noch nie waren Wissenschaftler so mobil wie zu Beginn des 21. Jahrhunderts. Das gilt nicht nur für die Nachfolger von Hermann Helmholtz, sondern auch für die Erben Theodor Mommsens. Zuweilen gewinnt man den Eindruck, dass sie häufiger auf Flughäfen anzutreffen sind als im Labor oder am Schreibtisch.

Versteht man Internationalisierung also nicht nur als „Kampf um die besten Köpfe", sondern auch als Austausch und Zusammenarbeit dieser Köpfe, dann ist Deutschland auf einem guten Weg. Die institutionelle Infrastruktur ist bestens. Man sollte allerdings noch stärker darauf achten, dass sie nicht nur Lehrstuhlinhabern zugutekommt. Wissenschaftliche Kommunikation über Ländergrenzen hinweg muss früher anfangen, spätestens auf Doktoranden- und Postdoc-Ebene, möglichst schon während des Studiums. Hier gilt es, Anreize zu schaffen – Anreize für Deutsche, eine Zeitlang ins Ausland zu gehen, Anreize für Ausländer, eine Zeitlang in deutschen Universitäten und Forschungsinstituten zu arbeiten. Solche Kontakte, früh geschlossen, halten oft ein Leben lang. Sie sind jeden Cent wert, der in sie investiert wurde, und bringen reiche Rendite. Sie halten beweglich und produzieren neue Ideen, neue Einsichten, neue Erfahrungen, die man am neuen oder alten Ort nutzbar machen möchte.

Zwischenruf: Impulse aus der Wissenschaft

Natürlich kann man, wie Gaus oder Kant, die Welt vermessen, ohne sie erfahren zu haben. Man kann internationale Zeitschriften abonnieren und genau wissen, wer wo über was arbeitet. Man kann, gerade heute und dank des „worldwideweb", mühelos auf der Höhe der Forschung sein, ohne jemals sein Labor oder seine Bibliothek zu verlassen. Deshalb sollte man die Forderung nach „Internationalisierung" nicht überdehnen oder gar mit Dünkel versehen. Sie gewinnt jedoch dann an Evidenz und Überzeugungskraft, wenn wir Wissenschaft als ein komplexes System begreifen, in dem Menschen dauernd und dauerhaft voneinander und miteinander lernen. Lernen aber kann man am besten aus Differenz: durch die Begegnung und Mit-Teilung unterschiedlicher Argumente, Denkstile und Standpunkte. Eben hierin liegt der unübertreffliche Mehrwert internationaler wissenschaftlicher Kommunikation. Wer das nicht begreifen will, hat ein Problem: Er wird langweilig.

Ute Frevert

1954 geboren ▪ 1971 bis 1977 Studium der Geschichte und Sozialwissenschaften an den Universitäten Münster, Bielefeld und an der London School of Economics ▪ 1982 Promotion an der Universität Bielefeld ▪ 1983 bis 1984 wissenschaftliche Mitarbeiterin an der Fakultät für Geschichtswissenschaft ▪ 1984 bis 1988 wissenschaftliche Mitarbeiterin am Zentrum für interdisziplinäre Forschung ▪ 1984 Habilitation ▪ 1989 bis 1990 Fellow am Wissenschaftskolleg zu Berlin ▪ 1991 bis 1992 Professorin für Neuere Geschichte an  der Freien Universität Berlin ▪ 1992 bis 1997 Professorin für Neuere und Neueste Geschichte an der Universität Konstanz ▪ 1996 bis 2000 DFG-Fachgutachterin für Neuere Geschichte ▪ 1997 Gastprofessorin an der Hebrew University, Jerusalem ▪ 1997 bis 2003 Professorin für Allgemeine Geschichte an der Universität Bielefeld ▪ 1998 Leibniz-Preis der DFG ▪ seit 2000 Mitglied des Nominierungsausschusses der DFG für das Leibniz-Programm ▪ 2001 bis 2003 Sprecherin/stellvertretende Sprecherin des Sonderforschungsbereichs „Das Politische als Kommunikationsraum in der Geschichte" ▪ seit 2003 Professorin für Deutsche Geschichte an der Yale University ▪ 2004 bis 2005 Fellow am Wissenschaftskolleg zu Berlin

Komplexität

Ursula Gather, Statistik

Eine exakte, allgemein akzeptierte und über alle Wissenschaften gleiche Definition des Begriffs „Komplexität" existiert nicht. Vielmehr hat die begriffliche Differenzierung dieses Terminus sowohl innerhalb der Wissensgebiete als auch zwischen ihnen in den letzten Jahren zugenommen. Der Begriff Komplexität wurde dabei fast bis zur Bedeutungslosigkeit strapaziert.

Der Begriff „Komplexität"

Es existieren ganze Forschungseinrichtungen (etwa das Santa Fé Institute (SFI), New Mexico, USA), die sich vorwiegend der Suche nach einer vereinheitlichten Theorie „komplexer Systeme" in Biologie, Physik und Wirtschaftswissenschaften widmen. So nennt John Horgan 1996 in seinem Buch „The End of Science" bereits 45 Definitionen von Komplexität. Je nach Fach gibt es eine Reihe teils durchaus exakter Definitionen, Bedeutungen und Interpretationen des Begriffs, etwa die algorithmische Komplexität in der Informatik, ähnlich exakte Begriffe wie Entropie, Information, thermodynamische Tiefe, Komplexität einer algebraischen Fläche, hierarchische Komplexität und viele mehr.

Nicht zuletzt setzt sich kanonischerweise die Erkenntnistheorie wissenschaftlich-philosophisch mit dem Begriff Komplexität auseinander. Dabei weichen nicht nur Definitionen voneinander ab, sondern auch die Zugänge und Schulen. Dennoch haben wir alle Professor Ernst-Ludwig Winnacker sicherlich gut und richtig verstanden, als er in „forschung" 4/2006, dem Magazin der DFG, ausführte:

„Ich will nicht sagen, dass die ‚Blütezeit des Reduktionismus' vorüber ist, also des Versuchs, unsere Welt auf Naturgesetze und Elementarteilchen zu reduzieren. Keineswegs. Aber genauso fundamental kann es sein, auf höheren Ebenen der *Komplexität* zu arbeiten, also beispielsweise nicht mehr nur auf der Ebene der Gene, sondern auch auf der der Proteine. Von denen gibt es nicht nur sehr viel mehr als Gene. Von ihrem Studium und der Erforschung ihrer Wechselwirkungen miteinander kommen wir der Antwort auf

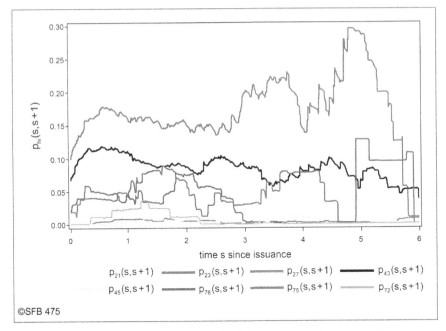

©SFB 475

Komplexe Zusammenhänge in der Finanzwelt veranschaulicht durch wenige Komponenten: Übergangs-
wahrscheinlichkeiten der Ein-Jahres-Migrationsraten für ausgewählte Ratingkombinationen verschiedener
Ratingagenturen im Verlauf der Zeit.

die Frage nach der Funktion lebender Zellen wahrscheinlich näher, als wenn wir nur auf Gene schauen." Der Verwendung des Begriffs „Komplexität" liegt hier nämlich ein gebräuchliches Verständnis „komplexer Systeme" zugrunde, die man grob so charakterisieren kann:

– es existiert eine Fülle von Details, von Subeinheiten, von Komponenten,
– die durch komplizierte Wechselwirkungen miteinander verknüpft sind,
– die ihrerseits zusätzlich zeitlich und räumlich veränderlich und auch zufällig sein können,
– sodass das Ganze mehr ergibt als die Summe seiner Teile.

Eine Reihe der exakten fachspezifischen Definitionen von Komplexität sind mit diesem Begriffsverständnis durchaus kompatibel. Darüber hinaus gestattet dieses Verständnis (wie im obigen Zitat ersichtlich) die explizite Thematisierung der in der Komplexitätsdebatte eher vernachlässigten Kosten der „Komplexitätsreduktion" im Sinne von Informationsverlusten.

Weiterhin erlaubt diese Lesart eine zugewandte Interpretation des Begriffs Komplexität in ungezählten Forschungsanträgen nicht nur an die DFG, die sämtlich auf die Untersuchung komplexer Sachverhalte abzielen. Dies ist nicht ironisch gemeint. Denn die Komplexität im obigen Sinne der zu erforschenden Sachprobleme hat in den letzten Jahren unbestritten zugenommen – sei es in Medizin, Biologie, Chemie, sei es in den Sozial- und Wirtschaftswissenschaften. Und das Beispiel des Aufbaus der Raumstation ISS zeigt, dass auch ingenieurwissenschaftliche Forschungsfragen eine kaum zu überbietende Komplexität aufweisen. Schon die jetzt bekannten wissenschaftlichen Sachzusammenhänge werden selten durch einfache Kausalitäts- und Funktionsbeziehungen beschrieben. Vielmehr werden in beinahe allen Disziplinen fast ausschließlich Wirkungsmechanismen gesucht, die nur durch komplexe Zusammenhänge zwischen hoch dimensionalen, raum- und zeitabhängigen sowie komponentenweise abhängigen Größen dargestellt werden können.

Insgesamt scheint es zur Hauptaufgabe für einen großen Teil aller Wissenschaftsgebiete geworden zu sein, Komplexität zu durchdringen und zu verstehen; man könnte wagen, Forschungsarbeit heute so zu definieren: *Forschen heißt Komplexität durchdringen*.

Die Herausforderung

Wie aber findet heute Erkenntnisgewinnung, Forschungsfortschritt statt? Wie werden neue Einsichten über die beschriebenen komplexen Ursache-Wirkung-Beziehungen errungen? Selbstverständlich – wie schon immer auch weiterhin – durch hoch originelle Ideen begabter und kluger Köpfe, durch geniale Hypothesen, durch adäquate Versuchsaufbauten und durch die Kombination von enormen Wissenspotenzialen Einzelner in der Sachfrage. Aber irgendwo in der langen Kette der Forschungsarbeit stehen heute fast immer die sachgerechte Erhebung und die adäquate Auswertung von Daten!

Dies gilt vor allem in den Lebens-, Natur- und Ingenieurwissenschaften, aber auch in den mehr und mehr empirisch arbeitenden Wirtschafts- und Sozialwissenschaften. Wie zu erwarten, sind die zur Beantwortung der komplexen Sachproblematiken existierenden oder zu erhebenden Daten ebenfalls von äußerst komplexer Struktur. Denn sowohl die Komplexität der Forschungsfragen als auch die gewachsenen technischen Möglichkeiten der meist umfassenden Datenerhebung führen selbst bei geplanten Versuchen zu immer komplexeren Datenstrukturen. Die Analyse und adäquate Modellierung dieser Datenstrukturen stellt daher zunehmend eine zentrale Aufgabe bei der Gewinnung neuer Erkenntnisse in fast allen Wissenschaftsdisziplinen dar.

Zwar haben die Daten zur Analyse und gegebenenfalls Beeinflussung der komplexen Zusammenhänge an Umfang, Dichte und Erfassungsspektrum zugenommen, vielfach in dramatischer Weise und in gleichem Maße in empirischen wie in experimentellen Situationen. Gleichwohl vermochte diese Dateninflation die Komplexität der Sachproblematik bislang keineswegs zu verringern, weil die Methoden zur Auswertung der Daten – ungeachtet eindrucksvoller Fortschritte während der letzten Jahre und Jahrzehnte – mit dieser Entwicklung kaum Schritt gehalten haben. Gemessen an den Erfordernissen und technischen Möglichkeiten hat sich die methodische Herausforderung sogar eher vergrößert. Um zum Beispiel aus Tausenden von Inventarzeitreihen in der Warenwirtschaft oder aus Hunderttausenden von Patienten- oder Umweltdaten die zur Diagnose und Lösung des jeweiligen Sachproblems relevanten Informationen rasch und zuverlässig herauszuarbeiten, bedarf es mathematischer, statistischer Modelle sowie Methoden und Algorithmen, die ganz neuen Anforderungen gerecht werden müssen. Diese ergeben sich aus den zugrunde liegenden hoch dimensionalen, teils stochastischen Prozessen, den dynamischen, vielfach unstrukturierten Interdependenzen in den Daten und nicht zuletzt auch aus der schieren Menge der Daten selbst.

©SFB 475

Zur Optimierung komplexer Produktionsabläufe ist das Verständnis von Teilprozessen unerlässlich: Veran-schaulichung eines Tiefbohrprozesses anhand des Periodogramms der Biegeeigenfrequenzen einer Bohr-stange.

Bemerkenswerterweise finden sich besonders viele Belege für komplexe Problemstellungen und methodische Lücken in den Wirtschafts- und Lebenswissenschaften, wo die statistische Datenanalyse empirischer und experimenteller Daten traditionell eine zentrale Rolle für den Erkenntnisprozess und -fortschritt spielt: Dies betrifft insbesondere die Untersuchung von Kapitalmarktpreisen, die Optimierung von Produktionsprozessen, etwa eines Tiefbohrprozesses in der spanenden Fertigung, die Analyse von kinetischen Stoffwechselprozessen und Genaddukten, das Online-Monitoring von Patientendaten, von räumlich und zeitlich variierenden biologischen Daten oder die Kombination, Verdichtung und Evaluation vorhandener Prognosen oder Studienergebnisse via Generierung von Meta-Daten.

All diesen Forschungsfeldern und -fragestellungen ist gemeinsam, dass sie nur mithilfe vieldimensionaler Merkmale mit komplexer und komplizierter Abhängigkeitsstruktur sowohl in den Ziel- als auch in den Einflussvariablen zutreffend beschrieben und bearbeitet werden können. Dabei kommt erschwerend hinzu, dass die zu verarbeitenden Daten meist in unbefriedigender, oft schwer abrufbarer und elektronisch nicht aufbereiteter Form vorliegen. Oft müssen sie zuvor aus Patientendaten, Studienreporten, Bankbilanzen und anderen Zahlensammlungen extrahiert werden. Insbesondere muss das Problem berücksichtigt werden, dass Methoden, die für die Bearbeitung zwei- oder dreidimensionaler Probleme geeignet sind, sich aufgrund des sogenannten „Fluchs der hohen Dimension" nicht in trivialer Weise auf Situationen mit 2000 bis 3000 Komponenten, wie sie etwa in der Genforschung vorkommen, verallgemeinern lassen, weil der Datenraum dann – trotz riesiger Stichprobenumfänge – prinzipiell zu dünn besetzt bleibt. Dies führt dazu, dass etwa die Suche nach genetischen Dispositionen für bestimmte Erkrankungen immer noch der Suche nach der Stecknadel im Heuhaufen ähnelt, wenngleich gerade in den letzten Jahren hier zahlreiche methodische Entwicklungen stattgefunden haben.

All dies signalisiert aus jeweils sachwissenschaftlicher und methodischer Sicht einen erheblichen Forschungsbedarf. Insgesamt fehlt eine zusammenfassende, integrierende und systematische wissenschaftliche Erforschung der Möglichkeiten datenorientierter Modellbildung für komplexe substanzwissenschaftliche Fragestellungen. Zwar wird offen bleiben, inwieweit es möglich ist, stets ein sparsames, redundanzarmes und angemessenes Modell zu finden. Auch die Bestimmung und Bewertung eines Trade-off zwischen Einfachheit des Modells und Informationsverlust steht fast überall aus und ist wichtiger Teil der gesamten Problemstellung.

Selbstverständlich gibt es auch weiterhin schwierige, anspruchsvolle Forschungsfragen, oft im Herzen der Disziplinen, zum Beispiel in der Mathematik, in der Geschichte, aber auch anderswo, die sich hier nicht einordnen lassen, die aber der Untersuchung bedürfen und für die wir in der Zukunft sicherlich elegante Lösungen erwarten dürfen. Dennoch ist die Erforschung komplexer Phänomene und Systeme, die meist nicht ohne die Erhebung, Verwaltung, Analyse und Modellierung der zugehörigen komplexen Datenfluten auskommt, zu einer besonderen, aktuellen und großen Herausforderung für die Wissenschaft geworden.

Die Chance

Die Durchdringung und das Verständnis von Komplexität erfordern die gänzliche Öffnung der Wissenschaftsdisziplinen untereinander. Dies ergibt sich schon daraus, dass die wissenschaftlichen Fragestellungen zu komplexen Systemen meist nicht einmal eindeutig einer Disziplin zugeordnet werden können (etwa Optimierungs-, Regelungs- und Steuerungsprobleme von komplexen Produktionsprozessen, Fragen zur Funktionsweise des Gehirns).

So ist allein durch die aktuellen Forschungsfragen diese Öffnung nicht nur theoretisch erforderlich, sondern bereits praktisch erfolgt. Schon jetzt ist das Disziplinenübergreifende der Komplexität kein Anspruch, keine Forderung, sondern unvermeidliche, existierende Forschungspraxis. Komplexität ist damit gewissermaßen eine Chiffre für Interdisziplinarität. (▶ S. 17 f., 150 f.) Denn Wissenschaft kann nur problemorientiert erfolgreich arbeiten; für den Erkenntnisfortschritt spielt die disziplinäre Zuordnung von Fragestellungen und Lösungsstrategien keine Rolle.

Manfred Eigen stellte schon 1988 in seinem Buch *Perspektiven der Wissenschaft: Jenseits von Ideologien und Wunschdenken* fest: „… die Komplexität des Lebens beherrschen lernen, das bedeutet, in die unermesslichen Dimensionen des Informationsraumes einzudringen.“ Und Michel Serres schreibt in *Hermès III*, dass es notwendig sei, „in die wirkliche Arbeit der Wissenschaft einzutreten und die Distanz aufzulösen“. Komplexität reißt somit Schranken nieder; alle Türen stehen offen. Hierin liegen große Chancen:

- Die unterschiedlichen Sichtweisen, Ansätze, Erfahrungen, Arbeitsmethoden der Disziplinen ergänzen und befruchten sich bei der Bearbeitung der komplexen Problematik (der viel gelobte Synergieeffekt).
- Die Disziplinen ihrerseits erkennen neue Problemfelder, sehen Grenzen ihrer Ergebnisse, neue interessante Fragen tun sich auf.

In Chancen verbergen sich stets auch Unsicherheiten. Die Öffnung und die Interdisziplinarität bringen nicht quasi von selbst schon Komplexitätsbewältigungsstrategien mit sich. Die Offenheit echter Forschung geschieht auch weiterhin vor dem Hintergrund der Unwissenheit, wie Richard Jochum 1998 in *Die Philosophie der Komplexität. Neuere Ansätze* ausführt. Wissenschaft entwickelt sich, indem sie nach vorwärts irrt (Charpa 1995).

Zwischenruf: Impulse aus der Wissenschaft

Dennoch wird Komplexität – als Chance verstanden – in Zukunft erfolgreiches Handeln für die Wissenschaft generieren. Diese Zukunft hat schon begonnen: Wächst die Sachproblematik (zum Beispiel die Reduktion der Falsch-Positiv-Alarmrate beim Online-Monitoring von Vitalparametern in der Intensivmedizin, die Optimierung von Tiefbohrprozessen, das Finden genetischer Dispositionen für eine Krebserkrankung) mit der zugehörigen methodischen, datenanalytischen Problematik (zum Beispiel der Bewältigung des Fluchs der hohen Dimension bei unzureichend besetztem Datenraum) zu einem neuen Problem zusammen, so lassen sich häufig neue spezifische Teillösungen entwickeln.

Hierzu müssen Methodenwissenschaftler (Mathematiker, Statistiker, Informatiker) mit den jeweiligen „Substanzwissenschaftlern" (Ingenieur-, Lebens-, Wirtschaftswissenschaftlern) an der Fort- und Neuentwicklung der Methodik geeigneter Datenerhebung, des Datenmanagements, der Datenanalyse, der Entwicklung von Algorithmen und Software und deren Verzahnung mit Expertenwissen gemeinsam in einer solchen Weise arbeiten, dass sich eine zur Erklärung des komplexen Sachverhalts redundanzarme und adäquate Modellierung finden lässt.

Es versteht sich von selbst, dass diese Trans- und Interdisziplinarität nur Erfolg verspricht, wenn sie die jeweiligen vordersten Forschungslinien der Einzeldisziplinen zusammenführt, das heißt, dass sie auch die besten Köpfe für Lösungen komplexer Probleme auffährt. Dies mag nicht immer einfach sein; häufig bedarf es ausgebildeter Dritter, Wissenschaftler mit doppelter Expertise, die bereits Brücken zwischen Disziplinkulturen gebaut haben.

Auch Mut ist nötig, gerade von den Besten im Fach. Das Sicheinlassen auf das zunächst Fremde kann sehr wohl, trotz anderer Beteuerungen, einen zeitweiligen Verlust an Wertschätzung im eigenen Fach mit sich bringen. Das Risiko, in

Ein-Stunden-Ausschnitt von Vitalvariablen (Puls, Blutdrücke, ...) gemessen an einem Intensivpatienten. Extrahierte Signale (satte Farbgebung) basierend auf einem adaptiven Echtzeit-Filter komprimieren die relevanten, komplexen Informationen über den Patientenzustand.

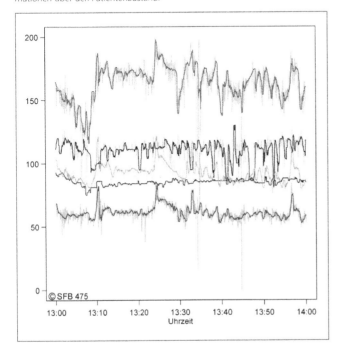

hochgradig kooperativer Forschung gemeinsam gründlich zu scheitern, erscheint manchem höher als bei der Fortführung lieb gewonnener, ebenfalls herausfordernder disziplinärer Forschung. Mut und Risikobereitschaft und nicht zuletzt Wertschätzung für Disziplinengrenzen ignorierende wissenschaftliche Arbeit ist aber auch von der Forschungsförderung gefragt: Nicht immer können zwei in ihrem Fach gut ausgewiesene Wissenschaftler, die zusammen eine neue komplexe Fragestellung untersuchen wollen, schon auf gemeinsame Vorarbeiten verweisen. Falls sie beide für das Problem die passende Expertise besitzen, ist hier eine Risikobereitschaft am Platz, die die DFG in der Tat immer häufiger aufbringt. Und zur Wertschätzung können, wie ebenfalls bereits geschehen, wichtige Preise häufiger großartige interdisziplinäre Forschungsleistungen auszeichnen.

Komplexität

Es ist zu hoffen und zu erwarten, dass aktuelle Qualitätssicherungsprozesse zeigen werden, dass in solchen Fällen gut und richtig investiert wurde und wird.

Ursula Gather

1953 geboren ■ 1971 bis 1976 Studium der Mathematik an der RWTH Aachen ■ 1980 Promotion ■ 1984 Habilitation ■ 1977 bis 1985 wissenschaftliche Assistentin am Institut für Statistik der RWTH Aachen ■ seit 1986 Professorin am Fachbereich Statistik der Universität Dortmund ■ 1987 Alfried Krupp von Bohlen und Halbach-Förderpreis für junge Hochschullehrer ■ 1994 bis 1998 Prorektorin für Forschung der Universität Dortmund ■ seit 1997 Sprecherin des Sonderforschungsbereichs „Komplexitätsreduktion in mul-

tivariaten Datenstrukturen" ■ seit 2000 Mitglied im Vorstand der Deutschen Statistischen Gesellschaft ■ 2001 IREX-Award des Australian Research Council ■ seit 2004 DFG-Vertrauensdozentin der Universität Dortmund ■ seit 2005 stellvertretende Vorsitzende des DFG-Fachkollegiums Mathematik; Mitglied im Senat des Deutschen Zentrums für Luft- und Raumfahrt (DLR); Mitglied im Executive Committee der Bernoulli Society ■ seit 2007 Vorsitzende des Fördervereins des Mathematischen Forschungsinstituts Oberwolfach; Mitglied im Council des International Statistical Institute (ISI) ■ Gastprofessuren u.a. an der University of Iowa, der Yale University, der Université des Sciences et Technologies de Lille und der La Trobe University in Melbourne

Nachwuchsförderung in der Hochschulmedizin

Jürgen Schölmerich, Medizin

In allen Bereichen der Wissenschaft ist die Ausbildung und Förderung des Nachwuchses von zentraler Bedeutung. (▶ S. 153, 163 ff.) Dies gilt selbstverständlich auch im Bereich der Medizin. Allerdings spielen hier auch spezielle Probleme, die die Hochschulmedizin insgesamt betreffen, eine wesentliche Rolle. Sie haben in den letzten Jahren zu einer deutlichen Reduktion der Bewerber um entsprechende Stellen geführt. Dies hat zahlreiche Stellungnahmen aus dem Bereich der Wissenschaft, der Politik und auch der Förderorganisationen provoziert, ohne dass eine erkennbare Besserung eingetreten wäre. Das Problem ist nicht auf die deutsche Hochschulmedizin beschränkt, sondern findet sich auch und ganz besonders in den USA, wie zahlreiche Kommentare und Aufsätze, aber auch die Aktivitäten der National Institutes of Health (NIH) belegen.

Was ist Nachwuchs in der Hochschulmedizin?

Im Gegensatz zu vielen Bereichen der universitären Wissenschaft kann man in der Medizin prinzipiell unterschiedliche Arten von Nachwuchs unterscheiden. Dies ist die unmittelbare Folge der Tatsache, dass Hochschulkliniken, aber auch zahlreiche Institute der Medizinischen Fakultäten einerseits die Hochleistungskrankenversorgung in Deutschland sicherstellen sollen (und müssen) und andererseits für die Ausbildung aller Ärzte sowie anschließend für die Weiterbildung eines großen Anteils der Nachwuchsmediziner verantwortlich sind. Schließlich soll auch der akademische Nachwuchs für Forschung und Lehre hier geprägt werden. Eine interessante Untersuchung von Ramboll Management 2004 hat ergeben, dass neben den typischen Gründen wie der persönlichen Neigung und Begabung, dem Interesse an Kontakt zu anderen Menschen und dem Bedürfnis, anderen Menschen zu helfen, das wissenschaftliche Interesse mit 62 Prozent der zweitwichtigste Grund für die Aufnahme des Medizinstudiums bei Medizinstudenten ist. Somit lässt sich festhalten, dass es unterschiedliche Gruppen von Nachwuchs in der Hochschulmedizin geben muss.

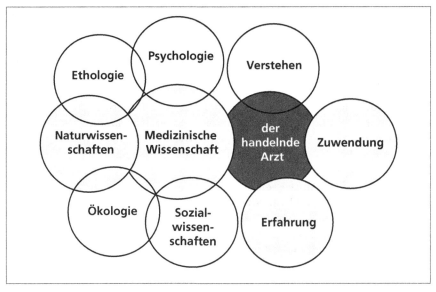

Komponenten der Medizin: Die Schnittmengen zwischen Medizinischer Wissenschaft und handelndem Arzt mit anderen Disziplinen sind mannigfaltig.

Die spezifische Form der späteren Tätigkeit ist mit hoher Sicherheit nur bei einem Teil der Medizinstudenten bereits im Voraus definiert. Dafür sprechen auch persönliche Erfahrungen des Autors aus der Beratung von Studierenden und jungen Ärzten.

Aus diesem Grunde muss die Ausbildung in der Medizin ganz offensichtlich ein breites Spektrum abdecken. Dies ergibt sich selbstverständlich auch aus dem Wesen der Medizin als einer Kombination von Wissenschaft und Kunsthandwerk, wobei keineswegs nur die naturwissenschaftlichen Bereiche den wissenschaftlichen Teil ausmachen. Dies hat der von den Nationalsozialisten aus Deutschland vertriebene Internist Siegfried J. Thannhauser sehr treffend formuliert: „Drei Tugenden des Arztes möchte der akademische Lehrer seinen Schülern einflößen: Liebe zu den Menschen, Demut in der Ausübung und in der Beurteilung des Experimentes und einen unermüdlichen Fleiß im Studium der Ergebnisse der wissenschaftlichen und empirischen Medizin."

Wo liegen die Probleme?

Entsprechend diesen Eigenschaften der Medizin geht das bisherige Leitbild der Deutschen Hochschulmediziner davon aus, dass ausgezeichnete Leistungen in Forschung, Lehre und Krankenversorgung durch den gleichen Personenkreis erbracht werden. Angesichts der Menge der zu vermittelnden Ausbildungsinhalte ist evident, dass dabei einzelne Aspekte zu kurz kommen müssen. In Deutschland ist dies die Fähigkeit zum wissenschaftlichen Arbeiten. Ausprägung findet dies in einer oft fehlenden Promotionskultur, in der Dominanz praktischer Tätigkeiten im Medizinstudium und in der geringen Bedeutung, die gute, wissenschaftlich fundierte Lehre für die individuelle Entwicklung der Hochschullehrer und deren Beurteilung durch Fakultäten und Geldgeber hat.

Die Probleme der Nachwuchsförderung im Bereich der Forschung werden dadurch verstärkt, dass vier unterschiedliche Ebenen klinischer Forschung definiert werden können. Diese unterschiedlichen Ebenen können von ganz verschiedenen Personenkreisen bearbeitet werden. So ist die grundlagenorientierte Forschung, die dem Verständnis biologischer Systeme dient, sicher von Naturwissenschaftlern zu leisten. Der Nachwuchs kann daher aus anderen Gebieten als der Medizin rekrutiert werden: Es ist nur erforderlich, entsprechende finanzielle Mittel und Infrastruktur bereitzustellen. Die krankheitsorientierte Forschung, die sich oft an Modellsystemen, wie etwa Tiermodellen, der Erklärung von Krankheiten widmet, bedarf ebenfalls keiner zusätzlichen ärztlichen Kompetenz. Sie benötigt aber die Kenntnis der zu erklärenden Krankheiten und ist somit zwar Naturwissenschaftlern zugänglich, aber nur in Interaktion mit medizinisch ausgebildeten Wissenschaftlern.

Im Gegensatz dazu steht in der patientenorientierten Forschung ganz sicher die ärztliche Kompetenz im Zentrum. Denn hier ist die Beteiligung von Patienten, die an klinischen Studien teilnehmen oder ihr Einverständnis zur Verwendung von Material aus medizinisch indizierten Eingriffen geben müssen, Voraussetzung für wissenschaftliche Erkenntnis. Diese Teilnahme ist in der Regel nur durch einen patientenzugewandten Arzt erreichbar. Die Bewertung der Befunde erfordert ebenfalls die Kompetenz eines ausgebildeten Mediziners. In der vierten Ebene, der Versorgungsforschung, die den Nutzen der durch die anderen Ebenen entwickelten diagnostischen oder therapeutischer Verfahren klärt, spielen dann wieder Wissenschaftler aus anderen Gebieten wie beispielsweise den Sozialwissenschaften eine wesentliche Rolle. Aus dieser Aufstellung ergibt sich, dass Nachwuchsförderung in der Hochschulmedizin neben der Ausbildung wissenschaftlich interessierter Kliniker (den „Physician scientists" der englischsprachigen Literatur) auch auf Naturwissenschaftler und junge Sozialwissenschaftler abzielen muss, die an medizinischen Problemen interessiert sind. Im Folgenden wird allerdings nur auf die Probleme der Nachwuchsförderung bei Medizinern eingegangen.

Notwendigkeit und Wertung der klinischen Forschung

Dass klinische Forschung mit dem oben dargestellten Spektrum notwendig ist, erscheint heute unstrittig. Die Erklärung von Krankheiten und Krankheitsphänomenen bildet die Grundlage jeder ärztlichen Tätigkeit. Sie führt zum Abbau von Vorurteilen, Dogmen und irrationalen Handlungen, die immer schon im Bereich der Medizin ein wesentliches Problem darstellten. Erkenntnisse aus der klinischen Forschung sind eine wesentliche, aber natürlich nicht die einzige Begründung ärztlichen Handelns. Von klinischer Forschung gehen Impulse für die biologischen Grundlagenwissenschaften aus, wie sich an vielerlei Beispielen zeigen lässt. Von politischer Seite wird gern auch die Bedeutung medizinischer Forschung für den Wirtschaftsstandort betont. Dies erscheint mir aus Sicht der Medizin aber nicht als dominante Motivation klinischer Forschung.

Es ist bedauerlich, dass die unterschiedlichen Ebenen der klinischen Forschung in ihrer Bedeutung, in ihrer Wertigkeit und – daraus zwingend folgend – auch in ihrem Einfluss auf individuelle Karrierechancen unterschiedlich bewertet werden. So wird man immer wieder mit dem Problem konfrontiert, dass grundlagenorientierte Naturwissenschaftler Projekte aus dem Bereich der patientenorientierten Forschung für wissenschaftlich geringerwertig, somit auch für weniger förderungswürdig (und selbst bei positiven Resultaten für weniger gewichtig) erachten als solche beispielsweise aus dem Bereich der Molekularbiologie oder der Genetik. Dabei ist keineswegs einsichtig, dass eine gute und mit geeigneten Methoden durchgeführte Analyse der Effekte unterschiedlicher Applikationsformen von Medikamenten auf klinische Symptome weniger wissenschaftlich sein soll als die Analyse der Expression bestimmter Gene unter dem Einfluss von Umweltfaktoren in bestimmten Pflanzenspezies. Selbstverständlich muss klinische Forschung dem Grundprinzip von Wissenschaft, der hypothesengeleiteten Forschung, genügen. Die Methode kann aber durchaus kluge klinische Beobachtung zur Analyse der Effekte sein und muss nicht zwingend molekulare oder andere biologische Effekte erfassen. Die Tatsache, dass Projekte aus dem Bereich der Versorgungsforschung insbesondere von naturwissenschaftlich orientierten Lebenswissenschaftlern häufig überhaupt nicht als qualifizierte Wissenschaft wahrgenommen werden, macht die Probleme der Nachwuchsförderung in diesem Bereich noch deutlicher.

Welche Eigenschaften muss der Nachwuchs haben?

Eine Besonderheit forschender Ärzte ist, dass ihre wissenschaftlichen Fragestellungen am Krankenbett oder zumindest im Umgang mit Patienten entstehen und dadurch Projekte auf den unterschiedlichen Ebenen der klinischen Forschung induzieren. Unabhängig davon, welche Art von Projekten sie später durchführen, sind sie prinzipiell dadurch charakterisiert, dass sie sich primär um kranke Menschen gekümmert haben und dadurch zahlreiche Eigenschaften und Fähigkeiten besitzen müssen, die bei Wissenschaftlern ohne diesen Aspekt nicht Voraussetzung ihrer Qualifikation sind. Somit ist evident, dass die Ausbildung von forschenden Ärzten immer auch eine praktische ärztliche Tätigkeit implizieren muss. Leider wird die derzeitige medizinische Ausbildung an den Hochschulen in Deutschland von der praktischen ärztlichen Tätigkeit dominiert und bietet wenig Voraussetzung für wissenschaftliches Arbei-

Interaktion zwischen Naturwissenschaft und Medizin: Grundlagenorientierte Forschung im Kliniklabor.

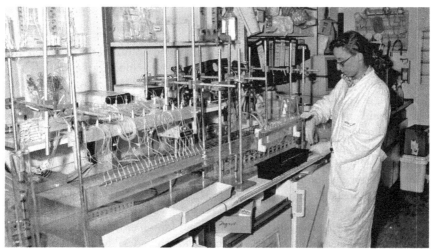

ten. Da eine wissenschaftliche Ausbildung aber ebenfalls unabdingbare Voraussetzung konkurrenzfähiger klinischer Forschung ist, müssen hier Lösungen gefunden werden.

Zwischenruf:
Impulse aus
der Wissen-
schaft

Entweder werden additive Ausbildungsgänge zusätzlich zur bisherigen Medizinerausbildung angeboten, wie dies in MD/PhD-Programmen der Fall ist, oder es werden getrennte Ausbildungswege für forschende Mediziner angeboten. Beide Lösungen sind letztlich nicht adäquat. Eine ergänzende Ausbildung bei hohen Anforderungen an die praktischen Fertigkeiten des forschenden Arztes führt zu einer deutlichen Verlängerung der Ausbildung von derzeit sechs auf beispielsweise zehn Jahre. Dies ist indiskutabel und auch aus ökonomischen Gründen den Nachwuchsmedizinern nicht zuzumuten. Eine Etablierung von alternativen Ausbildungswegen, die zu einer geringeren praktischen Fertigkeit, aber einer stärkeren wissenschaftlichen Ausrichtung bei Medizinern führt, ist mit dem Risiko einer frühen – und irreversiblen – Karriereweichenstellung behaftet. Die Deutsche Hochschulmedizin kennt zumindest derzeit auch noch keine akzeptablen Karrierewege für viele so ausgerichtete klinische Forscher.

Dieses Problem der Dichotomie zwischen kompetenter klinischer Tätigkeit und kompetenter Wissenschaft setzt sich über die gesamte Laufbahn eines Hochschulmediziners fort: Hier müssen nicht nur für die Phase der Ausbildung, sondern auch für die spätere Weiterbildung und die langfristige Berufstätigkeit Lösungsmöglichkeiten gefunden werden. Ich persönlich glaube nicht, dass eine strikte Trennung der Bereiche Abhilfe schafft, sondern bin der festen Überzeugung, dass durch bessere Verteilung der Tätigkeit in Hochschulkliniken und Instituten sowie durch neue Stellen, die Teilbeschäftigungen ermöglichen, bessere Bedingungen geschaffen werden können. Das Konzept eines Arztes, der 20 Prozent seiner Tätigkeit nach der primär erforderlichen breiten Ausbildung zum Arzt in einem speziellen Gebiet der Medizin beispielsweise durch Betreuung ambulanter Patienten widmet und sich in den verbleibenden 80 Prozent dann einem wissenschaftlichen Projekt zum Thema zuwendet, das auf dem Material von eben diesen Patienten oder dem Einschluss derselben in klinische Projekte basiert, erscheint mir attraktiv. Die Prozentzahlen ließen sich sicher auch variieren.

Zusätzliche Probleme

Die Tatsache, dass eine Tätigkeit in der Forschung aufgrund der neueren Tarifbestimmungen deutlich schlechter bezahlt wird als eine Tätigkeit im Bereich der Krankenversorgung, stellt ein weiteres Problem dar, dessen Auswirkungen zu ahnen, aber derzeit nicht abzusehen sind. Es ist natürlich völlig unsinnig, wenn erhebliche Mittel für definierte Programme wie klinische Forschergruppen bereitgestellt werden, die Träger dieser Forschung aber als Leiter einer klinischen Forschergruppe in W2-Besoldung deutlich schlechter bezahlt werden als gleich alte Kollegen, die als Oberärzte Krankenversorgung und Forschung leisten. Das gleiche gilt für junge Ärzte, die für Forschung freigestellt werden und deshalb finanzielle Nachteile hinnehmen müssen. Die Tatsache, dass dieses Problem in einer Zeit, in der die Schwierigkeiten der Nachwuchsförderung in der Hochschulmedizin bereits seit Jahren erörtert werden, neu geschaffen wurde, lässt tatsächlich auf ein völlig fehlendes Problembewusstsein bei Politikern und Tarifparteien schließen. Hier versucht die DFG, durch großzügige Verwendungsrichtlinien für die von ihr bewilligten Mittel zu lindern. Abhilfe muss aber von Seiten der Politik und der Tarifparteien erfolgen.

Welche Rahmenbedingungen sind nötig?

Für vorwiegend klinisch tätige Nachwuchsmediziner sollte nach der Ausbildung eine breite Weiterbildung einschließlich verschiedenster Methoden und technischer Verfahren im jeweiligen Gebiet erfolgen. Eine Mitarbeit an klinischen Studien müsste an Hochschulkliniken ebenfalls nicht nur möglich, sondern obligat sein. Wichtig ist, Expertenwissen zu schaffen, das heißt Kernkompetenzen für definierte Krankheitsgruppen oder diagnostische beziehungsweise therapeutische Verfahren, die Voraussetzung für die Durchführung patientenorientierter Forschung sind. Die Beteiligung an der Lehre und am Qualitätsmanagement ist für diese Gruppe ebenfalls wesentlich, schließlich sollten Kasuistiken, aber auch Übersichtsarbeiten zu relevanten Themen auf hohem Niveau Standard sein.

Eine exzellente Krankenversorgung an einer Hochschulklinik ist im Prinzip angewandte Wissenschaft im Einzelfall; dies bedarf der genannten Voraussetzungen. Nachwuchsmediziner, die vorwiegend klinisch tätig sein wollen, müssen sich bei der Stellensuche daher auf das Spektrum der Klinik, die Struktur der Betreuung während der Weiterbildung (regelmäßige Karrieregespräche, Rotationskonzepte, Oberarztzuordnung), auf Weiterbildungsmöglichkeiten und Veranstaltungskalender sowie auf die Möglichkeiten zur Ausbildung von Studenten an der entsprechenden Einrichtung konzentrieren.

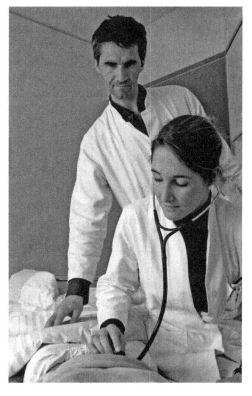

Fragestellungen am Krankenbett: Praxisorientierte Forschung erfordert einen intensiven Kontakt zum Patienten.

Beim akademischen Nachwuchs muss darauf geachtet werden, dass dieser bereits während des Studiums gewonnen wird. Dies lässt sich letztlich nur durch eine qualifizierte Promotionsarbeit sicherstellen, die dann allerdings auch mit einem adäquaten Titel korreliert sein muss. Es bleibt anzustreben, dass die Promotionsarbeit während des Studiums angefertigt wird, wobei allerdings eine Investition von mindestens einem oder wohl meist zwei Semestern erforderlich ist. Wenig zweckmäßig erscheint mir die Promotion analog zu den Naturwissenschaftlern nach dem Studium in den MD/PhD-Programmen. Die Verlängerung der Ausbildung auf zwangsläufig neun bis zehn Jahre ist kontraproduktiv. Ein talentierter Mediziner wird nicht drei oder vier Jahre nach dem Studium mit einer bezahlten Doktorandenstelle wissenschaftlich ausgebildet werden wollen: Er wird die vielfältigen Möglichkeiten, mit einer voll bezahlten Stelle Wissenschaft zu erlernen, vorziehen. Entsprechende Schulen sind

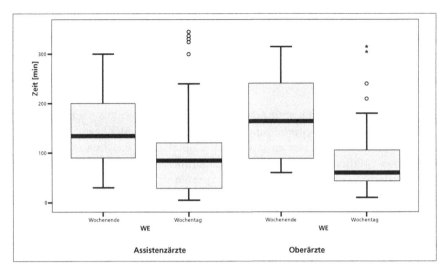

Forschung am Wochenende in internistischen Kliniken (Assistenzärzte und Oberärzte).

meines Erachtens daher, was die Mediziner als Teilnehmer angeht, a priori zum Scheitern verurteilt.

Während einer wissenschaftlichen Weiterbildung beispielsweise im Rahmen eines Forschungsstipendiums oder einer bezahlten Stelle in einer theoretischen Einrichtung muss eine ausgiebige methodenwissenschaftliche Weiterbildung erfolgen. Im Anschluss daran ist eine klinische Weiterbildung ohne zu starke Formalisierung nötig, die die Nachwuchsmediziner in die Lage versetzt, später einen hoch qualifizierten, aber begrenzten Patientenkontakt zu pflegen, der sich etwa auf Patienten mit einem spezifischen Krankheitsbild oder einer spezifischen Gruppe von Erkrankungen fokussiert. Parallel dazu muss die überwiegende Arbeitszeit dann der Forschung gewidmet sein.

Worauf muss also ein junger Mediziner bei der Stellensuche achten, wenn er wissenschaftlich tätig sein will? Hier steht im Vordergrund, dass die Einrichtung eine Struktur von Forschungs- und Arbeitsgruppen aufweist, dass eine ausreichende Drittmittelförderung über längere Zeiträume nachweisbar ist und dass es Freistellungskonzepte von klinischer Tätigkeit bereits während der Weiterbildung gibt. Eine Mischung von Medizinern und Naturwissenschaftlern an der entsprechenden Einrichtung, gute Publikationen in den vorausgegangen Jahren und ein Programm der Fakultät zur Forschungsförderung einschließlich Anschubfinanzierung, Freistellungsprogrammen und leistungsorientierter Mittelvergabe sind weitere wichtige Kriterien.

Diejenigen, die sich die Optionen für Klinik und Forschung aufrechterhalten wollen, müssen auf eine methodenwissenschaftliche Grundausbildung achten. Eine breite Weiterbildung, aber reduzierte Ausbildung in den vielfältigen Techniken wie Endoskopie und Herzkatheter ist wichtig. Es muss auf die Möglichkeit wechselnder Tätigkeiten und Ausbildungsphasen einschließlich der Freistellungen für Forschungstätigkeiten geachtet werden und ebenso auf die Möglichkeiten, langfristig umschrieben und definiert klinisch tätig zu sein.

Aktuelle Daten zeigen sehr eindrucksvoll, dass die Mehrzahl der wissenschaftlichen Tätigkeiten an internistischen Kliniken am Wochenende stattfindet. Dieser Zustand beschreibt das Problem der Nachwuchsförderung in der

Hochschulmedizin sehr deutlich. Hier müssen die Fakultäten und auch die Leitungen der Hochschulkliniken Abhilfe schaffen. Andernfalls wird sich das Problem weiter verschärfen.

Was kann die DFG zur Nachwuchsförderung beitragen?

Selbstverständlich kann die DFG nicht flächendeckend die genannten Probleme lösen. Sie kann aber in Einzelfällen und modellhaft Nachwuchsförderung betreiben oder zumindest unterstützen und damit Anregungen für Politik und Fakultäten geben. Es existiert bereits eine Vielzahl von Fördermöglichkeiten, angefangen bei den Graduiertenkollegs, in denen qualifizierte Doktorarbeiten angefertigt werden können. Erfreulicherweise sind einige dieser Kollegs auch so ausgelegt, dass Medizinstudenten während des Studiums, wie oben angedeutet, eine qualifizierte Doktorarbeit anfertigen können und dabei gleichzeitig eine zusätzliche Ausbildung erfahren. Nach Abschluss des Studiums sind Forschungsstipendien eine exzellente Möglichkeit, um eine weitere theoretische Ausbildung zu erhalten und gleichzeitig durch die Bearbeitung von wissenschaftlichen Fragestellungen die Grundlage für eine eigenständige Forschungstätigkeit zu legen. Selbstverständlich können auch Mediziner Stellen in DFG-Projekten als Mitarbeiter annehmen. Die Ausbildung muss nicht zwingend im Ausland stattfinden, sondern kann auch im Rahmen qualifizierter Projekte hierzulande erfolgen.

Auf der nächsten Stufe ist die Sachbeihilfe, je nach Umständen auch mit Bewilligung der Eigenen Stelle, ein weiteres wichtiges Instrument. Dadurch bietet sich die Chance einer definierten Freistellung, die selbstverständlich nicht die gesamte Laufzeit des Projekts umfassen muss, wohl aber kann. Den besonders Talentierten bietet sich im Anschluss an einen Auslandsaufenthalt die Möglichkeit, eine Emmy Noether-Nachwuchsgruppe zu gründen und zu leiten. Hier liegt sicher ein Karrierescheidepunkt, da ein solcher Schritt in der Regel eher auf eine langfristige akademische Tätigkeit angelegt ist und impliziert, auf eine breit angelegte Schulung in klinischen Methoden mit der Option, später ausschließlich klinisch tätig zu sein, zu verzichten. Auch die nächsten Schritte sind exemplarisch durch die DFG lösbar, etwa durch die Heisenberg-Stipendien und schließlich die Heisenberg-Professuren, oder Professuren im Rahmen der Leitung einer klinischen Forschergruppe. Es lässt sich also praktisch eine ganze Karriere mithilfe der verschiedenen Förderinstrumente aufbauen – bis zu einer verstetigten Professur an einer Medizinischen Fakultät. Die vorliegenden Daten zeigen, dass diese Möglichkeiten in den verschiedenen Bereichen der klinischen Medizin sehr unterschiedlich angenommen werden: Gelegentlich überrascht die fehlende Kenntnis der vielfältigen Möglichkeiten.

Nicht durch die DFG lösbar ist das quantitative Problem langfristig angelegter Stellen unterhalb der Lehrstuhlebene. Hier stellen die Heisenberg-Professuren und die Professuren im Rahmen klinischer Forschergruppen nur ein quantitativ sehr begrenztes Modell dar, das durch Veränderungen der Struktur des Stellenkegels auf Initiative von Politik und Fakultäten ergänzt werden muss.

Weitere Möglichkeiten der DFG sollten sich auf eine Verbesserung der patientenorientierten Forschung und auch auf die Ausbildung zu diesem Forschungszweig fokussieren. Instrumente wie eine Exzellenzakademie, die im Bereich der Medizintechnik bereits erfolgreich eingesetzt wurde, sind denkbar

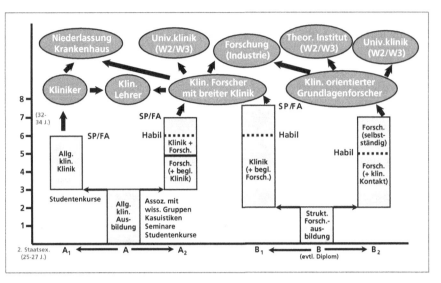

Laufbahnoptionen für Mediziner.

und für Themen wie „klinische Studien" oder „Versorgungsforschung" wahrscheinlich hilfreich. Nur so kann erreicht werden, dass auch diese Komponenten der klinischen Forschung Ansehen gewinnen und die entsprechenden Forscher von den Fakultäten adäquat bewertet werden. Die DFG sollte verstärkt auf die Förderung qualifizierter Promotionen im Bereich der Medizin achten: Hier bieten sich im Rahmen der Graduiertenkollegs und auch im Rahmen der durch die Exzellenzinitiative induzierten Graduiertenschulen Möglichkeiten. Die Ausbildungsstipendien als Starthilfe sollten wieder eingeführt werden. Schließlich muss in den Gremien der DFG deutlich werden, dass auch patientenorientierte und versorgungsorientierte Forschung, die von klinisch tätigen Ärzten durchgeführt wird, Qualität und Wert besitzen kann.

Desiderate an Fakultäten und Politik

Grundlegende Voraussetzung für eine gelungene Nachwuchsförderung ist sicher eine adäquate Bezahlung engagierter und zeitaufwändiger Arbeit. Die Tatsache, dass den Medizinischen Fakultäten als „Unternehmensziele" Forschung und Lehre auf dem Boden einer optimalen Krankenversorgung aufgegeben sind, impliziert, dass die für Forschung und Lehre vorgesehenen Mittel aus Händen der Steuerzahler tatsächlich auch für diesen Zweck ausgegeben werden. Somit ist eine klare Mittelzuweisung und eine leistungsorientierte Mittelverteilung auch unabdingbare Voraussetzung einer erfolgreichen Nachwuchsförderung. Den Fakultäten obliegt es dann, die Anschubfinanzierung an Nachwuchswissenschaftler sicherzustellen, die es diesen ermöglicht, die oben genannten Förderoptionen der DFG wahrzunehmen. Ganz wesentlich ist es Aufgabe des Gesetzgebers und der Medizinischen Fakultäten, Laufbahnoptionen zu schaffen, die auch unterhalb der Lehrstuhlebene eine langfristige, bei entsprechendem Erfolg auch gesicherte Tätigkeit in der Wissenschaft erlauben. Dieses im amerikanischen Sprachraum als „tenure track" bezeichnete Verfahren fehlt hierzulande weitgehend. Dies ist als Folge der in den siebziger Jahren erfolgten Überbesetzung des Mittelbaus verständlich, aber langfristig nicht hinnehmbar. Schließlich müssen talentierte Nachwuchsmediziner auch mit Risiko gefördert werden. Es wird nicht zu vermeiden sein, dass Einzelne sich im Lauf der ersten Jahre – angesichts der schönen Seiten des Arztberufes vollkommen verständlich – für eine vollständig klinische Tätigkeit entscheiden. Umgekehrt sollen auch denen, die zunächst nur auf klinische Tätigkeit orientiert waren, die Optionen einer Hinwendung zur Wissenschaft erhalten bleiben.

Karriereoptionen für Mediziner

Nach wie vor stellt ein Medizinstudium eine exzellente Voraussetzung für ganz unterschiedliche Karrierewege dar. Nach dem Examen lassen sich zwei Hauptwege charakterisieren, die dann später aber Querverbindungen zulassen und eine Vielzahl von Berufsperspektiven eröffnen. Wenn es gelingt, die Motivation und die Neugier begabter junger Mediziner nicht durch fehlende Anerkennung ihrer enormen, schlecht entlohnten Arbeitsbelastung oder durch in vielen Bereichen dem Medizinbetrieb leider eigene pekuniäre Fixierung der Leiter zu ersticken, wird die klinische Forschung wieder Auftrieb erhalten. Die erforderlichen Rahmenbedingungen, was Förderkonzepte, Verteilung der Finanzmittel und wissenschaftliche Ausbildung angeht, sind bekannt und bedürfen nur der praktischen Umsetzung. Neuere Publikationen lassen erkennen, dass es den Kollegen in den USA gelungen ist, den Abwärtstrend umzukehren. Dies muss auch bei uns möglich sein.

Jürgen Schölmerich

1948 geboren ■ 1967 bis 1973 Studium der Mathematik und Medizin an den Universitäten Heidelberg und Freiburg ■ 1973 Dissertation ■ 1973 bis 1975 Medizinalassistent an der Universitätsklinik Heidelberg ■ 1975 Approbation ■ 1978 bis 1982 wissenschaftlicher Mitarbeiter und Assistenzarzt an der Universitätsklinik Freiburg ■ 1981 Langenbeck-Preis der Deutschen Gesellschaft für Chirurgie ■ 1984 Habilitation ■ 1985 bis 1986 Research Fellow am Department of Chemistry der University of California , San Diego ■ 1987 bis 1991 Universitätsprofessor und Oberarzt der Universitätsklinik Freiburg ■ seit 1991 Ordinarius für Innere Medizin, Direktor der Klinik und Poliklinik für Innere Medizin I der Universität Regensburg ■ 1995 bis 1996 Gastprofessor am Department of Medicine der University of California, San Diego ■ 1998 bis 2004 Mitglied des Senats- und Bewilligungsausschusses für die Graduiertenkollegs der DFG ■ 2002 bis 2004 Sprecher des Sonderforschungsbereichs „Regulation von Immunfaktoren im Verdauungstrakt" ■ 2004 bis 2005 Mitglied des Senats der DFG ■ seit 2005 Vizepräsident der DFG

Verfahren
und Bewertung

Programmportfolio: Antrags- und Begutachtungssystem

Wie das Portfolio der Förderprogramme (▶ S. 17, 144), so haben sich auch die Ausgestaltung des Antrags-, Begutachtungs- und Entscheidungsverfahrens an den Bedürfnissen der Wissenschaft zu orientieren. Damit stellt sich die Frage: Was braucht die Wissenschaft? – konkret: Was brauchen die einzelnen Wissenschaftlerinnen und Wissenschaftler und Verbünde von ihnen? – mittelbar: Was benötigen die Hochschulen? Die Bedürfnisse der Wissenschaftlerinnen und Wissenschaftler orientieren sich jenseits einer auskömmlichen Alimentierung an einer hinreichenden infrastrukturellen und finanziellen Ausstattung, an strukturellen Rahmenbedingungen, die Forschung in Kooperation und Verbünden mit anderen Partnern innerhalb und außerhalb der Wissenschaft ermöglichen, an einem System, das Freiräume für neue und produktive Ideen bietet und schließlich an zeitlichen Ressourcen für Forschung – letzteres insbesondere durch Entlastung von administrativen Aufgaben.

Finanzielle Ausstattung

Ohne finanzielle Unterstützung durch Dritte ist Forschungstätigkeit an den Hochschulen in vielen Disziplinen schon lange nicht mehr vorstellbar. Mit der Bereitstellung von Finanzmitteln für die Forschung, die im Wege von Drittmitteln an die Hochschulen gelangen, entsprechen Bund und Länder ihrer verfassungsrechtlichen Aufgabe, Forschungsfreiheit aktiv zu gewährleisten. Dabei sind Steigerungsraten erforderlich, die einerseits dem Rückgang der Grundfinanzierung durch die Länder Rechnung tragen, andererseits zu dem europäischen Ziel beitragen, bis zum Jahr 2010 drei Prozent des Bruttoinlandsprodukts für Wissenschaft bereitzustellen. Zugleich muss bei der Gewährung der Drittmittel ein Weg gefunden werden, der berücksichtigt, dass diese Projektmittel bislang nicht die vollen Kosten der Forschung abdecken, sondern den Drittmittelempfängern erhebliche Eigenleistungen abverlangen. Pauschalen zur Deckung der mit der Drittmittelförderung verbundenen indirekten Projektkosten, wie sie im Rahmen der Exzellenzinitiative bewilligt wurden, sind daher nun auch in den anderen Förderprogrammen der DFG vorgesehen. Allerdings wird mit der momentanen Höhe von 20 Prozent der direkten Kosten lediglich den unbedingten Erfordernissen Rechnung getragen, damit die bereits jetzt etablierte Förderung ihre Adressaten angemessen erreichen kann. Darüber hinaus werden zukünftig weitere Spielräume eröffnet werden müssen, damit die Wissenschaftsleistungen global wettbewerbsfähig werden und/oder bleiben.

Antrags- und Entscheidungsverfahren

Die Bedürfnisse der einzelnen Wissenschaftlerinnen und Wissenschaftler werden zunächst am ehesten befriedigt, wenn sie Geld für die Projekte einwerben können, ohne hierbei an thematische Vorgaben jedweder Art gebunden zu sein. In dieser großen Freiheit – in der Einzelförderung erfüllt – wird die verfassungsrechtlich verbriefte Wissenschaftsfreiheit eindrucksvoll ver-

> *Forschungsförderung wird erfolgreich sein, wenn die Balance zwischen Einzelförderung und eher strategisch ausgerichteter koordinierter Förderung ausgewogen ist und Förderprogramme so ausgelegt sind, dass sie flexibel auf Veränderungen reagieren.*

wirklicht. Neben der Möglichkeit, einzelne Projekte im Rahmen der Einzelförderung verwirklichen zu können, braucht es allerdings auch größere Verbünde, in denen Forschungsprojekte in Kooperation mit anderen Wissenschaftlern durchgeführt werden. Interdisziplinarität gelingt dort am besten, wo in größeren Einheiten geforscht wird.

Im Ergebnis wird Forschungsförderung erfolgreich sein, wenn die Balance zwischen Einzelförderung und eher strategisch ausgerichteter koordinierter Förderung ausgewogen ist und Förderprogramme so ausgelegt sind, dass sie flexibel auf Veränderungen reagieren. Diesen Anforderungen wird eine an Modulen ausgerichtete klare Programmstruktur am ehesten gerecht.

Das Programmportfolio der DFG ist stark ausdifferenziert und teilweise unübersichtlich geworden. Die verschiedenen Programme sind in den zurückliegenden Jahren einzeln neu ausgerichtet worden, mit dem Ergebnis, dass das Förderspektrum einige Überlappungen (Forschergruppen, Graduiertenkollegs, Sonderforschungsbereiche) aufweist. Vor allem für Antragstellerinnen und Antragsteller ist es nicht einfach zu entscheiden, in welchem Programm ihr Forschungsanliegen am besten aufgehoben ist.

Einen Weg weist die Neukonzeption des Programms „Forschergruppen", das konsequent als modulare Struktur aufgebaut ist. So sollte in Zukunft die gesamte Förderung der DFG konzipiert werden. Ziel dabei ist, dass Forschende sich nicht für ein Programm entscheiden, sondern nach den Erfordernissen ihrer Forschung und der dazu notwendigen Kooperation eine individuelle Kombination von Modulen beantragen („Förderkontinuum").

Ein mindestens ebenso grundlegendes Bedürfnis der Wissenschaft ist indes der Faktor Zeit: So gewichtig die Bedeutung von Hochschul-, Lehrstuhl-,

Forschungsmanagement sowie Begutachtungs- und Evaluationstätigkeiten usw. einzuschätzen ist, so sehr gilt es zu berücksichtigen, dass die genuine Aufgabe der Wissenschaft neben der Lehre die Forschung ist. Forschung benötigt Räume, die frei von administrativen Aufgaben sind. Dieser Freiraum hat eine schlicht quantitative Dimension, indem Zeit, die auf die Beantragung und administrative Verwendung von Mitteln verwendet wird, nicht für die wissenschaftliche Arbeit im Labor oder im Archiv zur Verfügung steht.

Dies bedeutet für Forschungsförderer, sämtliche Verfahren zur Einwerbung von Drittmitteln so auszugestalten, dass den Wissenschaftlerinnen und Wissenschaftlern so wenig Zeit für administrative Angelegenheiten abverlangt wird, wie es ein sachgerechte Förderentscheidungen hervorbringendes Verfahren zulässt. Verfahren sind in diesem Sinne optimal organisiert, wenn der Weg vom Antrag über die Entscheidung bis zur Abwicklung möglichst einfach, klar im Sinne von eindeutig, zügig, transparent und effizient ist.

Offenheit und Flexibilität: das Antragsverfahren

Aufgabe von Förderanträgen ist es, dem Entscheidungsträger einen Bedarf und Gründe für die Deckung dieses Bedarfs zu beschreiben. Die gegenwärtigen Vorgaben für die Antragsteller erwarten eine ausführliche Beschreibung der eigenen Vorarbeiten, eine dezidierte Darstellung des Standes der Forschung und der geplanten Maßnahmen sowie eine detaillierte Auflistung der hierfür benötigten Mittel. Diese Angaben sind erforderlich, um denjenigen, die in das Begutachtungs- und Entscheidungsverfahren eingebunden sind, eine verlässliche Grundlage für eine Prognoseentscheidung zu geben, die eine konkrete Förderentscheidung rechtfertigt.

Eine Komprimierung dieser Informationsdichte wäre wünschenswert; sie kann gegenüber den Entscheidungsträgern jedoch nur dort gerechtfertigt werden, wo verdichtete Informationen eine vergleichbare Prognosegrundlage gewährleisten oder eine weniger tragfähige Grundlage aus anderen Gründen vertretbar ist.

Bei den beantragten Mitteln verlangt die DFG eine ausführliche Darstellung nicht nur im Hinblick auf die für die Durchführung des beabsichtigten Projekts für erforderlich gehaltenen Investitionen und Sachmittel, sondern auch bei den zu beantragenden Mitteln für Personal. Hier wird gegenwärtig eine an den Vergütungsgruppen der geltenden Tarife orientierte Bemessung der Mittel erwartet.

Eine Weiterentwicklung der Antrags- und Bewilligungsverfahren wird zu berücksichtigen haben, dass sich die Tariflandschaft in Deutschland zunehmend ausdifferenziert. Diese Entwicklung, aber auch Zweifel an der Sinnhaftigkeit einer wissenschaftlichen Begutachtung, die unter anderem zu der Frage Stellung nehmen muss, in welcher – an Vergütungsgruppen messbaren – Höhe Personalmittel etwa im nicht-wissenschaftlichen Bereich angemessen sind, lässt es ratsam erscheinen, sowohl im Antrags- als auch im Entscheidungsverfahren in allen Förderprogrammen mit Pauschalen zu arbeiten, die sich an Personaldurchschnittssätzen orientieren. Im Ergebnis würden den Antragstellern damit lediglich Angaben zum Umfang des für die Durchführung des Vorhabens erforderlich gehaltenen quantitativen Bedarfs an wissenschaftlichem und nicht-wissenschaftlichem Personal abverlangt.

Eine Komprimierung der Informationsdichte bei der Antragstellung erscheint ferner bei zwei – wenn auch unterschiedlichen – Personengruppen vertretbar: zum einen bei der Spitzengruppe der etablierten und renommierten Wissenschaftlerinnen und Wissenschaftler, dann aber auch bei denjenigen, die noch am Anfang ihrer Karriere stehen.

Die erstgenannte Gruppe zeichnet sich dadurch aus, dass sie auf herausragende Forschungsleistungen zurückblicken kann, und es ist zu erwarten, dass sie diese auch in Zukunft erbringt. Dort, wo eine solche Prognose auf der Basis vorangegangener Exzellenz sichergestellt und damit ein Vertrauensvorschuss gewährt werden kann, sind Reduktionen bei dem Material möglich, dass den Entscheidungsträgern üblicherweise an die Hand gegeben wird.

Am deutlichsten wird diese Form von Forschungsförderung im Leibniz-Programm realisiert. Hier werden außerhalb des Antragsverfahrens Preisträger auf der Basis entsprechender Vorschläge ausgewählt, für ihre in der Vergangenheit erzielten Forschungsleistungen belohnt und mit Finanzmitteln ausgestattet, die allein vor dem Hintergrund der zurückliegenden Leistungen vergeben werden, ohne dass diejenigen, die über die Vergabe des Preises entscheiden, im Einzelnen darauf sehen, wofür das Preisgeld verwendet wird.

Eine quantitative Ausweitung des Leibniz-Programms erscheint vor dem Hintergrund einer Relativierung des Auszeichnungscharakters nicht geboten, wohl aber eine Übertragung des Gedankens einer stärkeren Berücksich-

> *Für den Erfolg des Wissenschaftssystems wird auch in Zukunft von entscheidender Bedeutung sein, ob es gelingt, möglichst viele personelle Ressourcen für die Wissenschaft zu unterstützen und zu erschließen. Dazu gehört neben den durch die Themen Nachwuchsförderung und Gleichstellung angesprochenen Wissenschaftlerinnen und Wissenschaftlern ein bisher vernachlässigter Personenkreis, der der erfahrenen emeritierten oder pensionierten Forschenden.*

tung des Entscheidungsparameters „Vertrauensvorschuss" im Rahmen des Antragsverfahrens. Dieses könnte durch eine individuelle Leistungsförderung realisiert werden. Deren Ausgestaltung würde ein beschränktes Kontingent vorsehen, innerhalb dessen ausgewiesene und etablierte Spitzenwissenschaftlerinnen und -wissenschaftler allein aufgrund ihrer bislang erbrachten Leistungen und der damit einhergehenden Reputation Mittel beantragen, über deren geplante Verwendung eine nur skizzierende Beschreibung des Projekts Auskunft gibt. Bei der Verwendung würden die Begünstigten über Freiheiten verfügen, wie sie im Leibniz-Programm verwirklicht sind. In Laufzeit und Volumen sollten diese Mittel allerdings spürbar unterhalb des Leibniz-Preis-Niveaus, zum Beispiel bei bis zu einer Million Euro in fünf Jahren, liegen. Um die Vergleichbarkeit der Anträge zu gewährleisten und die Wettbewerblichkeit des Verfahrens sicherzustellen, sollten diese Anträge mit den anderen Anträgen der Einzelförderung im Normalverfahren etwa im Rahmen der Panelbegutachtungen konkurrieren.

Entscheidungsprozess der DFG
Schriftliches Verfahren (Einzelprojekte, Stipendien)

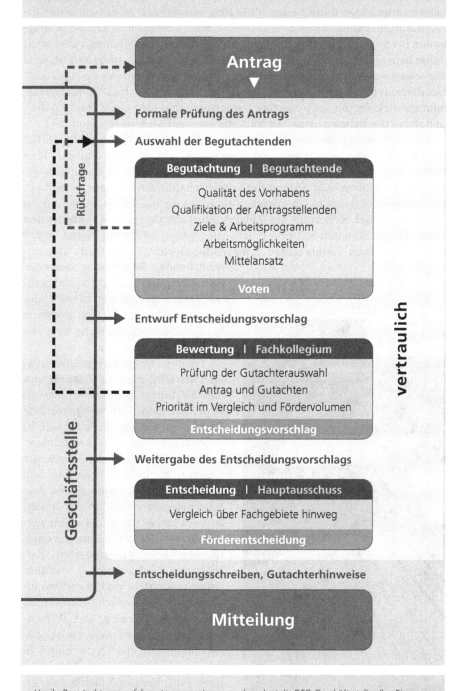

Programm-portfolio

Antrag

Formale Prüfung des Antrags

Auswahl der Begutachtenden

Begutachtung | Begutachtende

Qualität des Vorhabens
Qualifikation der Antragstellenden
Ziele & Arbeitsprogramm
Arbeitsmöglichkeiten
Mittelansatz

Voten

Entwurf Entscheidungsvorschlag

Bewertung | Fachkollegium

Prüfung der Gutachterauswahl
Antrag und Gutachten
Priorität im Vergleich und Fördervolumen

Entscheidungsvorschlag

Weitergabe des Entscheidungsvorschlags

Entscheidung | Hauptausschuss

Vergleich über Fachgebiete hinweg

Förderentscheidung

Entscheidungsschreiben, Gutachterhinweise

Mitteilung

Rückfrage

Geschäftsstelle

vertraulich

Um ihr Begutachtungsverfahren transparenter zu machen, legt die DFG-Geschäftsstelle allen Eingangs-bestätigungen zu Anträgen im schriftlichen Verfahren seit 2007 diese Grafik bei .

Zu den an die Adresse der DFG gerichteten forschungs- und förderpolitischen Forderungen gehört die nach einer besseren Förderung von sogenannten Risikoprojekten. Die Unsicherheiten eines solchen Risikoprojekts können zum einen darin liegen, dass trotz ausgereifter Vorarbeiten der Erfolg aufgrund externer Parameter weniger wahrscheinlich ist. Die Schwierigkeiten bei der Abschätzung der Erfolgswahrscheinlichkeit können aber auch daran liegen, dass der Stand der Vorarbeiten noch nicht so ausgereift ist, dass das wissenschaftliche Risiko eingrenzbarer und kalkulierbarer geworden ist. Um dieser typischen Situation Rechnung zu tragen, wird die DFG Mechanismen entwickeln, die der potenziell herausragenden Idee eine Chance geben und dabei die Balance zwischen Mitteleinsatz und Mehrwert halten.

Verfahren und Bewertung

Diese Konstellation eines Risiko-Projekts findet sich außerdem oftmals bei jüngeren Wissenschaftlerinnen und Wissenschaftlern, die zwar eine gute Idee haben, aber noch keine hinreichenden Möglichkeiten oder Kapazitäten, diese voranzutreiben. Am Anfang der wissenschaftlichen Karriere besteht ein besonderer Zeitdruck für die Finanzierung des ersten Projekts nicht zuletzt auch wegen der Sicherung des Lebensunterhalts der jungen Forschenden selbst. Dieser Situation soll eine Einstiegsförderung Rechnung tragen, in der der Antrag einen vereinfachten Entscheidungsprozess durchläuft. Der abschließenden Beurteilung durch das Fachkollegium und der verfahrensmäßigen Sicherstellung eines Zugewinns an Unabhängigkeit kommen bei der Einstiegsförderung eine besondere Bedeutung zu.

Bevor eine Entscheidung fällt, durchläuft ein Antrag ein mehrstufiges Qualitätssicherungsverfahren und landet erst dann zur Abstimmung im Hauptausschuss.

Für den Erfolg des Wissenschaftssystems wird auch in Zukunft von entscheidender Bedeutung sein, ob es gelingt, möglichst viele personelle Ressourcen für die Wissenschaft zu unterstützen und zu erschließen. Dazu gehört neben den durch die Themen Nachwuchsförderung und Gleichstellung angesprochenen Wissenschaftlerinnen und Wissenschaftlern ein bisher vernachlässigter Personenkreis, der der erfahrenen emeritierten oder pensionierten Forschenden. Viel zu häufig wandern heute produktive und vor allem lebens- und wissenschaftserfahrene Wissenschaftlerinnen und Wissenschaftler nach der Emeritierung oder Pensionierung aus Deutschland in das Ausland ab, wo sich ihnen sehr gute Forschungsmöglichkeiten eröffnen. Dahingegen erscheint in der Wahrnehmung der Gutachter ein zwar schon heute möglicher, aber selten vorgenommener Antrag eines Emeritus, zum Beispiel im Rahmen des Normalverfahrens, eher problematisch. Die bis zu der willkürlichen Grenze des Pensionsalters vorhandenen besten Forschungsumgebungen gehen allein durch die Tatsache des Geburtstages und nicht etwa wegen nachlassender wissenschaftlicher Exzellenz verloren. Um dem entgegenzuwirken und ein deutliches Signal zu setzen, dass diese wichtigen Potenziale für das inländische Wissenschaftssystem erhalten werden müssen, soll ein neues Modul entwickelt werden, dass sich unmittelbar an emeritierte und pensionierte Wissenschaftlerinnen und Wissenschaftler richtet. Dieses Modul soll ähnlich dem Emmy Noether-Programm eine Auszeichnung darstellen und den Emeritierten weiterhin sehr gute Forschungsausstattungen ermöglichen, mit denen sie auch einen Standortwechsel durchführen können.

Programm-portfolio

Qualität und Transparenz: das Begutachtungsverfahren

Expertise und Einsatzbereitschaft von Gutachterinnen und Gutachter gehören zum wichtigsten Kapital, über das die DFG verfügt und das sie künftig gerade im Bereich des Einstiegs in das Gutachterwesen durch entsprechende Unterstützung noch stärker pflegen wird. Mit der zunehmenden Wettbewerbsorientierung bei der Vergabe von Fördermitteln steigt in gleichem Maße der Bedarf an fachlicher Expertise, die für die Bewertung der Qualität von Förderanträgen erforderlich ist. Das Peer-Review-System bindet indes Forschungszeit von Wissenschaftlerinnen und Wissenschaftlern in nicht geringem Maße. Ein möglichst schonender Umgang mit der „Ressource Gutachter" wird daher ein wichtiger Parameter für die Festlegung von Begutachtungserfordernissen bilden. Insbesondere dort, wo die beantragten Mittel in einem überschaubaren Rahmen bleiben, sollten Schlankheit und Effizienz der Begutachtungsverfahren die Richtschnur bilden.

Die Exzellenzinitiative, in der zeitgleich Anträge von nahezu jeder deutschen Universität gestellt wurden, hat es mit Rücksicht auf die Vermeidung von Befangenheiten erforderlich gemacht, in einem bislang nicht geahnten Ausmaß auf ausländische Gutachter zurückzugreifen. Dabei wurde erneut deutlich, dass der geographisch distanziertere Blick auf die deutsche Wissenschaftslandschaft einen positiven Effekt hat. Qualität von Forschungsleistungen wird eher an internationalen Maßstäben gemessen, Themen wie die Stellung der Frau in der Wissenschaft wurden nüchterner und kritischer betrachtet als dies bei Gutachtern aus dem nationalen Wissenschaftssystem der Fall ist, Gutachterkritik und -empfehlungen, die an die Antragsteller weitergegeben werden, berücksichtigen Aspekte, die bei einer Begutachtung mit ausschließlich im nationalen System integrierten Gutachterinnen und Gutachtern mitunter

Im Herbst 2007 stimmten die Wahlberechtigten erstmals mittels eines Online-Wahlsystems über die Gremien ab, die zur fachübergreifenden Qualitätssicherung der Anträge wesentlich beitragen sollen.

nicht angesprochen würden. Bei der Gewinnung von Gutachtern wird oftmals die Frage nach einer – wie auch immer gearteten – Gegenleistung thematisiert. Gutachter aus dem Ausland, die bei der DFG im Regelfall nicht antragsberechtigt sind, erhalten bei den im Rahmen der Exzellenzinitiative durchgeführten Begutachtungen eine finanzielle Entschädigung; Gutachter aus dem Inland werden auf den Grundsatz der Selbstverwaltung der Wissenschaft verwiesen, mit dem eine monetäre Bezahlung einer Gutachterleistung nicht kompatibel wäre.

Verfahren und Bewertung

Gleichwohl stellt sich die Frage, ob und wie Gutachtertätigkeit nicht nur für die Öffentlichkeit, sondern insbesondere für die jeweilige Herkunftseinrichtung noch sichtbarer gemacht werden kann. Gutachtertätigkeit ist ein Ehrenamt, doch Ehre wird für den Betroffenen dann bedeutsamer, wenn sie nach außen sichtbar wird. Einer unter den Fachkollegiaten durchgeführten Befragung zufolge haben die Gutachter insbesondere den Wunsch, dass ihre Tätigkeit sich mehr als bisher in der eigenen wissenschaftlichen Reputation widerspiegelt. Das Spannungsverhältnis von Sichtbarkeit der Gutachter und Anonymität des Begutachtungsprozesses ist in der Einzelförderung besonders ausgeprägt. Eine Dokumentation, die Gutachtertätigkeit und jeweilige Herkunftseinrichtung miteinander verknüpft, ohne zugleich Gutachternamen preiszugeben, könnte beide Pole miteinander versöhnen.

Mit der fortschreitenden technischen Entwicklung werden Begutachtungsprozesse zwangsläufig elektronisch durchgeführt. Auch hier wird im Vordergrund stehen müssen, dass die Inanspruchnahme so nutzerfreundlich und serviceorientiert wie möglich erfolgt. Dabei können standardisierte Benutzeroberflächen, die hinreichend flexibel sind, um dem konkreten Einzelfall gerecht zu werden, zugleich einen qualitätssteigernden Effekt zum Vorteil der Entscheidungsträger haben.

Die zentrale Rolle im Begutachtungs- und Entscheidungsprozess kommt den Fachkollegien zu. Den Fachkollegien obliegt die Qualitätssicherung des Begutachtungsprozesses. Dies betrifft die Auswahl der Gutachter und auch die Bewertung der Qualität der Gutachten und des aus ihnen abgeleiteten Entscheidungsvorschlags der Geschäftsstelle. Die DFG wird prüfen, wie die Transparenz der und das Vertrauen in die Begutachtung in Zukunft noch erhöht werden können. Insbesondere die Nachvollziehbarkeit der Entscheidungen ist Voraussetzung für die Akzeptanz des Begutachtungsprozesses und Basis dafür, dass Gutachter und Antragsteller in wechselnder Rolle das System der DFG auf Dauer stützen.

Dass dieser Qualitätssicherungsprozess über das einzelne Fach hinaus erfolgt, war ein wichtiges Anliegen bei der Ablösung des überkommenen Fachgutachtersystems im Jahr 2002. Bei der Frage, wieweit der fachliche Bogen gespannt sein sollte, den ein einzelnes Fachkollegium zweckmäßigerweise abdecken sollte, wird im Auge zu behalten sein, dass eine zu große fachliche Distanz zu den zu behandelnden Anträgen die Qualitätssicherung erschwert. Andererseits ist sicherlich nur aus einer übergeordneten Sicht eine Qualitätssicherung über die einzelnen Fächer hinweg möglich. Eine Weiterentwicklung des Systems der Fachkollegien wird versuchen müssen, beide Aspekte im Auge zu behalten. Der Weg, den verschiedene Fachkollegien beschritten haben, das temporäre Zusammenkommen zu größeren Verbünden, kann hier richtungsweisend sein. Dabei wird es gleichfalls wichtig sein, das Erfahrungs-

Der Kultusminister von Sachsen-Anhalt Jan-Hendrik Olbertz, der Berliner Wissenschaftssenator E. Jürgen Zöllner, Bundesforschungsministerin Annette Schavan, DFG-Präsident Matthias Kleiner und der Vorsitzende des Wissenschaftsrates Peter Strohschneider nach Bekanntgabe der Ergebnisse in der zweiten Runde der Exzellenzinitiative 2007 (v.l.n.r.).

wissen der Mitglieder der Fachkollegien für die strategischen Aufgaben der DFG fruchtbar zu machen. Diesem Ziel kann durch regelmäßiges und strukturiertes Abfragen strategischer Impulse und Beobachtungen in den Fachkollegien Rechnung getragen werden.

Mit der Einführung des Systems der Fachkollegien in 2002 hatte sich zunächst eine heterogene Praxis der jeweiligen Geschäftsführung in den Fachkollegien entwickelt. Nach den in 2007 durchgeführten Wahlen werden sich die Fachkollegien neu konstituieren. Dies ist nicht nur der geeignete Zeitpunkt für eine Bildung von Verbünden mehrerer Fachkollegien nach den eben beschriebenen Maßgaben, sondern auch für eine Standardisierung der Geschäftsführung nach dem Vorbild der Vorgehensweisen, die sich in der ersten Wahlperiode der Fachkollegien besonders bewährt haben.

Die Exzellenzinitiative und die DFG

Die Exzellenzinitiative hat in den Jahren 2006 und 2007 zu einer bisher einmaligen Anstrengung und Aufbruchstimmung an den Hochschulen und Forschungseinrichtungen im gesamten Bundesgebiet geführt. Bestrebungen zur Schwerpunktsetzung, zur Priorisierung und Differenzierung im Hochschul- und Forschungssystem sind in diesem Ausmaß und in dieser Konzentration in Deutschland erstmals unternommen worden. Die Wissenschaftlerinnen und Wissenschaftler haben sich zusammen mit den Leitungen in den Universitäten und Forschungseinrichtungen der jeweiligen Regionen in einer gemeinsamen Reflexion auf Stärken in der Forschung verständigen müssen und sich mit diesen einem freien und harten Wettbewerb gestellt. Auch wenn nicht alle Initiativen, die sich um Förderung im Rahmen der Exzel-

Der Physik-Nobelpreisträger Wolfgang Ketterle agierte in der Exzellenzinitiative als Gutachter und brachte auch die Erfahrungen aus seiner Arbeit am Massachusetts Institute of Technology (MIT) in den USA mit ein. Das DFG-Begutachtungsverfahren lebt vom ehrenamtlichen Engagement der Forschenden.

lenzinitiative beworben haben, erfolgreich sein und bewilligt werden können, sind allein die Wirkungen der Exzellenzinitiative während der Vorbereitung auf die Antragstellung nicht zu unterschätzen und im Ergebnis sehr begrüßenswert.

Die Exzellenzinitiative wird die Verfahrensweisen der DFG absehbar in vielfältiger Weise beeinflussen. Die Erwartungshaltung der Wissenschaftlerinnen und Wissenschaftler, aber auch der Universitäten an die DFG verändert sich nicht nur im Hinblick auf die zukünftige Programmstruktur und die Begutachtungs- und Entscheidungsmechanismen. Die DFG wird ihre Förderprogramme einer kritischen Prüfung unterziehen müssen; auf die Notwendigkeit einer Modularisierung und Straffung der bekannten Programme ist bereits hingewiesen worden. Darüber hinaus könnte, ausgehend von den Erfahrungen im Rahmen der Exzellenzinitiative, die Begutachtung auch in anderen Programmen der DFG zukünftig noch internationaler gestaltet werden.

Nach all dem bleibt die Weiterführung der Exzellenzinitiative für die Entwicklung des deutschen Wissenschaftssystems von besonderer Bedeutung. Es muss sichergestellt werden, dass die Exzellenzinitiative nicht nach einigen wenigen Jahren ausläuft. Um den Impuls der Verbesserung zu erhalten und zu erneuern, muss vielmehr der Wettbewerb fortgeführt und der Konkurrenzdruck erneut aufgebaut werden. Bund und Länder haben die Rahmenbedingungen geschaffen, um die besten Universitäten und die brillanten Ideen von Wissenschaftlerinnen und Wissenschaftlern in der Forschung wettbewerbsförmig zu identifizieren, herauszuheben und ansehnlich zu fördern. Nur so kann es gelingen, dass in Zukunft eine vielfältige Landschaft wissenschaftlicher Exzellenz in Deutschland sichtbar ist und sich unter den weltweit herausragenden Universitäten auch deutsche Hochschulen finden.

Die DFG als Anbieter von Forschungs- und Förderinformationen

Die Deutsche Forschungsgemeinschaft ist der größte Einzelförderer grundlagenorientierter Forschung in Europa. Gemäß Satzung profitiert hiervon „Forschung in all ihren Zweigen". Das Spektrum der Disziplinen reicht von der Ägyptologie bis zur Zoologie. Neben der Förderung der Grundlagenforschung gerät zunehmend auch der Erkenntnistransfer in die Anwendung in den Blick. Kooperationen zwischen Wissenschaftlern unterschiedlicher Disziplinen, zwischen Forschern an Hochschulen und außeruniversitären Forschungseinrichtungen und schließlich zwischen Wissenschaftlern in Deutschland und weltweit werden durch die DFG unterstützt.

Grundlage informatorischer Dienstleistungen

Auf dem „Marktplatz des Wissens" über Forschung in Deutschland besetzt die DFG eine zentrale Position. Ein Bruchteil dieses Wissens findet Eingang in die Datenbanken, die das Förderhandeln der DFG abbilden. Aber schon dieser kleine Ausschnitt bietet reichhaltige Informationen über Forschung und ihre Förderung. Die DFG nutzt diesen „Datenpool" für eine Reihe von Produkten und Dienstleistungen, die der Unterstützung der Entscheidungsgremien und Mitgliedshochschulen der DFG sowie nicht zuletzt der Information der an Forschung und ihrer Förderung interessierten nationalen und internationalen Öffentlichkeit dienen.

Mit dem Aufbau ihrer förderungsbezogenen Informationsbestände hat die DFG bereits in den späten 70er-Jahren begonnen. 2005 ist es gelungen, die verschiedenen im Haus etablierten Systeme in ein gemeinsames Datenhaltungsprogramm ElektrA („elektronische Antragsbearbeitung") zu überführen. (▶ S. 10, 254 f.) Mit dieser Umstellung hat die Breite und Tiefe der das Fördergeschehen der DFG abbildenden Informationen einen großen Entwicklungssprung vollzogen. Eine der wichtigsten Neuerungen aus forschungsinformativer Sicht bildet die in ElektrA integrierte Instituts-Datenbank, die es erlaubt, verschiedenste Förderinformationen in nach Einrichtungen (etwa Hochschulen), Fachbereichen und Instituten gegliederter Form

Das Informationssystem GEPRIS liefert detaillierte Informationen über alle von der DFG geförderten Projekte und ist damit eine der Datenquellen, die die DFG kostenlos im Internet zur Verfügung stellt.

zu strukturieren und so einer gezielten Recherche beziehungsweise Analyse zugänglich zu machen. Dieses Instrument soll den institutsbezogenen Informationsaustausch zwischen diesen Einrichtungen und sukzessive weiteren Partnern sowie den Aufbau gemeinsamer Informationsangebote im Internet ermöglichen. Erfasst sind derzeit Daten zu zirka 20 000 Instituten an Hochschulen (überwiegend Universitäten) in Deutschland sowie die Mitgliedseinrichtungen der großen Forschungsverbünde (MPG, HGF, WGL, FhG). Aktuell wird die Datenbank um Daten zu ausländischen Forschungseinrichtungen erweitert.

Das Forschungsinformationssystem GEPRIS

GEPRIS (German Project Information System) ist ein onlinegestütztes Forschungsinformationssystem, das über die wesentlichen Ziele laufender DFG-Projekte sowie über die Personen und Institutionen, die diese Projekte tragen, informiert. GEPRIS wurde erstmals 2001 im Internet der DFG veröffentlicht. Nach aufwändiger Neukonzeption und Programmierung hat das System im April 2007 eine Neuauflage erfahren. Die Überarbeitung profitiert mehrfach von der Einführung von ElektrA. Da dort nun praktisch alle Förderprogramme der DFG erfasst werden, konnte der Berichtskreis von GEPRIS, das seine Daten nahezu ausschließlich aus eben diesem System bezieht, wesentlich erweitert werden, etwa um Daten zu den Sonderforschungsbereichen und Graduiertenkollegs.

Für die Strukturierung der in GEPRIS angebotenen Informationen stellt die Institutsdatenbank ein wesentliches Hilfsmittel dar. Führt die Suche mit einem bestimmten Textstring (zum Beispiel „nano") zu einem Ergebnis, lassen sich „mit einem Klick" alle weiteren Projekte anzeigen, die am entsprechenden Institut durch die DFG gefördert werden. Ein weiterer Schritt weist die dem übergeordneten Fachbereich zugeordneten Projekte aus, schließlich lassen sich auch alle Projekte der betreffenden Hochschule auflisten. Mit

GEPRIS ist es nun also möglich, die DFG-Aktivitäten einer Hochschule (beziehungsweise eines außeruniversitären Instituts) in nach Fachbereichen und Instituten sortierter Form praktisch „auf einen Blick" zu erschließen.

Ein nächster Entwicklungsschritt wird die englische Version von GEPRIS sein. Auf diese Weise leistet das System auch einen Beitrag zur internationalen Sichtbarkeit DFG-geförderter Forschung.

Research Explorer (REx)

Forschungs- und Förderinfor- mationen

Ein Beispiel für die oben als „Vision" verabredete gemeinsame Nutzung der Institutsdatenbank bildet das Informationssystem „Research Explorer (REx)", das die DFG gemeinsam mit dem DAAD entwickelt hat. Der Research Explorer macht die sogenannten „Stammdaten" der DFG-Institutsdatenbank der Öffentlichkeit zugänglich. Primäre Zielgruppe sind Wissenschaftlerinnen und Wissenschaftler im Ausland, die Informationen über die öffentlich finanzierten „Stätten der Forschung" in Deutschland suchen. Das Portal erlaubt die Stichwortsuche im deutschen wie englischen Namen des Instituts. Eine strukturierte Suche wird über die (ebenfalls zweisprachige) fachliche Klassifizierung von Instituten sowie über einen Zugang unterstützt, der Einrichtungen und ihre Institute in kartographisch gestalteter Form recherchierbar macht.

Der Research Explorer ist in seiner jetzt zugänglichen Fassung ein sehr „schlankes" System, inhaltlich beschreibende Informationen sind allein über die zu jedem Institut erfasste Website zugänglich. Mittelfristig soll sich dies ändern. Hierzu bedarf es der konkreten Zusammenarbeit mit Partnern, die zu diesem System wesentliche Inhalte beitragen. Diese können Forschungsförderer sein, die den REx zur Darstellung ihrer Förderaktivitäten nutzen wollen, oder die Hochschulrektorenkonferenz und deren Mitgliedshochschulen, die ihr Forschungs- und Lehrprofil präsentieren möchten, schließlich auch das Institut für Forschungsinformation und Qualitätssicherung (IFQ), das mit je spezifischen Erhebungen zur weiteren Profilierung des REx beiträgt.

Das DFG-Förder-Ranking stellt zusammen, wie erfolgreich die einzelnen Institutionen wichtige Drittmittel eingeworben haben, und liefert somit ein „Who is who" der deutschen Wissenschaftsszene.

Das Förder-Ranking

Mit dem „Förder-Ranking" stellt die DFG einen Informationsservice über drittmittelfinanzierte Forschungsaktivität bereit, der vor allem den Mitgliedshochschulen der DFG als wichtige Planungsgrundlage dient. Ausgehend von der ersten Ausgabe, in der allein das in einem bestimmten Zeitraum von Hochschulen bei der DFG eingeworbene Bewilligungsvolumen als Indikator herangezogen wurde, deckt das Ranking mittlerweile Daten der wichtigsten öffentlichen Drittmittelgeber in Deutschland ab. DFG-Förderung, Förderung des Bundes, das 6. Rahmenprogramm der EU und der Arbeitsgemeinschaft industrieller Forschungsvereinigungen (AiF) umfassen gemeinsam zirka 80 Prozent des von der öffentlichen Hand bereitgestellten Drittmittelvolumens der Hochschulen. Mit der zusätzlichen Berücksichtigung der Gastwissenschaftlerprogramme von DAAD und AvH gerät die internationale Vernetzung deutscher Hochschulen in den Blick. Die Zahl der an einer Universität tätigen Wissenschaftler, die

Verfahren und Bewertung

für die DFG als Gutachter oder Fachkollegiaten an der Auswahl der besten Forschungsvorhaben partizipierten, bildet schließlich einen Indikator für die wissenschaftliche Expertise, die eine Hochschule auszeichnet. Analysen zur interinstitutionellen Zusammenarbeit in DFG-geförderten Programmen geben Auskunft über Vernetzung und regionale Clusterbildung in fachbezogener Sicht.

Von Beginn an stand die Frage im Vordergrund, wie sich mithilfe förderungsbezogener Daten Aussagen zum fachlichen Profil einer Hochschule treffen lassen. Die Förderung durch die DFG stellt für solche Zwecke eine gute Basis dar, weil vor allem hier tatsächlich Forschung „in all ihren Zweigen" gefördert wird. In der aktuellen Ausgabe hat die DFG die Beschreibung des Forschungsprofils von Hochschulen deutlich in den Vordergrund gestellt. Auf diese Weise leistet die DFG einen wichtigen Beitrag zur Diskussion um die Profilbildung von Hochschulen und trägt zugleich – mit der englischen Fassung des Rankings – zur internationalen Sichtbarkeit deutscher Forschung bei.

Die Weiterentwicklung des Rankings wird diesen Aspekt vertiefen. Wurden die Profile von Hochschulen bisher auf relativ hoch aggregiertem Niveau analysiert – mit Blick auf die Fachsystematik der DFG etwa auf der Ebene von 14 Fachgebieten –, werden die Folgeausgaben eine fachlich tiefergehende Differenzierung anbieten. Dabei soll insbesondere auch die Frage der interdisziplinären sowie der inner- und interinstitutionellen Zusammenarbeit verstärkt untersucht werden.

Das Institut für Forschungsinformation und Qualitätssicherung (IFQ)

Besondere Möglichkeiten, die Informationsbasis zu Forschung in Deutschland zu erweitern, sollen sich aus der Arbeit des im Oktober 2005 von der DFG gegründeten „Instituts für Forschungsinformation und Qualitätssicherung (IFQ)" (▶ S. 11,16 f.) ergeben. Kernaufgabe des Instituts in den Aufbaujahren ist es, Informationen zu generieren, mit denen sich Aussagen zu Verlauf und Erfolg DFG-geförderter Forschung empirisch begründen lassen. Eine verbesserte Informationsbasis soll dann der DFG vor allem dazu dienen, die DFG-eigenen Förderprogramme in bestmöglicher Weise auf die Bedürfnisse qualitativ hochwertiger Forschung auszurichten. Die verstärkte Nutzung der zum Teil bereits heute zur Verfügung stehenden Informationsressourcen ist also in erster Linie ein Instrument der Selbststeuerung und Programmplanung für die DFG.

Das Institut wird hierzu ein Konzept für ein qualitativ hochwertiges und allgemeinen wissenschaftlichen Standards genügendes Monitoringsystem entwickeln und im Rahmen von zunächst pilotförmigen Projekten ständig ausbauen. Weiterhin sollen Mitarbeiterinnen und Mitarbeiter des IFQ die notwendigen Erhebungen und Analysen durchführen und hierzu Berichte verfassen.

Stefan Hornbostel leitet das Institut für Forschungsinformation und Qualitätssicherung (IFQ), das die DFG 2005 eingerichtet hat. Das IFQ konzentriert sich zunächst auf die Evaluierung der DFG-Förderprogramme, soll aber nach der Aufbauphase seine Angebote ausbauen und auch andere Teile des Wissenschaftssystems ansprechen.

Eine in engerem Sinne dem Monitoring zuzurechnende Maßnahme hat das IFQ bereits in Angriff genommen. Unter dem Arbeitstitel „Fördermonitor" wird ein Erhebungs- und Berichtssystem weiterentwickelt, das die DFG bisher in Eigenregie für die Programme Sonderforschungsbereiche und Graduiertenkollegs konzipiert und durchgeführt hat. Dort behandelte Fragestellungen beziehen sich etwa auf die internationale Vernetzung der an einem Programm partizipierenden Akteure oder auf die Struktureffekte, die diese an ihren Hochschulen und anderen beteiligten Einrichtungen bewirken. Von der Übergabe dieses Systems an das IFQ erhofft sich die DFG eine Neuausrichtung an aktuellen forschungsevaluativen Erhebungs- und Berichtsstandards. Der „Fördermonitor" ist als Pilotprojekt konzipiert, das mittelfristig auf alle weiteren Förderprogramme der DFG ausgeweitet werden soll. Für die Evaluierung der Programme der Exzellenzinitiative wird das dem Monitor zugrunde liegende fachliche Konzept ebenso wie die bereits prototypisch entwickelte Software zur onlinegestützten Datenerhebung eine wichtige Basis bilden.

Für die Evaluation der von der DFG angebotenen Programme werden die im Monitoringverfahren erhobenen Daten zu Verlauf und Ertrag dort finanzierter Projekte eine wichtige, wenn auch nicht die einzige Grundlage bilden: Sondererhebungen, die sich gezielt mit je programmspezifischen Förderzielen auseinandersetzen, sind daher weiterer Bestandteil des IFQ-Portfolios.

Die Bereitstellung forschungs- und förderbezogener Informationsservices ist der DFG ein wichtiges Anliegen. Sie leistet damit einen Beitrag zur Transparenz der Verwendung der ihr anvertrauten Mittel, macht Informationen für Planungszwecke unterschiedlichster Zielgruppen zugänglich und unterstützt das öffentliche Verständnis für Forschung und ihre Förderung. Nicht zuletzt von der zunehmenden Vernetzung mit anderen Informationsanbietern profitierend soll das Angebot daher weiter ausgebaut und stetig verbessert werden.

Perspektiven
der Finanzierung

Die DFG im Wissenschaftssystem: Wettbewerb und Finanzierung

Das Modell der Finanzierung von Forschungsvorhaben im selbstverwalteten Wettbewerb um Drittmittel durch die DFG wird von der Wissenschaft national und international ebenso wie von Bund und Ländern hoch geschätzt. Es stößt aber in den letzten Jahren deutlich an Grenzen, die auf der immer spürbarer werdenden Unzulänglichkeit der Grundfinanzierung der Hochschulen und mancher außeruniversitärer Forschungseinrichtungen beruhen. Aufgrund der Beschränkung der Finanzierungskompetenz des Bundes durch Art. 91 b Grundgesetz auf die überregional bedeutsame Forschung ist es der DFG verwehrt, den Hochschulen und außeruniversitären Forschungseinrichtungen Ausgaben zur Deckung der Grundausstattung zu ersetzen. Stattdessen fördert die DFG im Rahmen ihrer Projektförderung nur die sogenannte Ergänzungsausstattung. Forschungsaktive, in der Einwerbung von Drittmittelprojekten bei der DFG besonders erfolgreiche Hochschulen und außeruniversitäre Forschungseinrichtungen „siegen sich" so – Pyrrhus gleich – durch die ihnen zuwachsenden Verpflichtungen zur Bereitstellung einer entsprechenden Grundausstattung für die Drittmittelprojekte langsam „zu Tode": Ihnen verbleibt finanziell immer weniger eigener Entscheidungs- und Gestaltungsspielraum.

Situation im Ausland

Gleichartige Probleme spielen in den Vereinigten Staaten eine vergleichsweise geringe Rolle, weil dort seit Jahren ein System der leistungsorientierten Vergabe von indirekten Kosten („overhead") etabliert ist. Zusätzlich zu jedem von den öffentlichen Förderinstitutionen eingeworbenen „grant" wird ein festgelegter Prozentsatz an Mitteln für die Deckung der indirekten Kosten der Forschung („indirect cost rate") gezahlt. Diese Rate variiert von Hochschule zu Hochschule und ist das Ergebnis einer individuellen Verhandlung der Zuwendungsgeber mit der Universität. Grundlage ist die Kostenstruktur der jeweiligen Hochschule. Durchschnittlich werden 70 bis 90 Prozent der „facilities and administrative costs" („F&A costs") der Universitäten erstattet.

Großbritannien stand bis vor kurzem vor einer ähnlichen Situation wie Deutschland: die meisten Universitäten waren erheblich unterfinanziert und teilweise nicht mehr in der Lage, eine effiziente Forschung zu betreiben. Die britische Regierung kündigte in ihrem Investitionsplan für Wissenschaft und Innovation „Science and Innovation Investment Framework 2004-2014" an, die staatliche Forschungsförderung schrittweise auf eine Vollkostenförderung umstellen zu wollen. Auf diese Weise wird zurzeit „fresh money" in erheblicher Größenordnung ebenfalls kompetitiv und leistungsorientiert verteilt. Vom Prinzip her wie in den USA werden für jedes öffentlich geförderte Forschungsprojekt zusätzliche Mittel für die Deckung der indirekten Kosten gezahlt. Bislang wurden etwa 55 Prozent der Vollkosten der Forschung finanziert. Mit bis zu 200 Millionen Pfund zusätzlichen Geldes pro Jahr will man den Anteil stufenweise bis zum Jahr 2010 steigern, möglichst bis auf 100 Prozent der Vollkosten.

Auch die EU sieht die anteilige Erstattung von indirekten Kosten der Forschung vor. Das soeben ausgelaufene 6. Forschungsrahmenprogramm (2002 bis 2006) unterschied drei Kostenmodelle: FC (Full Cost), FCF (Full Cost Flat Rate) sowie AC (Additional Cost) mit unterschiedlichen Erstattungsmodalitäten auch für indirekte Kosten. Für öffentliche Einrichtungen, wie Universitäten, die über keine detaillierte Kostenrechnung verfügen, galt das AC-Modell. Danach wurden alle zusätzlich durch das Projekt entstandenen Kosten – die nicht durch andere Quellen abgedeckt sind – bis 100 Prozent erstattet, zuzüglich eines Zuschlags für indirekte Kosten von 20 Prozent auf alle direkten Kosten. Für das 7. Forschungsrahmenprogramm sind die Finanzierungsregeln modifiziert worden. Danach sollen direkte und indirekte Kosten nur noch zu 75 Prozent finanziert werden. Wenn für die Ermittlung der indirekten Kosten keine aussagefähige Kostenrechnung zur Verfügung steht, können bis zum

Vor dem Hintergrund stetig steigender Erwartungen an die Qualität der Forschung muss nicht nur jeder Antrag genauer Betrachtung standhalten. Auch die DFG muss über ihre Mittelverwendung Rechenschaft ablegen.

Ende des Jahres 2009 pauschal 60 Prozent der direkten Kosten als indirekte Kosten angesetzt werden. Ab 2010 soll die Pauschale für indirekte Kosten neu festgelegt werden, sie muss aber mindestens 40 Prozent betragen. Darüber hinaus erlauben die Beteiligungsregeln eine vereinfachte Methode zur Berechnung der indirekten Kosten. Für die Förderung des European Research Council (ERC), der ebenfalls Bestandteil des 7. Rahmenprogramms ist, gelten gesonderte Regeln. Hier sollen 100 Prozent der direkten Kosten erstattet werden zuzüglich einer Pauschale in Höhe von 20 Prozent für indirekte Kosten.

Im Gegensatz zu proporzorientierten Verteilungsmechanismen bieten die beschriebenen Verfahren der Erstattung projektspezifischer Kosten einen entscheidenden Vorteil: Über einen wettbewerblichen und leistungsorientierten Mechanismus wird sichergestellt, dass die finanziellen Aufwüchse dorthin fließen, wo exzellente Forschung angesiedelt ist.

Situation in Deutschland

Da die DFG als größte Forschungsförderorganisation in Deutschland für die Vergabe von Projektmitteln für die Grundlagenforschung verantwortlich zeichnet, ist es im vorgenannten Sinne besonders wirksam, den Einstieg in die Vollkostenfinanzierung über die anteilige, pauschale Erstattung von indirekten Projektausgaben bei der DFG vorzunehmen.

Im Rahmen der Exzellenzinitiative wurde ein erster Schritt unternommen, bei dem beschriebenen Problem des „zu Tode Siegens" Abhilfe zu schaffen: In allen drei Förderlinien der Exzellenzinitiative erhalten die Bewilligungsempfänger einen pauschalen Zuschlag von 20 Prozent zur Deckung der mit der Förderung verbundenen indirekten Ausgaben (Programmkosten). Aufgrund dieser Bestimmung der Bund-Länder-Vereinbarung über die Exzellenzinitiative können nunmehr auch solche Ausgaben anteilig ersetzt werden, die betriebswirtschaftlich betrachtet in dem von der DFG bewilligten Forschungsprojekt zentral und dezentral anfallen, aber diesem nicht unmittelbar und ausschließlich direkt zurechnungsfähig sind. Typische Beispiele solcher projektbezogenen, aber nicht direkt zurechnungsfähigen Ausgaben sind: zusätzliche Ausgaben der allgemeinen Verwaltung und Leitung, zusätzliche anteilige Ausgaben von im Projekt mitgenutzten Räumen und zentralen Einrichtungen wie Rechenzentren, Versuchstierhäusern, Bibliotheken, aber auch Softwarelizenzen, Werbungskosten oder Arbeitsplatzrechner.

Der gefundene Lösungsansatz kann die oben beschriebene Problematik zwar noch nicht in Gänze lösen, er hat jedoch Modellcharakter. Aus diesem Grunde wird er auf alle in Betracht kommenden Förderprogramme der DFG übertragen. Im Rahmen des Hochschulpaktes 2020 haben Bund und Länder neben der Finanzierung der aktuellen Herausforderungen in der Lehre auch die Einführung einer Programmpauschale für die DFG beschlossen. Dabei sollen nahezu alle von der Deutschen Forschungsgemeinschaft ab 2008 neu bewilligten Projekte ein Plus von 20 Prozent der Fördersumme erhalten. Die Verwendung der Mittel für Programmpauschalen wird sich an derjenigen der Exzellenzinitiative orientieren. Der Pauschalzuschlag dient danach „zur Deckung der mit der Projektförderung verbundenen indirekten Ausgaben". Dies wird weiter erläutert: „Dabei handelt es sich um Ausgaben, die bei betriebswirtschaftlicher Betrachtung durch die Exzellenzeinrichtung verursacht werden, aber dieser nicht unmittelbar und ausschließlich direkt zurechenbar sind." Während über die bewilligten Projektmittel für „direkte Ausgaben" wie bisher die beteiligten Wissenschaftler entscheiden, ist vorgesehen, dass über die Verwendung des Pauschalzuschlags die Hochschule, also in der Regel die Hochschulleitung, entscheidet. Aus Sicht der DFG ist es allerdings sehr wünschenswert, dass die jeweiligen Forschenden signifikant an diesen von ihnen eingeworbenen Mitteln partizipieren und zur Kompensation ihrer indirekten Kosten darauf zurückgreifen können.

Im Rahmen des Hochschulpaktes 2020 haben Bund und Länder neben der Finanzierung der aktuellen Herausforderungen in der Lehre auch die Einführung einer Programmpauschale für die DFG beschlossen. Dabei sollen nahezu alle von der Deutschen Forschungsgemeinschaft ab 2008 neu bewilligten Projekte ein Plus von 20 Prozent der Fördersumme erhalten.

Während für die Projektmittel (direkte Ausgaben) wie bisher ein detaillierter jährlicher Verwendungsnachweis vorzulegen ist, entfällt dies aufgrund der Förderform der Festbetragsfinanzierung für den Pauschalzuschlag (indirekte Ausgaben). Für die Rechtfertigung des Mitteleinsatzes für die Programmpauschale gegenüber den Steuerzahlern ist es dabei unabdingbar, dass die Hochschulen in der Lage sind, dezidierte Aussagen über die Höhe der mit Drittmittelprojekten verbundenen indirekten Ausgaben treffen zu können. Spätestens zu diesem Zweck ist eine funktionierende Kosten-Leistung-Rechnung vonnöten. Hier haben deutsche Hochschulen jedoch offensichtlich Nachholbedarf. Dies ist im Rahmen der Diskussion um die Umstellung auf die Vollkostenfinanzierung der Europäischen Kommission offenkundig geworden.

Auswirkungen und Implikationen

Durch die wettbewerbsorientierte Stärkung der Finanzkraft der Hochschulen wird es zu einer weiteren Ausdifferenzierung der Hochschullandschaft in Deutschland kommen. Diese ist bereits vor Jahren eingeleitet worden und wird sich so noch weiter fortsetzen. Forschungsstarke Universitäten mit internationaler Sichtbarkeit in ihrer ganzen Breite, solche mit einigen herausragenden Profilbereichen und exzellente Spartenuniversitäten werden die zukünftig differenzierte und vielfältige Hochschullandschaft prägen. Daneben wird es Hochschulen geben, die sich auf ihre Stärken in der Aus- und Weiterbildung oder die anwendungsnahe Forschung und Entwicklung konzentrieren. Für Hochschulen solcher Bundesländer, die bisher mit wenig zufriedenstellendem Erfolg am Wettbewerb um die DFG-Fördermittel teilnehmen, würden die zusätzlichen Bundesmittel den Anreiz erhöhen, ihre Anstrengungen zur Steigerung der Qualität der Forschungsleistung im föderalen Wettbewerb zu intensivieren. Durch die zunehmende Einführung der Vollkostenfinanzierung sollen die Hochschulen jedoch nicht aus der Pflicht gelassen werden, mit einer adäquaten Ausstattung die notwendigen Rahmenbedingungen für die Durchführung von Forschungsprojekten zu schaffen. Die Zahlung einer Pauschale für indirekte Ausgaben hebt die Aufgabenteilung zwischen der Universität und der DFG nicht auf, sie schafft nur veränderte Rahmenbedingungen.

Dabei sind die aktuellen Finanzierungsbedingungen an deutschen Hochschulen zu berücksichtigen. Die Organisation der Finanzierung an deutschen Hochschulen hat sich in den vergangenen Jahren stark verändert. Universitäten verfügen mittlerweile über globalisierte Haushalte oder zumindest deutlich flexiblere Bewirtschaftungsgrundsätze als in der Vergangenheit. Als Folge erhalten die Gremien der Universität größere Entscheidungsspielräume und mehr Verantwortung. Verbunden sind diese Entwicklungen oftmals mit Zielvereinbarungen und einer Ex-post-Kontrolle. Die Dezentralisierung und Flexibilisierung wird regelmäßig innerhalb der Universitäten fortgesetzt, indem große Teile der Mittel anhand von Vergabeschlüsseln an die Fachbereiche und von dort direkt an die Lehrstühle, Institute und sonstige Einrichtungen weitergereicht werden. Oftmals erfolgt die Verteilung anhand von Leistungskriterien wie Anzahl der Studienabschlüsse, Anzahl der Promotionen, Höhe der eingeworbenen Drittmittel usw. („leistungsorientierte Mittelzuteilung" oder „LOMZ").

Diese Entwicklung ist grundsätzlich sehr zu begrüßen, versetzt sie die Wissenschaftlerinnen und Wissenschaftler doch in die Lage, selbst über die sachgerechte Verwendung der Mittel zu entscheiden. Hinzu kommt, dass durch die Verwendung von leistungsorientierten Schlüsseln erfolgreiche Forscherinnen und Forscher gefördert werden und auf diese Weise zusätzliche Leistungsanreize und eine partielle Kompensation für zurückgehende Grundausstattung erhalten. Aus Sicht der DFG ist es grundsätzlich zu begrüßen, dass Wissenschaftler, die Mittel der DFG eingeworben haben und auf diese Weise einen Erfolgsnachweis ihrer Arbeit erbracht haben, im Rahmen der Mittelzuweisung „belohnt" werden.

Die an sich positiv zu bewertende LOMZ bringt in der konkreten Ausprägung in einigen Bundesländern und an einigen Universitäten auch bedenkliche Aspekte mit sich. Als Folge der umfassenden Verteilung der Mittel auf dezentrale Einrichtungen werden vielerorts zentrale Titel oder Fonds nur noch in sehr geringem Umfang gehalten. Auf diese Weise geht der Spielraum der Landesministerien und Hochschulen zurück, Mittel für die Etablierung neuer oder den Ausbau bestehender Forschungsschwerpunkte an Universitäten zu investieren.

Es ist aus Sicht der DFG zunehmend schwieriger zu erkennen, in welchem Umfang die für die Durchführung von geförderten Projekten notwendige universitätsseitige Ausstattung an den Universitäten zur Verfügung steht. Vertreter des Landes und der Hochschule verweisen immer häufiger darauf, dass sie aufgrund der Dezentralisierung der Mittel nicht über die erforderlichen Ressourcen verfügen, um die notwendigen Rahmenbedingungen aus zentralen Mitteln zu finanzieren. Beide Parteien ziehen sich darauf zurück, dass derartige Positionen aus den Mitteln der beteiligten dezentralen Einrichtungen zu zahlen sind. Die Wissenschaftler in den Lehrstühlen und Instituten wiederum argumentieren regelmäßig, dass sie für die Bereitstellung der notwendigen Infrastruktur zusätzliche Mittel benötigen.

Für die DFG ist in der Regel nicht im Detail nachvollziehbar, wie die Finanzierungsmöglichkeiten der beteiligten Parteien ausgestaltet sind; sie muss darauf vertrauen, dass die zugesagte Ausstattung – aus welcher Quelle auch immer – zur Verfügung steht. Die begrüßenswerte und auch von der DFG angeregte Einführung einer leistungsbezogenen Mittelvergabe entlastet die antragstellende Hochschule und letztlich auch das Land nicht von der Aufgabe, die erforderlichen Rahmenbedingungen zu sichern. Dies gilt auch dann, wenn die als notwendig beurteilten Verstärkungen der universitätsseitigen Ausstattung nicht allein über die eingeführten Mechanismen der universitätsinternen leistungsbezogenen Mittelvergabe erfüllt werden können, sondern einen weiter gehenden Einsatz der antragstellenden Hochschule beziehungsweise des Landes erfordern. Durch die Einführung der Programmkostenpauschale in den Programmen der DFG stehen den Hochschulen zusätzliche Mittel zur Verfügung, um dieser Verpflichtung nachzukommen.

Ausblick

Für die DFG als Projektförderer ist eine entscheidende Voraussetzung für den Einstieg in die Vollkostenfinanzierung, dass die dafür benötigten Mittel zusätzlich zu den Projektmitteln von Bund und Ländern zur Verfügung gestellt werden und nicht zulasten der bisherigen Förderung gehen. Diese Voraussetzung ist durch den Einsatz des Bundes bis zum Jahr 2010 erfüllt. Ein pauschaler Ersatz indirekter Projektausgaben ist eine so gravierende Änderung der Struktur der Forschungsfinanzierung, dass sie jedoch nur sinnvoll ist, wenn sie auf Dauer vorgenommen wird.

Eine Beteiligung der Länder an der Finanzierung der Programmkostenpauschale – neben deren Engagement im „Pakt für Forschung und Innovation" und in der Exzellenzinitiative – erscheint zurzeit ausgeschlossen. Würde man die zusätzlichen Mittel des Bundes in die einheitliche gemeinsame Zuwendung von Bund und Ländern einrechnen, würde sich der Bundesanteil an der gemeinsamen Finanzierung der DFG auf knapp 70 Prozent und in den Folgejahren wahrscheinlich durch die Übernahme der Exzellenzinitiative in die einheitliche gemeinsame Zuwendung nochmals erhöhen. Dies wäre aus Sicht der DFG kein gutes Zeichen für die Bedeutung der Länder bei der Finanzierung der DFG. Aus diesem Grunde ist es aus Sicht der DFG zu begrüßen, dass die Mittel für die Pauschalzuschläge als Bundes-Sonderzahlung ausgewiesen sind.

Nach einer Einführungsphase der Vollkostenfinanzierung sollte auch der zunächst festgesetzte 20-Prozent-Anteil für die Erstattung indirekter Ausgaben auf den Prüfstand gestellt werden. Zwar steckt die Kostenrechnung der Hochschulen in Deutschland, die verlässliche Zahlen liefern könnte, noch in den Kinderschuhen, doch zeigen zumindest die verfügbaren Zahlen aus Deutschland und die Erfahrungen im Ausland, dass die indirekten Ausgaben in der Regel einen höheren Prozentsatz ausmachen. Eine Erhöhung auf durchschnittlich 40 Prozent ist deshalb mittelfristig anzustreben. Spätestens mit einem solchen Schritt in Richtung Vollkostenfinanzierung wäre die bisherige Unterscheidung von Grund- und Ergänzungsausstattung praktisch infrage gestellt; eine Anpassung der entsprechenden Rechtsgrundlagen müsste dann diskutiert werden.

Die DFG-Förderprogramme: Finanzielle Entwicklung

Der Antragsdruck ist in allen Förderverfahren der DFG hoch und wird im Planungszeitraum angesichts der weiterhin zunehmenden strukturellen Unterfinanzierung der Hochschulen hoch bleiben. Bewilligungsquoten von derzeit um 20 bis 40 Prozent je nach betrachtetem Förderverfahren und Antragszeitraum werden der hohen wissenschaftlichen Qualität der Anträge nicht gerecht; sie sind allein Folge der Knappheit der der DFG zur Verfügung stehenden Fördermittel.

Ausgangslage

In den Jahren 2002 bis 2006 haben sich die Gesamtausgaben der DFG wie folgt entwickelt (Beträge in Millionen Euro):

	2002	2003	2004	2005	2006
Verwaltungsausgaben	44,9	46,0	48,7	48,1	50,1
Allgemeine Forschungsförderung	728,2	745,3	740,2	749,3	767,0
Sonderforschungsbereiche	353,4	361,6	359,9	383,5	391,6
Emmy Noether-Programm	21,3	28,5	33,3	35,1	36,9
Leibniz-Programm	13,0	12,4	15,1	15,0	13,1
Graduiertenkollegs	65,6	67,3	72,4	79,8	87,2
DFG-Forschungszentren	16,7	23,8	28,0	27,0	31,2
Sonderfinanzierte Förderungen, Exzellenzinitiative	17,2	12,0	10,4	12,6	32,6
Gesamtausgaben:	1260,3	1296,9	1308,0	1350,4	1409,7

Die DFG hat seit vielen Jahren die ihr von Bund und Ländern einheitlich und gemeinsam zur Verfügung gestellte Zuwendung ohne Haushaltsreste für ihren Satzungsauftrag ausgegeben, und zwar bei kompromissloser Qualitätsorientierung in ihren Förderentscheidungen und größtmöglicher Freiheit für die Wissenschaftlerinnen und Wissenschaftler in der finanziellen Abwicklung der geförderten Projekte.

So ist die DFG eingebunden in den „Pakt für Forschung und Innovation", in dem Bund und Länder zusagen, sich für die nächsten Jahre um Haushaltszuwächse von jährlich 3 Prozent für die Wissenschaftsorganisationen zu bemühen. Der Forschungsteil des zwischen Bund und Ländern beschlossenen „Pakts für Hochschulen 2020" besteht aus der schrittweisen Einführung einer 20-prozentigen Pauschale zum Ersatz indirekter Projektausgaben in allen Förderverfahren der DFG durch eine im Planungszeitraum von 100 Millionen Euro im Jahr 2007 auf 297 Millionen Euro im Jahr 2011 aufwachsende Sonderfinanzierung des Bundes.

Die DFG leistet damit auch einen substanziellen Beitrag zu den Anstrengungen des Bundes und der Länder, das von den Wissenschaftsministern der EU-Mitgliedsstaaten in Lissabon vereinbarte Ziel einer Steigerung der Ausgaben für Forschung und Entwicklung auf 3 Prozent des Bruttoinlandsprodukts bis zum Jahr 2010 zu erreichen.

Geplanter Mittelbedarf 2008 bis 2011

Zweckbestimmung	nachrichtlich: 2007			2008		
	Ansatz	Programm-pauschalen	Gesamt-ansatz	Ansatz	Programm-pauschalen	Gesamt-ansatz
Allgemeine Forschungsförderung	802 351	0	802 351	827 610	33 080	860 690
Förderung von Sonderforschungsbereichen	387 920	77 584	465 504	403 435	79 911	483 346
Emmy Noether-Programm	48 410	0	48 410	42 000	2 000	44 000
Leibniz-Programm	15 300	0	15 300	15 759	612	16 371
Förderung von Graduiertenkollegs	81 370	16 274	97 644	88 775	16 762	105 537
Förderung von DFG-Forschungszentren	31 930	6 386	38 316	31 930	6 578	38 508
Summe Förderhaushalt A	**1 367 281**	**100 244**	**1 467 525**	**1 409 509**	**138 943**	**1 548 452**
Großgeräteförderung nach GWK-Abkommen	85 000	0	85 000	85 000	0	85 000
Exzellenzinitiative	378 922	*	378 922	379 549	*	379 549
Sonstige zweckgebundene Zuwendungen	15 350	0	15 350	21 174	0	21 174
Summe Förderhaushalt B	**479 272**	**0**	**479 272**	**485 723**	**0**	**485 723**
Gesamtförderhaushalt	**1 846 553**	**100 244**	**1 946 797**	**1 895 232**	**138 943**	**2 034 175**

*Programmpauschale im Ansatz enthalten.

Der Pakt für Forschung und Innovation und der Pakt für Hochschulen 2020 geben der DFG dringend erforderliche Planungssicherheit, um die von moderner Grundlagenforschung benötigten mehrjährigen Förderzusagen aussprechen zu können, obwohl sie selbst der Jährlichkeit der Haushalte von Bund und Ländern unterliegt.

Der fachliche Bedarf geht jedoch teilweise deutlich über diese von Bund und Ländern politisch vereinbarten und hoffentlich weiterhin verlässlichen Zuwächse hinaus.

DFG-Förder-programme

Allgemeine Forschungsförderung

Normalverfahren: Das Einzelverfahren ist das grundlegende Förderverfahren der DFG. Nicht nur ermöglichen es die Freiheit und Flexibilität in diesem Verfahren, neue risikoreiche Ideen und Kooperationen zu realisieren; in den Vorhaben der Einzelförderung wird ein großer Teil der Promovierenden und Postdocs beschäftigt und herangebildet, die die nächste Forschergeneration bilden werden. Damit die Einzelförderung eine substanzielle Säule der Förderung bleibt, soll sie durch neue Module gestärkt und attraktiver gemacht werden, die insbesondere darauf abzielen, die personelle Basis der Grundlagenforschung in Deutschland zu stärken und den Forschungsstandort zu stützen.

	2009			2010			2011	
Ansatz	Programm-pauschalen	Gesamt-ansatz	Ansatz	Programm-pauschalen	Gesamt-ansatz	Ansatz	Programm-pauschalen	Gesamt-ansatz
852 438	93 624	946 062	878 011	137 814	1 015 825	904 352	171 182	1 075 534
415 538	82 309	497 847	428 004	84 778	512 782	440 844	87 321	528 165
43 260	5 656	48 916	44 558	8 321	52 879	45 895	10 466	56 361
16 232	1 224	17 456	16 719	1 836	18 555	17 220	2 484	19 704
91 438	17 265	108 703	94 181	17 783	111 964	97 007	18 316	115 323
32 888	6 775	39 663	33 875	6 978	40 853	34 891	7 188	42 079
1 451 794	**206 853**	**1 658 647**	**1 495 348**	**257 510**	**1 752 858**	**1 540 209**	**296 957**	**1 837 166**
85 000	0	85 000	85 000	0	85 000	85 000	0	85 000
379 406	*	379 406	379 406	*	379 406	379 406	*	379 406
21 174	0	21 174	21 174	0	21 174	21 174	0	21 174
485 580	**0**	**485 580**	**485 580**	**0**	**485 580**	**485 580**	**0**	**485 580**
1 937 374	**206 853**	**2 144 227**	**1 980 928**	**257 510**	**2 238 438**	**2 025 789**	**296 957**	**2 322 746**

Ein jährlicher Zuwachs von 5 Prozent, der zu einem guten Teil für die Module „Merit Grant" und „Senior-Programm" sowie für eine stark zunehmende Zahl internationaler Kooperationen (zum Beispiel im Rahmen der ERA-Net oder EUROCORES-Programme oder für Kooperationsprojekte im Rahmen bilateraler Ausschreibungen) eingesetzt werden kann, aber auch, um die Bewilligungsquote, die derzeit bei zirka 35 Prozent liegt, auf zirka 40 Prozent zu erhöhen, erscheint daher angemessen.

Forschergruppen: Forschergruppen bieten die Möglichkeit der fachlichen Akzentsetzung und der selbst-initiierten, meist interdisziplinären Zusammenarbeit. Seit der Neugestaltung des Programms hat die Nachfrage zugenommen – die Zahl der Forschergruppen ist im Jahr 2006 um etwa 10 Prozent gestiegen. Mit einem weiteren Anstieg der Zahl und einer Vergrößerung des Volumens bei weiter gefächerten, immer häufiger auch internationalen Kooperationen ist zu rechnen. Ein jährlicher Zuwachs von 5 Prozent erscheint daher bedarfsgerecht.

Schwerpunktprogramme: Nach der Neugestaltung des Programms ist die Zahl der Schwerpunktprogramme zunächst deutlich zurückgegangen. Angesichts der auch strategischen Bedeutung des Programms ist aber im Planungszeitraum wieder mit einer Zunahme der Anträge zu rechnen. Um mittelfristig jährlich etwa 20 Schwerpunktprogramme einrichten zu können (derzeit: 15 bis 16), ist ein jährlicher Zuwachs von 5 Prozent notwendig.

Wissenschaftliche Literaturversorgung und Informationssysteme: Die grundlegende Umgestaltung der wissenschaftlichen Publikations- und Kommunikationsformen im Zuge des weiteren Vordringens elektronischer Medien wird sich im Planungszeitraum weiter beschleunigen. Wesentliche Faktoren sind die zunehmende internationale Vernetzung digitaler Informationssysteme, die Organisation von Forschungszusammenhängen in netzbasierten Virtuellen Forschungsumgebungen und die Erweiterung der bisher noch weitgehend textzentrierten Publikation und Kommunikation durch die Einbeziehung von Forschungsprimärdaten und Werkzeugen zur Datenauswertung und -visualisierung. Diese Entwicklungen erfordern den kontinuierlichen Ausbau der finanziellen Unterstützung für forschungsprojektbezogene Informations-Infrastrukturen durch die DFG.

Der DFG-Ausschuss für Wissenschaftliche Bibliotheken und Informationssysteme hat im Rahmen seines Positionspapiers „Wissenschaftliche Literaturversorgungs- und Informationssysteme – Schwerpunkte der Förderung bis 2015" ein detailliertes Maßnahmepaket hierzu vorgelegt. (▶ S. 182) Förderschwerpunkte sind die Digitalisierung wissenschaftlicher Literatur, die gemeinsame Lizenzierung elektronischer Verlagspublikationen mit nationalen und internationalen Partnerorganisationen sowie der Aufbau von Infrastrukturen für Open-Access-Publikationssysteme, netzbasierte Virtuelle Forschungsumgebungen und Informationssysteme für Forschungsprimärdaten.

Der Finanzierungsplan für dieses Prioritätsprogramm weist für die Jahre 2008 bis 2012 einen zusätzlichen Förderbedarf von insgesamt rund 250 Millionen Euro aus. Die DFG hat die Bereitschaft zur Übernahme eines Finanzierungsanteils von rund 50 Prozent erklärt. Der Förderbedarf der DFG für wissenschaftliche Informationsinfrastrukturen in den Jahren 2008 bis 2011 ergibt sich damit aus einem Sockelbetrag in Höhe von jährlich 30,6 Millionen Euro plus dem hälftigen DFG-Beitrag zur Finanzierung des Prioritätsprogramms, zusammen zirka 52 Millionen Euro im Jahr 2008, zirka 56 Millionen Euro im Jahr 2009 und je zirka 57 Millionen Euro in den Jahren 2009 und 2010.

Sonderforschungsbereiche

Im Jahr 2006 wurden insgesamt 279 Sonderforschungsbereiche gefördert, und 391,6 Millionen Euro wurden dafür verausgabt. Die Zahl der Sonderforschungsbereiche wurde damit von fast 300 im Jahr 2001 deutlich reduziert. Gleichzeitig stieg die durchschnittliche Bewilligungssumme pro Sonderforschungsbereich und Jahr von 1,15 Millionen Euro in 2001 auf 1,51 Millionen Euro in 2006. Diese Entwicklung folgt einer Grundsatzentscheidung des Senatsausschusses für die Angelegenheiten der Sonderforschungsbereiche, nach der eine konkurrenzfähige Ausstattung der Projekte (Tiefenwachstum) auch um den Preis der Ablehnung sehr guter Vorhaben höhere Priorität hat als die Förderung einer größeren Anzahl (Breitenwachstum). In den letzten Jahren lagen die Ausgaben für Sonderforschungsbereiche systematisch über den Ansätzen im Wirtschaftsplan und konnten nur durch Umschichtungen aus anderen Programmen realisiert werden. Gleichzeitig lag der Anteil der Ablehnungen sehr guter, vor Ort von den Prüfungsgruppen zur Förderung empfohlener Einrichtungs- und Fortsetzungsanträge besonders hoch.

DFG-Förder-programme

Eine stabile bedarfsgerechte Programmentwicklung erfordert die Einrichtung von mindestens 20 neuen Sonderforschungsbereichen pro Jahr. Erheblicher zusätzlicher Bedarf kann sich aus der durch die Exzellenzinitiative ausgelösten Aufbruchstimmung an den Universitäten ergeben, die zu noch wesentlich mehr guten Anträgen führen könnte. Eine ganze Reihe weiterer Entwicklungen führt dazu, für das Programm Sonderforschungsbereiche in den Jahren 2007 bis 2011 eine deutliche Erhöhung der Mittel vorzusehen. Das Tiefenwachstum der Projekte wird mit dem Jahr 2006 kein Ende erreicht haben.

Die DFG erwartet von Sonderforschungsbereichen Beiträge zur Vermittlung ihrer Forschung in der Öffentlichkeit und will solche Aktivitäten verstärkt unterstützen. Seit Kurzem besteht die Möglichkeit, mit integrierten Graduiertenkollegs in Sonderforschungsbereichen die wissenschaftliche Eigenständigkeit und Weiterqualifizierung von Promovenden gezielt zu unterstützen. Die Einrichtung eines integrierten Graduiertenkollegs soll zum Regelfall werden, sofern am Ort nicht strukturierte Doktorandenprogramme etabliert sind, in die die Doktorandinnen und Doktoranden des Sonderforschungsbereichs eingebunden sind. Die DFG beabsichtigt, verstärkt Maßnahmen zur Förderung der Chancengleichheit von Wissenschaftlerinnen und Wissenschaftlern zu unterstützen, und auch dabei kommt den Sonderforschungsbereichen eine besondere Verantwortung zu. Dem Aufbau und der Pflege von Informationsinfrastruktur wird aufgrund des Wandels im Umgang mit wissenschaftlichen Daten besondere Aufmerksamkeit gelten. Parallel dazu muss dafür Sorge getragen werden, dass die apparative Ausstattung in Sonderforschungsbereichen ständig dem neuesten Stand entspricht. In der Summe ergibt sich ein Finanzierungsbedarf, dem bei einer jährlichen Steigerung des Haushalts für das Programm Sonderforschungsbereiche von 5 Prozent pro Jahr knapp entsprochen würde.

Graduiertenkollegs

Zum Stichtag 31.Dezember 2006 waren insgesamt 262 Graduiertenkollegs in der Förderung, davon 52 Internationale Graduiertenkollegs (IGK). In den letzten drei Jahren hat sich die Zahl der eingereichten Neuanträge insgesamt verdreifacht:

Perspektiven der Finanzierung

Waren es Anfang der 2000er-Jahre noch rund 70 Anträge, stieg die Zahl im Jahr 2004 auf 136, und im Jahr 2005 waren bereits 205 Anträge zu entscheiden. In der Folge sank die Bewilligungsquote für Neuanträge von 45 Prozent im Jahr 2003 auf 29 Prozent im Jahr 2005, obwohl der Programmhaushalt schrittweise von 67 Millionen Euro im Jahr 2003 auf 79 Millionen Euro im Jahr 2006 angehoben worden ist. Es ist zu erwarten, dass die Antragszahlen weiterhin sehr hoch bleiben – auch die durch die Exzellenzinitiative ausgelöste Aufbruchstimmung wird vermutlich zu einem bleibenden Antragsdruck führen.

Die Bewilligungssummen der letzten Jahre lagen deutlich über dem Titelansatz und waren nur durch Umschichtung der Mittel aus anderen Programmen bedienbar. Daher kann eine nur 3-prozentige Steigerung des Ansatzes den jetzt schon höheren Bedarf nicht befriedigen. Hingegen würde eine 5-prozentige Steigerung eine realistische Bewilligungsquote der Neueinrichtungen von 40 Prozent erlauben und Spielraum für innovative Programmideen ermöglichen (zum Beispiel weitere Modularisierung des Programms nach dem Muster der in Sonderforschungsbereichen integrierten Graduiertenkollegs, Kooperation mit der Industrie).

Die derzeitige Programmplanung von 230 bis 240 kontinuierlich in der Förderung befindlichen Graduiertenkollegs berücksichtigt jedoch nicht ausreichend die erwünschte und systematisch ausgebaute Internationalisierung des Programms. Zum einen sollen die Graduiertenkollegs den Promovenden Auslandskontakte und Auslandsaufenthalte verstärkt anbieten, zum anderen steigt insbesondere das Interesse an der kostenintensiveren Programmvariante der IGK sprunghaft an.

Unter Berücksichtigung, dass die durchschnittliche Bewilligungssumme für ein IGK bei zirka 500 000 Euro liegt (Graduiertenkolleg: 420 000 Euro), würde eine 5-prozentige Steigerung des Ansatzes eine Anzahl von Neueinrichtungen bei den IGK von zirka 20 bis 24 pro Jahr (2008 bis 2010) und damit einem Anteil der IGK von rund 60 Prozent erlauben. Die Anzahl der pro Jahr eingerichteten Kollegs läge damit insgesamt bei rund 40 pro Jahr bei einer Bewilligungsquote von 40 Prozent. Absehbare Mehrbedarfe ergeben sich ferner aus notwendigen familienpolitischen Maßnahmen (Verlängerung der Förderdauer der Stipendiaten nach Geburt eines Kindes und erhöhte Familienzuschläge).

Emmy Noether-Programm

Das von der DFG im Jahr 1999 eingeführte Emmy Noether-Programm ist ein höchst erfolgreiches Exzellenzprogramm der Nachwuchsförderung, nach dem weiterhin hohe Nachfrage besteht. Seit Bestehen des Programms konnten insgesamt 407 Nachwuchsgruppen bewilligt werden, 55 davon im Jahr 2006. Das Programm hat damit den Stand seines Voll-Ausbaus erreicht, der mit jährlich 3-prozentigen Zuwächsen gehalten werden kann.

DFG-Forschungszentren

DFG-Forschungszentren ermöglichen die Bündelung wissenschaftlicher Kompetenz auf besonders innovativen Forschungsgebieten und bilden in den Hochschulen zeitlich befristete Forschungsschwerpunkte mit internationaler Sichtbarkeit. Derzeit fördert die DFG sechs Forschungszentren; drei davon sind als Ergebnis einer themenoffenen und drei als Ergebnis einer thematischen Ausschreibung eingerichtet worden.

DFG-Förder-programme

Für die im Rahmen der Exzellenzinitiative geförderten Exzellenzcluster kam den DFG-Forschungszentren die Rolle eines Prototyps zu. Zudem hat das Forschungszentren-Programm demonstriert, dass es lohnend und erfolgbringend ist, die sogenannte Versäulung der deutschen Wissenschaft aufzubrechen und universitäre mit außeruniversitären Einrichtungen eng zusammenzuführen.

Die Umsetzung der Exzellenzinitiative und die Einrichtung von etwa 30 Exzellenzclustern in den Jahren 2006 und 2007 hat zunächst zu einem Moratorium beim Ausbau des Programms geführt. Ein weiterer bedarfsgerechter Ausbau im Rahmen von thematischen Ausschreibungen ist jedoch vorgesehen und erforderlich. Mit dem Programm hat die DFG die Möglichkeit, zeitnah bedeutsame und aktuelle Themen, die der Förderung in größerem Rahmen bedürfen, aufzugreifen. Dieses bewährte und erfolgreiche Instrument soll weiterhin genutzt werden, um auch zukünftig die Forschung zu wissenschaftlich und gesellschaftlich hochrelevanten und drängenden Themen gezielt fördern zu können.

Die DFG-Forschungszentren werden derzeit mit durchschnittlich etwa 5,3 Millionen Euro pro Jahr gefördert. Eine inflationsbedingte Anpassung der Fördersumme auf durchschnittlich 6 Millionen Euro pro Jahr erscheint bei einer Fortsetzung der laufenden Zentren angezeigt. Bei neu einzurichtenden DFG-Forschungszentren wird eine Angleichung an die Fördersumme der Exzellenzcluster von etwa 6,5 Millionen Euro pro Jahr angestrebt.

Großgeräteförderung nach dem GWK-Abkommen

Für die von der DFG seit dem 1. Januar 2007 übernommene Förderung von Forschungsgroßgeräten nach Art. 3 Abs. 2 des Verwaltungsabkommens zwischen Bund und Ländern über die Einrichtung einer Gemeinsamen Wissenschaftskonferenz (GWK-Abkommen) als Teil der HBFG-Nachfolgeregelungen zwischen Bund und Ländern sind im Planungszeitraum jährlich 85 Millionen Euro als Bundesanteil vorgesehen. Diese Zahl beruht auf einer Schätzung auf der Basis von HBFG-Anmeldungen der letzten Jahre und soll Ende des Jahres 2007 überprüft werden. Bislang liegen noch keine Hinweise auf einen solchen Anpassungsbedarf vor; daher wird der Ansatz zunächst fortgeschrieben.

Exzellenzinitiative

Für die Exzellenzinitiative sind in den Jahren 2006 bis 2011 insgesamt 1,9 Milliarden Euro von Bund (75 Prozent) und Ländern (jeweils bilateral 25 Prozent) zur Verfügung gestellt worden.

Diese Mittel der Exzellenzinitiative werden durch die im Oktober 2006 ausgesprochenen Bewilligungen und die Bewilligungen, die den Ausschussentscheidungen im Oktober 2007 folgen werden, für die drei Förderlinien des Programms (Graduiertenschulen, Exzellenzcluster und Zukunftskonzepte) festgelegt sein.

Um die Aufbruchstimmung, die mit diesem Programm einhergeht, zu erhalten und die Nachhaltigkeit zu sichern, aber auch, um den Wettbewerb zwischen den Universitäten aufrechtzuerhalten, wird zur Zeit über eine Verstetigung der Exzellenzinitiative über den jetzigen Förderzeitraum hinaus nachgedacht. Signale aus Bund und Ländern erscheinen vielversprechend.

Die Gemeinsame Kommission ist gebeten, im Jahr 2008 einen Bericht zum Programm Exzellenzinitiative vorzulegen. Aus Sicht der DFG erscheint es sinnvoll, die Verstetigung der Exzellenzinitiative so zu organisieren, dass kontinuierlich neue Exzellenzeinrichtungen eingerichtet und laufende Exzellenzeinrichtungen bei fehlendem Nachweis von wissenschaftlicher Qualität bei der Zwischenevaluierung auch schon nach fünf Jahren beendet werden können.

Dazu wäre es sehr wünschenswert, die Mittel des Programms zu gegebener Zeit signifikant aufzustocken. Dies würde eine Verstetigung des Wett-

Fachlicher Mittelbedarf 2008 bis 2011

Zweckbestimmung	nachrichtlich: 2007			2008		
	Ansatz	Programm-pauschalen	Gesamt-ansatz	Ansatz	Programm-pauschalen	Gesamt-ansatz
Allgemeine Forschungsförderung	802 351	0	802 351	844 799	33 792	878 591
Förderung von Sonderforschungsbereichen	387 920	77 584	465 504	411 270	82 254	493 524
Emmy Noether-Programm	48 410	0	48 410	42 000	2 000	44 000
Leibniz-Programm	15 300	0	15 300	15 759	612	16 371
Förderung von Graduiertenkollegs	81 370	16 274	97 644	90 500	16 762	107 262
Förderung von DFG-Forschungszentren	31 930	6 386	38 316	32 550	6 510	39 060
Summe Förderhaushalt A	**1 367 281**	**100 244**	**1 467 525**	**1 436 878**	**141 930**	**1 578 808**
Großgeräteförderung nach GWK-Abkommen	85 000	0	85 000	85 000	0	85 000
Exzellenzinitiative	378 922	*	378 922	379 549	*	379 549
Sonstige zweckgebundene Zuwendungen	15 350	0	15 350	21 174	0	21 174
Summe Förderhaushalt B	**479 272**	**0**	**479 272**	**485 723**	**0**	**485 723**
Gesamtförderhaushalt	**1 846 553**	**100 244**	**1 946 797**	**1 922 601**	**141 930**	**2 064 531**

*Programmpauschale im Ansatz enthalten.

bewerbs ermöglichen, die langfristig dazu führt, dass turnusmäßig 10 bis 20 Prozent der geförderten Maßnahmen erneuert werden könnten und somit ein „Steady State" erreicht wird. Eine solche Steigerung erlaubt es, bis zur ersten Begutachtung im Jahr 2010 weitere Vorhaben einzurichten, sodass mit den Einsparungen durch die möglicherweise nicht erfolgreichen geförderten Projekte der ersten Runde eine Verfügungsmasse für Neubewilligungen zur Verfügung stünde, die Austausch und Wettbewerb im oben beschriebenen Sinne garantiert.

Gesamtfinanzierungsbedarf

Aus diesen fachlichen Bedarfen ergibt sich ein Gesamtfinanzierungsbedarf des DFG-Förderhaushalts der unten stehender Tabelle zu entnehmen ist.

Angesichts der evidenten Bedeutung, die der Kontinuität und Verlässlichkeit der Zuwendungen in einer solch anspruchsvollen Planung zukommen, begrüßt die DFG die Überlegungen von Bund und Ländern, mit einer Fortsetzung des Paktes für Forschung und Innovation auch weiterhin stabile Bedingungen für die Arbeit der DFG zu gewährleisten.

	2009			2010			2011		
	Ansatz	Programm-pauschalen	Gesamt-ansatz	Ansatz	Programm-pauschalen	Gesamt-ansatz	Ansatz	Programm-pauschalen	Gesamt-ansatz
	883 672	96 172	979 844	922 680	142 772	1 065 452	971 389	181 574	1 152 963
	431 834	86 367	518 201	453 425	90 685	544 110	476 096	95 219	571 315
	43 260	5 656	48 916	44 558	8 321	52 879	45 895	10 466	56 361
	16 232	1 224	17 456	16 719	1 836	18 555	17 220	2 484	19 704
	95 025	17 265	112 290	99 776	17 783	117 559	104 765	18 316	123 081
	38 700	7 740	46 440	47 000	9 400	56 400	48 000	9 600	57 600
	1 508 723	**214 424**	**1 723 147**	**1 584 159**	**270 797**	**1 854 956**	**1 663 365**	**317 659**	**1 981 024**
	85 000	0	85 000	85 000	0	85 000	85 000	0	85 000
	379 549	*	379 549	379 549	*	379 549	379 549	*	379 549
	21 174	0	21 174	21 174	0	21 174	21 174	0	21 174
	485 723	**0**	**485 723**	**485 723**	**0**	**485 723**	**485 723**	**0**	**485 723**
	1 994 446	**214 424**	**2 208 870**	**2 069 882**	**270 797**	**2 340 679**	**2 149 088**	**317 659**	**2 466 747**

Geschäftsstelle
der DFG

Personalbedarf der Geschäftsstelle

Das stetig steigende Interesse der Forschungseinrichtungen an qualitäts-orientiert vergebenen Drittmitteln und die Anforderungen eines zunehmend komplexeren nationalen und internationalen Wettbewerbs machen es unabdingbar, Antragsteller, Gutachter und Gremien der DFG durch eine professionell arbeitende Geschäftsstelle zu unterstützen. Die Satzung der DFG hat dabei die Rolle der Geschäftsstelle im Verhältnis zum Ehrenamt klar definiert und auf diese Weise den Gedanken der wissenschaftlichen Selbstverwaltung noch einmal unterstrichen: Als „operativer Arm" des Präsidiums und Vorbereiterin des Begutachtungsprozesses kommt der Geschäftsstelle eine rein dienende Funktion zu. Sie kann diese Aufgabe allerdings nur wirkungsvoll erfüllen, wenn ihr die entsprechenden personellen Ressourcen zur Verfügung stehen. Zwar ist der Stellenbedarf inzwischen weitgehend konsolidiert, da es die Zuwendungsgeber der DFG ermöglicht haben, die Wertigkeiten des Stellenplans auf insgesamt bis zu 25 Prozent zu überschreiten. Gleichwohl steht die Geschäftsstelle vor neuen Herausforderungen, denen die Personalbewirtschaftung Rechnung tragen muss.

Nationale und internationale Herausforderungen

Im Jahr 2005 sind auf die DFG-Geschäftsstelle durch die von Bund und Ländern initiierte und auf fünf Jahre angelegte Exzellenzinitiative erhebliche neue Anforderungen zugekommen. Der DFG wurden für diese Aufgabe 29 Stellen an zusätzlichem Personal befristet für die Dauer der Initiative zur Verfügung gestellt. Sollte die Exzellenzinitiative nach Ablauf der fünf Jahre verstetigt werden, müssten der DFG diese Personalstellen auf Dauer zuwachsen, da eine weitere Befristung aus tarifrechtlichen Gründen nicht möglich ist.

Die internationale wissenschaftliche Zusammenarbeit hat seit der Jahrtausendwende noch einmal erheblich an Bedeutung gewonnen. (▶ S. 19 ff., 152 ff., 194 ff.) Mit der Eröffnung des Verbindungsbüros in New Delhi 2006 wurde die Gründung von Auslandsrepräsentanzen weitergeführt. Für die Leitung des Chinesisch-Deutschen Zentrums in Beijing und die Verbindungsbüros in Washington, Moskau und New Delhi wurden der DFG die notwendigen neuen Stellen vom Hauptausschuss bewilligt. In Zusammenhang mit der Gründung des European Research Council (ERC) kann die DFG auf eine begrenzte Zahl von Stellen als Ersatz für die Abordnung von Mitarbeitern zurückgreifen.

Geschäftsstelle der DFG

Die Besetzung der Außenstellen erfolgt mit Mitarbeiterinnen und Mitarbeitern der Geschäftsstelle, die für zumeist zwei bis drei Jahre an die Außenstellen abgeordnet werden. Eine solche Fluktuation ist im Sinne einer hinreichenden Anbindung an das „Mutterhaus" unabdingbar. Eine Nachfrage nach Personal aus der Geschäftsstelle als Ideengeber oder auch „Nothelfer" erfolgt aber auch aus einer Vielzahl von vorzugsweise ausländischen Wissenschaftseinrichtungen, wie der European Science Foundation, dem ERC und außeruniversitären Forschungseinrichtungen. Diese Abordnungen reißen ebenso wie elternzeitbedingte Ausfälle Lücken in den Bestand des Personals, die mangels Vorhandensein entsprechender Stellen nur befristet gefüllt werden können. Um hier beweglicher reagieren zu können, wird die DFG die Instrumente ihrer Personalbewirtschaftung ausbauen müssen, um die Kurzatmigkeit personeller Einzelmaßnahmen ausgleichen zu können.

Organisatorische Veränderungen

Organisatorische Veränderungen haben in der Geschäftsstelle dazu geführt, die im Rahmen einer externen Systemevaluation von der DFG geforderten stärkeren strategischen, interdisziplinären und internationalen Aufgaben besser wahrnehmen zu können. Besonders die Einsetzung von Gruppenleitern mit definierten Führungsaufgaben und die Reform des Begutachtungswesens durch die Einführung der Fachkollegien haben zu einer stärkeren Verantwortung der Programmdirektoren über alle Verfahren hinweg geführt. Durch die Einführung der elektronischen Antragsbearbeitung konnten zudem qualitätssichernde Arbeiten der Antragsbearbeitung verstärkt auf die Sachbearbeiter delegiert werden. Die dadurch geschaffenen Freiräume wurden konsequent zu strategischen sowie stärker interdisziplinären und international vernetzten Aktivitäten genutzt.

Seit 1. September 2007 ist die Juristin Dorothee Dzwonek Generalsekretärin der DFG.

Der zunehmende Einsatz IT-gestützter Anwendungen und die Planungen, die elektronische Antragsbearbeitung auf Gutachter und Antragsteller auszudehnen, werden in der Geschäftsstelle zu Veränderungen und zu einer weiteren Verbesserung in der Antragsbearbeitung führen. Insgesamt ist unter dem Aspekt der veränderten Aufgaben für die DFG zwar überschaubar zusätzliches, deutlich aber zunehmend qualifiziertes Personal notwendig geworden, das über entsprechende Erfahrungen verfügt und die gewachsene Verantwortung übernehmen kann. Die Gewinnung entsprechenden Personals wird durch den seit dem 1. Oktober 2005 geltenden neuen Tarifvertrag für den öffentlichen Dienst (TVöD) beziehungsweise die entsprechenden Tarifverträge für die Länder (TV-L) deutlich erschwert. Bereits nach wenigen Monaten zeichnete sich ab, dass die DFG in vielen Bereichen (zum Beispiel Physiker, Ingenieure) gegenüber der Wirtschaft nicht mehr konkurrenzfähig ist, da das abgesenkte Eingangsentgelt und der Wegfall der Spitzenvergütung BAT I den öffentlichen Dienst unattraktiv gemacht haben. Aus diesem Grund ist es für die Geschäftsstelle essenziell, dass ein für die Gewinnung und Haltung von Personal geeignetes Zulagensystem auch auf alle Mitarbeiterinnen und Mitarbeiter der DFG Anwendung findet. Die hohen Qualitätsstandards, die der Arbeit der Geschäftsstelle in ihrer Gesamtheit eigen sind, sind Ergebnis des Zusammenwirkens der Mitarbeiterinnen und Mitarbeiter des gesamten Hauses.

*Personal-
bedarf*

Wissenschaftsmanagement

In der deutschen Wissenschaftslandschaft setzt sich die Überzeugung durch, dass die Leitungen von Hochschulen und die Verantwortlichen in außeruniversitären Forschungseinrichtungen ein Expertenwissen benötigen, das über das herkömmliche Verwaltungshandeln hinausgeht. Die Gründe für ein systematisches Wissenschaftsmanagement liegen in den geänderten Rahmenbedingungen von Wissenschaft und Forschung (Internationalität, Interdisziplinarität, Ressourcenknappheit). Sie haben gravierende Veränderungen zur Folge, deren Bewältigung neue Anforderungen an ein professionelles Hochschul- und Wissenschaftsmanagement stellt. Dem müssen Ausbildungs- und Fortbildungsangebote Rechnung tragen. Selbst administrative Entscheidungen, die in komplexen Zusammenhängen ihre Ursache haben, werden mehr aus der Erfahrung heraus getroffen, als dass ihnen ein Erkenntnisprozess zugrunde liegt. Dies zeigen zum Beispiel Pilotprojekte zur Ermittlung des Bedarfs an Fortbildungsangeboten im Rahmen von Forschungsverbünden. Erforderlich ist die Entwicklung eines professionellen Wissenschaftsmanagements durch Forschung, Ausbildung und nicht zuletzt Weiterbildung, denn exzellente Wissenschaft setzt exzellentes Wissenschaftsmanagement voraus.
Qualitätsgesichertes Wissenschaftsmanagement verlangt klare Begrifflichkeiten und die empirische Aufbereitung der Zusammenhänge, die die Wechselwirkung zwischen den Beteiligten bestimmen. Notwendig ist ein Rückgriff auf ein Kompetenzzentrum, das die wissenschaftlichen Grundlagen erarbeitet und konkretes anwendungsbezogenes Wissen für die Praxis bereitstellt, sowie das Vorhandensein einer wissenschaftlichen Institution, die durch Forschung die Fortentwicklung der Inhalte „Wissenschaftsmanagement" im nationalen und internationalen Kontext garantiert.
Die DFG beabsichtigt und hat eine grundsätzliche Beschlussfassung in ihren Gremien herbeigeführt, den Leitungen großer Forschungsverbünde (Exzellenzcluster, Graduiertenschulen, Sonderforschungsbereiche usw.) durch ein speziell entworfenes Aus- und Weiterbildungsprogramm Kenntnisse und Unterstützung für Managementhandeln zu geben.

IT-Entwicklung: Kommunikation und Sicherheit

Die DFG handelt durch ihre Förderinstrumente, und so steht die Gewährleistung einer effizienten Antragsbearbeitung im Mittelpunkt ihrer Aufmerksamkeit. Dem Bereich der Informationstechnik kommt in diesem Kontext große Bedeutung zu. Dabei muss nicht allein für einen zügigen und reibungslosen Ablauf der Antragsverfahren gesorgt werden; die Vertraulichkeit der gehandelten Daten und die veränderten Arbeitsbedingungen der Mitarbeiterinnen und Mitarbeiter der Geschäftsstelle machen es notwendig, kontinuierlich wandelnden Anforderungsprofilen zu genügen.

Von ElektrA zu eLAN

Zur Unterstützung der Antragsbearbeitung gab es in der Geschäftsstelle in der Vergangenheit für die verschiedenen Förderprogramme eine Vielzahl von unterschiedlichen IT-Anwendungen, die als Insellösungen realisiert waren. Das angestrebte strategische Ziel, ein einheitliches, modernes IT-System zur Antragsbearbeitung „Elektronische Antragsbearbeitung – ElektrA" einzuführen, konnte zu Beginn des Jahres 2005 erreicht werden. (▶ S. 10, 229 f.) Das System umfasst eine einheitliche Datenbasis zur Unterstützung des DFG-Berichtswesens, ein Dokumentenmanagementsystem, über das die Vorgänge zur Antragsbearbeitung dem Anwender als elektronische Akten zur Verfügung gestellt werden, ein Workflow-System, das die Bewegung der klassischen Papierakte in der Geschäftsstelle zur Einsparung von Transportzeiten abgelöst hat, Werkzeuge zur effizienten Erstellung von allen Formschreiben, die für die Antragsbearbeitung und -abwicklung benötigt werden, und eine automatische Übergabe der Antragsdaten an das Haushaltsabwicklungssystem.

Das System „eLAN" ermöglicht die elektronische Kommunikation mit der DFG-Geschäftsstelle – zu allen Schritten der Antragstellung und -bearbeitung.

Durch die Einführung der neuen geschäftsstelleninternen IT-Anwendung für die Antragsbearbeitung wurde eine wesentliche Voraussetzung für die elektronische Einbindung unserer externen Partner (Antragsteller, Gutachter, Gremienmitglieder) geschaffen. Diese Einbindung soll mit der IT-Anwendung „eLAN" für alle Förderprogramme Möglichkeiten zur elektronischen Antragstellung schaffen. Die Antragsteller sollen damit die antragsrelevanten Daten strukturiert in Formularen erfassen und auf diesem Weg elektronisch in der DFG-Geschäftsstelle einreichen können. Vorgesehen ist, im Laufe des Jahres 2008 eine Vorversion in eine erste Testphase zu nehmen.

IT-Entwicklung

Verfügbarkeit, Sicherheit, Erreichbarkeit

Mit dem Erreichen des papierarmen Büros ist die Abhängigkeit von den IT-Systemen stark gestiegen. Die Sicherstellung der Verfügbarkeit der Technik stellt daher eine dauerhafte Herausforderung dar.

Darüber hinaus muss mit hoher Priorität im Blick gehalten werden, dass Gutachterinnen und Gutachter, Gremienmitglieder und andere Beteiligte zur Verbesserung der Antragsbearbeitung künftig antragsrelevante Informationen auf elektronischem Weg erhalten sollen. Bei der Bereitstellung dieser schutzwürdigen Informationen im Internet ist ein besonderes Augenmerk auf entsprechende Sicherheitsmechanismen zu richten.

Schließlich ist auch dem wachsenden Aktivitätsradius der DFG und ihrer Beschäftigen Rechnung zu tragen. Zur weiteren Effizienzsteigerung sollen die Mitarbeiterinnen und Mitarbeiter der Geschäftsstelle, die national oder international auf Dienstreisen sind, von unterwegs auf die IT-Systeme der Geschäftsstelle zugreifen können. Dies bedeutet, dass sie auf moderne Kommunikationsmittel wie Notebooks, MDAs und Telekommunikationsdienste angewiesen sind, die in vermehrtem Umfang bereitgestellt werden müssen.

Die digitale Verfügbarkeit von E-Mails und Dokumenten auch auf Reisen und in Sitzungen sind heute Voraussetzung für die hohe Qualität der Arbeit der Geschäftsstelle.

Bildquellen:

E. Lichtenscheidt (Titel, S. 7, 8, 13, 25, 26, 28, 71, 136, 218, 224, 227, 236, 250, 252, 255); J. Querbach (S. 11); Universität Bonn (S. 12, 38, 155); A. Neutzling (S. 15); DFG-Forschungszentrum „Molekularphysiologie des Gehirns" (S. 16); Degussa AG (S. 19); DFG (S. 20, 29, 139, 158, 159, 162, 179, 225, 230, 231, 254); BiKS (S. 22); D. Ausserhofer (S. 30, 33, 36, 164, 165, 197, 234); RWTH Aachen/P. Winandy (S. 34); C. Pretzer (S. 40); H. von der Fecht, IODP (S. 42, 148); R. K. Wegst, Mathematikum (S. 44, 46, 47, 48, 50, 51, 52, 53); Marum & DFG-Forschungszentrum Ozeanränder (S. 55, 56, 57, 58, 59, 60, 61, 62, 63, 64); P. N. Albaum/JOKER (S. 66); DPA (S. 67, 75, 77, 86, 89, 91, 138, 178, 195, 228); Deutsches Museum (S. 68, 70, 73); Max-Planck-Institut für Hirnforschung (S. 78, 81, 83, 85, 93); akg images (S. 95); Universität Münster (S. 96, 97, 98, 104, 106, 107); Libreria Editrice Vaticana (S. 103); NASA (S. 109, 117, 118); NASA/ESA (S. 111, 115); H. Lesch (S. 121); F. Schrenk (S. 123, 130); St. Müller (S. 124, 126, 128, 129); Alfred-Wegener-Institut (S. 132, 134, 135); DFG-Forschungszentrum „Funktionelle Nanostrukturen" (S. 140); S. Lemke (S. 142); IRTG „Sustainable Resource Use in North China" (S. 143); Landesamt für Denkmalpflege und Archäologie Sachsen-Anhalt (S. 144); Forschergruppe „Funktionalität in einem tropischen Bergregenwald Südecuadors" (S. 146); LMU München (S. 150); S. Dürr (S. 153); Deutsches Archäologisches Institut (S. 156); W. Stinnesbeck (S. 160); Stadt- und Bergbaumuseum Freiberg(Matthias (S. 161); IRTG "Cell-based characterization of disease mechanisms in tissue destruction and repair" (S. 166); R. Unterstell/A. Stein [Montage] (S. 168); Leibniz-Institut für Katalyse (S. 171); RWTH Aachen (S. 174); DFG-Forschungszentrum „Matheon" (S. 175); DigiZeit (S. 176); Herzog August Bibliothek Wolfenbüttel (S. 180); H. Payer (S. 181); FU Berlin/Philipp von Recklinghausen (S. 183); M. Bugnaski/JOKER (S. 184); VW Stahl (S. 186, 193); U. Dahl, Wissenschaft im Dialog (S. 189); U. Frevert (S. 200); Sonderforschungsbereich „Komplexitätsreduktion in multivariaten Datenstrukturen" (S. 202, 204, 206); U. Gather (S. 207); Universität Regensburg (S. 209, 211, 213, 214, 216, 217); T. Köster (S. 233)